高等职业院校岗课赛证融通新形态系列教材

机器视觉技术及应用

王 肖◎主 编
扈 霁 杜元星◎副主编

电子工业出版社·
Publishing House of Electronics Industry
北京·BEIJING

内 容 简 介

在智能制造高质量发展的背景下，机器视觉技术作为工业自动化和智能化升级的核心驱动力，凭借其高精度、高效率、非接触性和可重复性等显著优势，在电子制造、汽车工业、食品包装、医药生产等领域发挥着不可替代的作用。掌握机器视觉技术不仅是自动化、计算机、人工智能等专业学生的必备能力，更是推动制造业数字化转型和智能化升级的关键支撑。

本书作为校企合作的新形态教材，紧密结合产业发展需求，以"项目引领、任务驱动"为主线，设计了从基础到综合、从简单到复杂的系列化项目。所有项目均源自企业真实应用场景，融入新技术、新工艺、新材料、新设备要求和工程教育理念，全面覆盖企业项目流程，包括项目领取、项目调研、项目分析、项目实施和项目总结几个环节。创新性地引入工程师在线模块，通过真实案例剖析企业项目实施过程中的难点与解决方案，帮助学生深入理解行业应用中的实际问题。

本书适用于普通本科、高职高专院校自动化技术、计算机技术、人工智能技术应用、工业机器人应用等专业的教学，同时可作为机器视觉、自动化领域的研究者及技术人员的参考用书。本书注重理论与实践的深度融合，配套省级资源库教学资源，既可以满足课堂教学需要，又适合自学和职业培训使用。

未经许可，不得以任何方式复制或抄袭本书之部分或全部内容。
版权所有，侵权必究。

图书在版编目（CIP）数据

机器视觉技术及应用 / 王肖主编. -- 北京 : 电子工业出版社, 2025. 3. -- ISBN 978-7-121-50104-3

Ⅰ. TP302.7

中国国家版本馆 CIP 数据核字第 2025DW6965 号

责任编辑：左　雅
印　　刷：天津千鹤文化传播有限公司
装　　订：天津千鹤文化传播有限公司
出版发行：电子工业出版社
　　　　　北京市海淀区万寿路 173 信箱　　邮编：100036
开　　本：787×1092　1/16　　印张：13.25　　字数：322 千字
版　　次：2025 年 3 月第 1 版
印　　次：2025 年 11 月第 2 次印刷
定　　价：45.00 元

凡所购买电子工业出版社图书有缺损问题，请向购买书店调换。若书店售缺，请与本社发行部联系，联系及邮购电话：(010) 88254888，88258888。
质量投诉请发邮件至 zlts@phei.com.cn，盗版侵权举报请发邮件至 dbqq@phei.com.cn。
本书咨询联系方式：(010) 88254580，zuoya@phei.com.cn。

前 言

1. 背景与意义

党的二十大报告明确指出,坚持把发展经济的着力点放在实体经济上,推进新型工业化,加快建设制造强国、质量强国、航天强国、交通强国、网络强国、数字中国。实施产业基础再造工程和重大技术装备攻关工程,支持专精特新企业发展,推动制造业高端化、智能化、绿色化发展。智能制造作为现代制造业的核心驱动力,正在全球范围内引领新一轮的工业革命。在这一背景下,机器视觉技术作为智能制造的重要组成部分,扮演着至关重要的角色。机器视觉技术通过模拟人类的视觉系统,能够实现对物体的自动识别、定位、测量和检测,被广泛应用于工业自动化、质量检测、智能物流等领域,极大地提升了生产效率和产品质量。

随着人工智能、大数据、物联网等技术的快速发展,机器视觉技术的应用场景不断拓展,市场需求持续增长,推动了制造业向高质量、高效率、低能耗的方向发展。掌握机器视觉技术不仅是企业提升竞争力的关键,还是新质生产力的重要体现,为培养高素质技术技能人才提供了方向。因此,编写一本系统、实用的机器视觉教材既是响应国家战略需求的必然选择,又是推动行业技术进步的重要举措。

2. 编写目的与目标

当前,机器视觉技术的教学资源虽然丰富,但大多偏重理论讲解,缺乏将理论与实践深度融合的项目化教材。学生在学习过程中往往难以将理论知识应用于实际工程问题,导致理论与实践脱节。为此,我们编写了本书,旨在通过真实的企业项目案例,将理论知识、关键技术、实践技能有机结合,同时融入课程思政,帮助学生系统掌握机器视觉技术的核心原理与应用方法,提升其解决复杂工程问题的能力,为智能制造领域培养更多新质生产力人才。具体目标如下。

- 理论学习:帮助学生理解机器视觉的基本概念、硬件构成、软件工具及工作原理。
- 实践操作:通过真实的企业项目案例培养学生的动手能力,提升其解决实际问题的能力。
- 技术提升:为企业技术人员提供技术指导和能力提升的路径,助力企业实现智能化转型。

3. 教材特色与设计理念

本书紧密结合"四新"要求,融入工程教育理念,注重培养学生的创新思维和工匠精神。通过"岗课赛证"一体化育人模式，学生不仅能够掌握机器视觉技术的核心技能，还能在项目实践中提升团队协作能力和工程实践能力，为未来的职业发展奠定坚实的基础。

本书的编写秉承"源于企业、服务企业"的理念，具有以下特色。

- 真实项目驱动：书中的项目均来自企业真实案例，涵盖了机器视觉技术的典型应用场景，确保学习内容与实际工作需求紧密结合。
- 项目流程标准化：每个项目的实施流程均按照企业标准设计，帮助学生和技术人员熟悉企业的工作流程，提升其项目管理能力。
- 难度递进设计：书中的项目按照难度递进的方式编排，从基础到复杂，逐步提升学生的技术水平，确保其能够循序渐进地掌握机器视觉技术。
- 项目核验模块：每个项目结束后设有项目核验模块，帮助学生检验学习成果，确保其掌握关键技能。
- 工程师在线模块：书中特别设计了工程师在线模块，模拟企业现场工程师的工作场景，帮助学生了解实际工作中的问题解决思路和方法。
- 数字资源丰富：本书配备了全套教材项目关键理论和实操视频资源，读者可以扫描书中二维码观看，其他课程拓展资源可以到华信教育资源网下载。项目内容会根据企业项目定期更新，更新的项目学习资源详见浙江省教学资源库，可以到"职业教育专业教学资源库"平台搜索杭州科技职业技术学院的"机器视觉技术及应用"开课学习。

4. 内容结构与编排逻辑

本书按照"从简单到复杂、从单项到综合"的原则设计项目内容，涵盖了机器视觉技术的四大核心应用领域：识别、测量、定位和缺陷检测。本书共包含 10 个项目，每个项目均按照"项目领取—项目调研—项目分析—项目实施—项目总结"的逻辑结构编排，确保学生能够系统、全面地掌握每个项目的实施过程。具体项目如下。

项目 1 象棋图像采集视觉环境搭建：通过搭建视觉环境，学习图像采集与保存的基本操作。

项目 2 商品码制识别：学习二维码和条码的识别技术及其应用。

项目 3 电子元器件字符识别：掌握字符识别技术及其在元器件检测中的应用。

项目 4 器件缺陷检测：学习边缘和表面缺陷检测的原理与方法。

项目 5 机械零件尺寸测量：通过相机标定和图像处理，实现零件尺寸的精确测量。

项目 6 彩色物块定位识别：学习颜色识别与物体定位技术。

项目 7 饮料瓶盖识别：通过深度学习技术，实现瓶盖的自动识别。

项目 8 乳制品字符缺陷检测：学习图像分类与检测技术并将其应用于字符缺陷检测。

项目 9 物流包裹测量：掌握 3D 视觉技术，实现包裹的自动测量。

项目 10 视觉上件机器人：学习机器人视觉系统的搭建与编程，实现自动化上件。

5. 教材分工

本书采用项目化教学框架设计，由校企协同团队联合开发，分工明确、优势互补，确保理论深度与实践价值的深度融合。具体分工如下。

王肖负责顶层架构设计、项目化课程体系规划及全书内容统筹工作，确保 10 个项目的逻辑连贯性与技术前瞻性；制定编写标准与规范，协调校企资源，整合行业最新研究成果与产业需求；主导项目 3、项目 5、项目 6、项目 7 的编写。

扈霁负责项目 1、项目 2、项目 4、项目 8 的编写，侧重基础理论模块化设计与算法实现路径规划。

杜元星（杭州海康机器人股份有限公司）把控全书的技术方向，融合工业现场案例与前沿技术落地经验。

曲余深（深圳市越疆科技股份有限公司）和史克科（浙江瑞铭智能设备有限公司）作为产业资源提供方，深度参与项目 9 和项目 10 的编写，注入企业真实项目需求与技术标准，强化教材的场景化实践导向。

5. 致谢与支持

本书的编写得到了众多企业专家、高校和行业专家的大力支持。特别感谢深圳市越疆科技股份有限公司、杭州海康机器人股份有限公司、浙江瑞铭智能设备有限公司提供的行业项目案例、技术支持和实践指导，感谢来自多所高校的教师团队在教材内容设计和编写过程中提供的宝贵意见与建议，感谢电子工业出版社编辑团队的辛勤付出，感谢多位资深工程师在项目核验和工程师在线模块中的技术指导。正是他们的帮助与支持，才使得本书能够顺利出版。在此，向所有为本书的编写做出贡献的专家、教师和同人表示衷心的感谢。

6. 未来展望与读者期望

随着智能制造和工业 4.0 的深入推进，机器视觉技术将在更多领域发挥重要作用。我们期待本书能够为培养高素质技术技能人才、推动制造业智能化升级贡献力量。期望通过本书的学习，读者能够掌握机器视觉的核心技术，具备解决实际问题的能力。欢迎广大读者提出宝贵意见，以便不断完善和改进教材内容，共同推动机器视觉技术的发展与应用。

我们也希望本书能够成为学生、技术人员和企业之间的桥梁，助力更多人进入机器视觉领域，推动行业的持续创新与发展。未来，我们将根据技术的发展和读者的反馈，不断更新和完善教材内容。

最后，衷心希望本书能够为广大读者提供有价值的学习资源，助力其在机器视觉领域取得更大的成就。

编　者

目 录

项目 1　象棋图像采集视觉环境搭建 1
 1.1　项目领取 1
  1.1.1　项目背景 1
  1.1.2　项目要求 2
 1.2　项目调研 2
  1.2.1　机器视觉系统的定义、功能和应用 2
  1.2.2　机器视觉系统的构成 6
  1.2.3　常见机器视觉软件介绍 8
 1.3　项目分析 9
  1.3.1　任务划分 9
  1.3.2　方案设计 9
 1.4　项目实施 10
  1.4.1　硬件系统环境搭建 10
  1.4.2　软件安装与参数调试 14
  1.4.3　读取本地图像并保存 18
  1.4.4　采集象棋图像并保存 20
 1.5　项目总结 23
  1.5.1　项目核验 23
  1.5.2　工程师在线 24

项目 2　商品码制识别 25
 2.1　项目领取 25
  2.1.1　项目背景 25
  2.1.2　项目要求 26
 2.2　项目调研 26
  2.2.1　相机成像原理 26
  2.2.2　工业相机的类型、参数和选型 27
  2.2.3　工业镜头的类型、参数和选型 32
  2.2.4　码制识别的原理及其应用 36

2.3 项目分析 ... 37
2.3.1 任务划分 ... 37
2.3.2 方案设计 ... 37
2.4 项目实施 ... 39
2.4.1 图像采集 ... 39
2.4.2 条码识别 ... 40
2.4.3 二维码识别 ... 41
2.4.4 格式化输出 ... 42
2.5 项目总结 ... 44
2.5.1 项目核验 ... 44
2.5.2 工程师在线 ... 44

项目 3 电子元器件字符识别 ... 45
3.1 项目领取 ... 45
3.1.1 项目背景 ... 45
3.1.2 项目要求 ... 46
3.2 项目调研 ... 46
3.2.1 光源的类型和选型 ... 46
3.2.2 模板匹配原理 ... 49
3.2.3 仿射变换原理 ... 49
3.2.4 字符识别技术的原理及应用 ... 50
3.3 项目分析 ... 50
3.3.1 任务划分 ... 50
3.3.2 方案设计 ... 51
3.4 项目实施 ... 53
3.4.1 图像采集 ... 53
3.4.2 元器件定位 ... 53
3.4.3 元器件识别 ... 55
3.5 项目总结 ... 61
3.5.1 项目核验 ... 61
3.5.2 工程师在线 ... 62

项目 4 器件缺陷检测 ... 63
4.1 项目领取 ... 63
4.1.1 项目背景 ... 63
4.1.2 项目要求 ... 65
4.2 项目调研 ... 65
4.2.1 位置修正原理 ... 65

| 4.2.2   缺陷检测原理 66
| 4.2.3   逻辑判断 70
| 4.3 项目分析 71
| 4.3.1   任务划分 71
| 4.3.2   方案设计 71
| 4.4 项目实施 73
| 4.4.1   器件识别定位 73
| 4.4.2   内胶路缺陷检测 76
| 4.4.3   内表面缺陷检测 80
| 4.4.4   输出合格性信息 82
| 4.5 项目总结 84
| 4.5.1   项目核验 84
| 4.5.2   工程师在线 85

项目 5　机械零件尺寸测量 86

   5.1 项目领取 86
        5.1.1   项目背景 86
        5.1.2   项目要求 87
   5.2 项目调研 88
        5.2.1   XY 标定的基本原理和方法 88
        5.2.2   点、线、圆查找的基本原理 89
        5.2.3   测量方法 89
   5.3 项目分析 90
        5.3.1   任务划分 90
        5.3.2   方案设计 90
   5.4 项目实施 93
        5.4.1   相机标定 93
        5.4.2   零件识别定位 95
        5.4.3   零件长宽测量 98
        5.4.4   零件圆形尺寸测量 102
   5.5 项目总结 107
        5.5.1   项目核验 107
        5.5.2   工程师在线 108

项目 6　彩色物块定位识别 109

   6.1 项目领取 109
        6.1.1   项目背景 109
        6.1.2   项目要求 110

  6.2 项目调研 110
  6.3 项目分析 110
    6.3.1 任务划分 110
    6.3.2 方案设计 111
  6.4 项目实施 113
    6.4.1 相机标定和图像采集 113
    6.4.2 彩色物块定位 114
    6.4.3 彩色物块识别 116
  6.5 项目总结 118
    6.5.1 项目核验 118
    6.5.2 工程师在线 119

项目7 饮料瓶盖识别 120

  7.1 项目领取 120
    7.1.1 项目背景 120
    7.1.2 项目要求 121
  7.2 项目调研 121
    7.2.1 深度学习的基本原理 121
    7.2.2 图像分割方法 122
  7.3 项目分析 123
    7.3.1 任务划分 123
    7.3.2 方案设计 123
  7.4 项目实施 125
    7.4.1 训练样本采集 125
    7.4.2 分割模型训练 127
    7.4.3 瓶盖识别 130
  7.5 项目总结 132
    7.5.1 项目核验 132
    7.5.2 工程师在线 132

项目8 乳制品字符缺陷检测 133

  8.1 项目领取 133
    8.1.1 项目背景 133
    8.1.2 项目要求 134
  8.2 项目调研 134
    8.2.1 图像分类模型 134
    8.2.2 目标检测模型 136

8.3 项目分析 137
8.3.1 任务划分 137
8.3.2 方案设计 138
8.4 项目实施 140
8.4.1 外包装分类 140
8.4.2 字符定位 147
8.4.3 字符缺陷检测 150
8.4.4 输出合格性信息 154
8.5 项目总结 156
8.5.1 项目核验 156
8.5.2 工程师在线 156

项目 9 物流包裹测量 158
9.1 项目领取 158
9.1.1 项目背景 158
9.1.2 项目要求 159
9.2 项目调研 159
9.2.1 3D 视觉方案 159
9.2.2 3D 相机的原理 159
9.2.3 3D 相机的性能参数 162
9.3 项目分析 164
9.3.1 任务划分 164
9.3.2 方案设计 164
9.4 项目实施 165
9.4.1 环境搭建 165
9.4.2 背景建立 167
9.4.3 包裹测量 177
9.5 项目总结 181
9.5.1 项目核验 181
9.5.2 工程师在线 182

项目 10 视觉上件机器人 183
10.1 项目领取 183
10.1.1 项目背景 183
10.1.2 项目要求 184
10.2 项目调研 184
10.2.1 手眼标定 184
10.2.2 机器人通信 185

	10.2.3　机器人编程	186
10.3	项目分析	186
	10.3.1　任务划分	186
	10.3.2　方案设计	186
10.4	项目实施	187
	10.4.1　环境搭建	187
	10.4.2　3D 手眼标定	190
	10.4.3　机器人程序	193
	10.4.4　数据通信	198
10.5	项目总结	199
	10.5.1　项目核验	199
	10.5.2　工程师在线	200

项目 1　象棋图像采集视觉环境搭建

🎓 知识目标

- 掌握机器视觉系统的定义、功能和应用。
- 掌握机器视觉系统的构成。
- 了解常见的机器视觉软件。

📝 能力目标

- 掌握图像采集硬件系统环境的搭建。
- 掌握机器视觉软件的安装和调试。
- 能够运用图像源和输出图像工具完成图像采集。

⚙️ 素质目标

- 具备项目思维，注重计划性和目标导向。
- 坚定技术强国和精益求精的信念。

1.1　项目领取

1.1.1　项目背景

当今社会科技日新月异，深刻影响着各个领域的发展。象棋（见图 1-1）作为一种具有深厚文化底蕴的智力游戏，也在这一浪潮中不断融合新技术，开启了智能化转型的新篇章。近年来，AI（人工智能）下棋机器人的兴起便是这一趋势的典型例证。这类机器人不仅能够智能识别棋局并与人类玩家对弈，成为老少皆宜的娱乐伴侣，还能够满足不同水平人类棋手的训练需求，极大地提升了象棋游戏的趣味性和互动性。

AI 下棋机器人的核心技术可以概括为三大模块：机器视觉模块、博弈决策模块和机器人操作模块。其中，机器视觉模块负责通过安装于机器人上的摄像头来实时捕获棋盘及棋子的图像,实现棋子的精确定位与识别,准确获取人类棋手的行棋步骤,为后续的策略制定和机器人行动提供关键数据支持。高精准的机械臂操作对机器视觉系统的准确性提出了较高的要求。

本项目的目标是开发 AI 下棋机器人中机器视觉模块的一个重要部分——图像采集,核心任务就是采集高质量的象棋图像,从而确保机器人这双"眼睛"足够灵敏和准确,让它能像人类一样"看"懂棋局。

图 1-1　象棋

1.1.2　项目要求

完成象棋图像采集系统环境的搭建,要求检测精度为 0.5mm,检测范围为 200mm×100mm,工作距离为 400mm。

1.2　项目调研

在项目背景中,明确了本项目旨在构建一个机器视觉系统,核心任务是实现象棋图像的采集,以此为基础支持后续的识别、定位工作。

鉴于此项目要求,需要进行一系列前期项目调研以确保项目的顺利实施。首要任务是了解机器视觉系统的基本概念,包括但不限于其定义、可实现的功能,以及它在不同行业的应用案例,以评估该技术方案对于实现象棋图像采集任务的适用性。此外,还需要深入探究机器视觉系统的构成,明确象棋图像采集任务涉及的具体组件,并识别出可能需要利用的软件与硬件资源。通过上述准备工作,为象棋图像采集系统的构建实施奠定坚实的理论和技术基础。

1.2.1　机器视觉系统的定义、功能和应用

1. 机器视觉系统的定义

机器视觉系统概念

机器视觉系统,简而言之,就是利用机器替代人眼来观察其观测对象的情况,并根据

观察结果做出相应判断和操作的技术。作为工业自动化的一项关键技术，机器视觉系统的应用显著提高了产品质量，提升了生产效率，同时优化了生产制造和物流过程，极大地提高了工业自动化的效率和灵活性。伴随着 AI 技术的迅猛发展，机器视觉系统也紧跟时代步伐，成为推动工业 4.0 转型和发展的重要力量。通过不断的技术创新和应用拓展，机器视觉正持续为现代工业带来更高效、更智能的解决方案。

2. 机器视觉系统的功能

机器视觉系统最常见的功能是对所制造的部件和产品进行识别、定位、检测与测量。

机器视觉系统功能

（1）基于经典算法的机器视觉系统。

1970 年初，经典的图像处理算法被应用于机器学习系统。这些算法使计算机能够执行基本的图像处理任务，如边缘检测、阈值分割等，并从中提取特定的特征。最初，机器视觉系统主要用于如下较简单的任务。

① 识别：主要支持条码等形状固定且规则的识别对象。

② 定位：通过边缘检测技术确定物体的位置。

③ 检测：识别出表示缺陷的异常像素区域。

尽管经典机器视觉系统在提高生产效率和质量方面取得了显著成就，但其能力相对有限，在光照条件不佳、角度或位置不当等情况下，识别效果会大打折扣，难以完成精细或复杂的任务。不过，由于机器能够连续、稳定地工作，比人眼更快、更准确地识别目标和缺陷，因此其在工业生产中依然占据了重要地位。

（2）基于深度学习的机器视觉系统。

随着深度学习和机器学习技术的发展，机器视觉系统的能力有了质的飞跃。深度学习算法通过多层神经网络模型，能够从大量数据中学习并提取复杂的特征，使得机器视觉系统在识别、定位、检测和测量等任务上的表现更加出色。

① 识别：能够识别多种制式，以及不同位置、角度、光照的信息码，有效克服图像畸变带来的影响；可以应对复杂背景、低对比度、字符变形等字符识别问题，甚至能够进一步读取标签和解读标志信息。

② 定位：适应物体的平移、旋转、缩放和光照变化，快速、准确地查找圆、直线、斑点、边缘、顶点等几何体的位置，并可以提供位置信息和有无信息，进而应用于机器人引导和其他视觉工具中。

③ 检测：能够克服工件表面纹理、颜色、噪点干扰，检测细小的表面划痕、斑点，精确检测工件形态和轮廓缺陷，具有更高的准确性和可靠性。

④ 测量：不仅可以获取物体的平面尺寸，还可以进行三维感知，可以理解形状、计算体积，从而在装填时尽可能地减少空间浪费。

在深度学习的加持下，机器视觉系统让工业设备从单纯的完成固定的简单任务的机器，变成了达到甚至超过人眼极限、能够"自主思考"的自主型设备。正是由于工程师和研发人员勇于探索、敢于创新、不断突破的精神，才带来了技术的不断升级迭代和社会的不断进步。

3. 机器视觉系统的应用

机器视觉系统作为智能制造的核心技术之一,正以其先进的技术手段深刻地改变着各行各业。在当今的智能制造与智慧工厂环境中,机器视觉系统已经成为不可或缺的组成部分,其应用广泛,几乎涵盖了所有关键作业环节。

机器视觉行业应用

(1) 高科技制造行业。

在 3C 电子、锂电光伏、汽车制造及半导体等行业,机器视觉系统展现出了卓越的能力,主要应用如下。

① 识别:自动扫描并追踪生产线上的每件物品,精确识别产品身份 ID 信息,为库存管理提供实时、准确的数据支持,减少人为错误,确保供应链顺畅运作。

② 检测:具备高精度和高速度的检测能力,能够检测多种缺陷,如划痕、破损、斑点、色差等。在质量控制方面,机器视觉系统的准确率超过 99.9%,远超人眼极限,能够检测出元件的微小瑕疵,确保产品质量。

③ 测量:高效测量 IC 芯片或 PCB(印制电路板)的几何尺寸,确保外观检测快速与精准。这对于精密制造至关重要,能够提高产品的合格率,降低废品率。

④ 定位:精确获取目标物的坐标位置和角度,并将图像坐标转换为机器人能识别的机器人坐标,引导机器人进行定位和组装,极大地提高了生产线的自动化程度和智能化水平。

(2) 食品医药行业。

在食品加工与制药等高度监管的行业中,机器视觉系统同样扮演着重要的角色。引入机器视觉和代码读取解决方案,提高了生产效率,确保产品安全和质量,并增强了供应链的透明度和安全性,主要应用如下。

① 产品质量检验:持续监控产品是否存在异物,确保所有产品均符合严格的法规要求,保障消费者的健康与安全。

② 包装检验及装配验证:确保食品包装正确装配、无缺陷且完整。在早期识别出装配缺陷可以有效节约时间和成本,避免更加严重的整批产品缺陷。

③ 产品管理可追溯:为了确保食品安全,快速识别和定位可能危害消费者的产品,监管机构要求生产商搭建基于视觉系统和图像读码器的食品追溯系统。该系统不仅可以极大地提高仓库和分销中心的速度、准确性和生产率,在整个供应链跟踪产品,还可以让消费者通过终端的安全码扫描,查询所购食品的各供应环节信息,使消费者享受知情权。

(3) 物流行业。

机器视觉技术有效解决了传统物流中的读码错误率高、人工成本高等问题。通过读码、包裹测量、OCR(光学字符识别)和自动抓取,物流行业的智能化水平显著提升,主要应用如下。

① 物流感知:采用深度学习和多维感知技术,自动对包裹进行称重、体积测量、条码识别、OCR,数据整合后传输至物流业务系统,实现数据采集和分拣的无缝对接。

② 包裹识别:利用深度学习算法和主动双目成像技术,采用智能立体相机精准定位和识别包裹,实现包裹的自动分类、分离、上包,应用于单件分离、机器人供包和拆码垛等

场景。

③ 包裹追踪：监控包裹运输流转的关键节点，减少因丢包、货损和效率低下导致的资源浪费，精准回溯问题场景，快速定位和解决问题，提高客户投诉处理效率。

总而言之，机器视觉系统凭借其出色的观察、分析和处理能力，成为推动制造业向智能化和高效化转型的关键驱动力。无论是高科技制造还是传统行业，机器视觉系统都在不断地为生产过程带来革命性的变化。机器视觉系统应用的行业如图1-2所示。

（a）汽车制造行业

（b）半导体行业

（c）食品医药行业

（d）物流行业

图1-2　机器视觉系统应用的行业

4．机器视觉系统对工业生产的影响

机器视觉系统的广泛应用对工业生产产生了深远的影响。总的来说，主要体现在以下几方面。

（1）生产制造：通过负责重复性高的任务（如上料、装配、分拣等），提高了整体生产效率，提升了生产线的吞吐量，确保投入使用的每台设备都发挥最高使用效率，降低了人力成本，让员工能够利用他们的专业知识专注于更高价值的工作。

（2）生产质量：实现了更加严格的质量控制，可以在包装或运输产品之前发现各类问题，减少了因缺陷产品导致的成本增加、浪费和品牌信誉受损情况的发生。自动化的检测流程加快了检测速度，提高了检测精度，显著降低了质量检测中人工参与的程度。

（3）生产运营：一方面，提供了产品生命周期各阶段的可视化管理，有助于发现流程中的瓶颈、设备性能下降及其他常见问题，可以实现持续的流程改进，协助控制开销，降低原材料成本和提升工艺；另一方面，可以提升生产安全，如监控员工的安全距离和防护装备佩戴情况，一旦发现潜在危险，立即发出警报或自动停止设备运行，有效减少了工作场所的安全事故。

机器视觉系统作为工业 4.0 的基本构建模块，正在不断推动制造业向智能化方向发展，实现制造、质量和运营方面的变革。通过集成先进的 AI 技术，机器视觉系统不仅提升了工业生产的效率和质量，还促进了生产工艺的创新，开启了智能制造的新纪元。

1.2.2 机器视觉系统的构成

机器视觉系统组成

典型的机器视觉系统主要包括相机、镜头、光源、图像采集卡、视觉处理器、控制单元、执行机构及其他视觉配件，如图 1-3 所示。每个组件都有其特定的功能，共同协作完成相应的工作任务。典型的机器视觉系统的工作流程如下：首先，传感器探测到被测物运动到图像采集系统的工作区域，触发相机和光源开始工作；然后，相机完成图像的曝光和输出，图像信号通过图像采集卡传输到视觉处理器的内存中，视觉处理器对图像进行分析，得到识别结果；最后，视觉处理器根据识别结果得到相应的控制信号，由控制单元控制执行机构完成相应的操作。机器视觉系统的常见组件如图 1-4 所示。

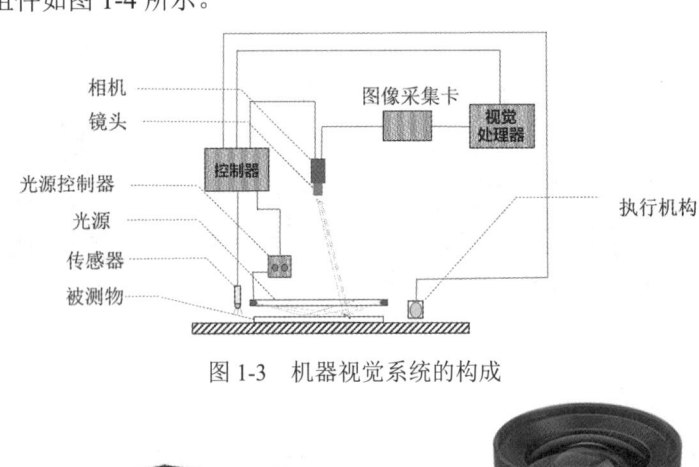

图 1-3 机器视觉系统的构成

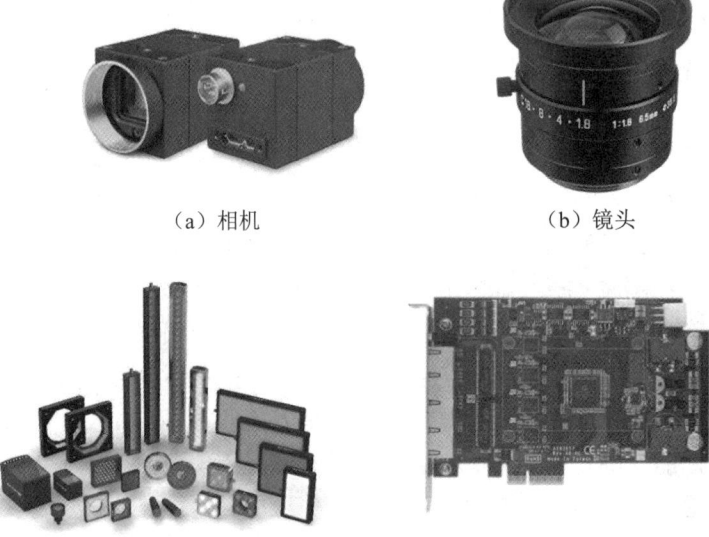

图 1-4 机器视觉系统的常见组件

1. 相机

相机是机器视觉系统的"眼睛",负责获取图像数据,其本质就是将光信号转换为电信号。与普通相机相比,工业相机的传输能力、抗干扰能力都更强,具有稳定的成像能力。最常见的相机类型划分方法是按照其所使用的感光元件类型,将其划分为 CCD(电荷耦合器件)相机和 CMOS(互补金属氧化物半导体)相机。

2. 镜头

镜头是机器视觉系统中不可或缺的组件,其功能是控制进入相机的光线,形成清晰的图像。常见的镜头类型包括定焦镜头、变焦镜头、远心镜头等。镜头的主要性能指标有焦距、光圈系数、安装接口等,通常需要根据拍摄距离和范围、相机靶面尺寸、相机接口等参数进行镜头的选择,镜头的选择将直接影响图像的质量和视场范围。

3. 光源

光源用于提供稳定的照明,确保图像的亮度和对比度。照明是影响机器视觉系统输入的关键因素,良好的照明可以提高图像质量和检测的准确性。常见的光源包括 LED 环形光源、点光源、条形光源、背光源、同轴光源、平行光源等,不同的光源适用于不同的检测需求,应根据项目要求选择合适的光源以达到最佳成像效果。

4. 图像采集卡

图像采集卡是连接相机和计算机的桥梁,通常以插入卡的形式安装在计算机中,其功能是将相机与视觉处理器连接起来,将相机输出的模拟信号或数字信号转换为一定格式的图像数据流并传输到计算机进行处理。图像采集卡按照视频信号输入/输出接口,可以分为 PCI 采集卡、VGA 采集卡、USB 采集卡、GigE 千兆网采集卡等,选择时需要考虑相机的接口类型和传输速率。

5. 视觉处理器

视觉处理器是机器视觉系统的大脑,负责处理和分析图像数据,执行图像处理算法,实现识别、检测、测量等任务。它的形态可以是安装有视觉处理软件的工业计算机;也可以是高度集成的智能相机,将视觉处理器置于相机内部。

6. 控制单元

控制单元可以是独立的控制器,也可以是集成在计算机中的软件。它的功能是协调各个组件的工作,控制相机、光源、执行机构等的动作。常见的控制单元包括 PLC(可编程序逻辑控制器)、工业计算机等。

7. 执行机构

执行机构是机器视觉系统的执行者,其功能是根据机器视觉系统的指令执行具体的动作,如抓取、放置、分类等。常见的执行机构包括机械臂、传送带、气缸等。

8. 其他视觉配件

其他视觉配件常见的有传感器、遮光罩、线缆等。其中,传感器通常为光电开关或接近开关,其作用在于判断被测物接近检测位置,从而触发相机进行图像采集。

通过以上各个组件的协同工作,机器视觉系统能够高效、准确地完成图像的采集、处理和分析任务,广泛应用于工业自动化、质量检测、物流管理等多个领域。理解每个组件的功能,有助于更好地设计和优化机器视觉系统。

1.2.3 常见机器视觉软件介绍

机器视觉软件

机器视觉软件是实现图像的采集、处理、分析和决策的关键工具。以下是一些常见的机器视觉软件(见图1-5),其在不同的应用场景中发挥着重要作用。

(1)OpenCV 是一个开源计算机视觉与机器学习软件库,支持多种编程语言(如 Python、C++等),广泛应用于图像处理、视频分析、人脸识别、物体检测等领域。它的特点是功能强大、社区活跃,适合需要灵活定制的项目,但编程较为复杂、应用门槛较高。

(2)Vision Pro 是美国 Cognex 公司推出的一款非常流行的机器视觉软件,广泛应用于工业自动化检测、测量、识别和引导等领域。它支持拖曳式操作界面,并提供.net 脚本编程接口。它的特点是开发便捷,适合需要快速开发复杂视觉应用的场合,性能优秀,但灵活性一般。

(3)HALCON 是德国 MVTec 公司开发的一套完善的、标准的高性能机器视觉软件包,支持多种编程语言,如 C++、C#和 Python,提供丰富的图像处理和分析工具,广泛用于工业自动化、医疗图像分析、科学研究等领域。它的特点是适合复杂任务,开发灵活、性能优秀,但开发便捷度一般。

(4)Vision Master 是海康机器人推出的一个通用型机器视觉算法开发平台。它可以进行图形化交互,具有拖曳式的流程编辑方式、简单易用。它的特点是开发灵活、应用门槛低、性能优秀。

(5)MVP 是华睿科技开发的机器视觉算法平台软件。它提供快速应用开发环境,支持图形化交互,支持 C++和 C#二次开发,内置机械臂模块,功能丰富,性能优秀。

图1-5 常见的机器视觉软件

1.3 项目分析

1.3.1 任务划分

在实施任何项目时,明确的计划和有序的步骤是成功的关键。项目思维要求我们在开始之前进行充分的调研,厘清任务的难度和优先级,制订详细的实施计划。这样可以确保项目有序推进,避免因盲目操作而浪费时间和资源。

基于前面的项目调研,可以按照任务的难度和优先级,将任务划分为以下几步。

(1)搭建硬件系统环境:安装和配置必要的硬件设备,如相机、镜头等,确保硬件系统正常运行。

(2)安装调试软件:安装相机调试软件和算法开发软件,完成基本的参数设置,确保软件环境准备就绪。

(3)调试图像处理模块:在软件中调试读取图像和输出图像的功能,确保输入/输出路径打通。

(4)完成象棋图像的采集:实现象棋图像的采集,确保图像质量符合项目要求,为后续的任务提供基础数据。

通过以上步骤,将逐步完成项目的各个关键环节,确保最终目标的顺利实现。搭建象棋图像采集系统所需完成的任务如图1-6所示。

图1-6 搭建象棋图像采集系统所需完成的任务

1.3.2 方案设计

根据相机的检测范围和工作距离进行布局规划,视觉平台方案架构如图1-7所示。

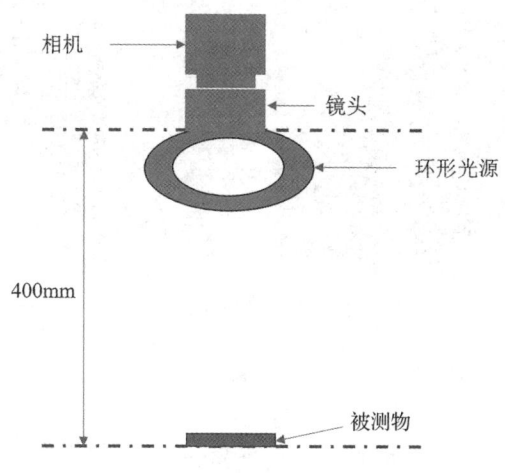

图1-7 视觉平台方案架构

1.4 项目实施

1.4.1 硬件系统环境搭建

按照布局规划对给定的相机、镜头和光源进行场景搭建。

1. 固定法兰支座

用 4 个 M4×10 圆柱头六角螺钉将延长杆法兰支座安装在固定底板上有 4 个小孔的位置，如图 1-8 所示。

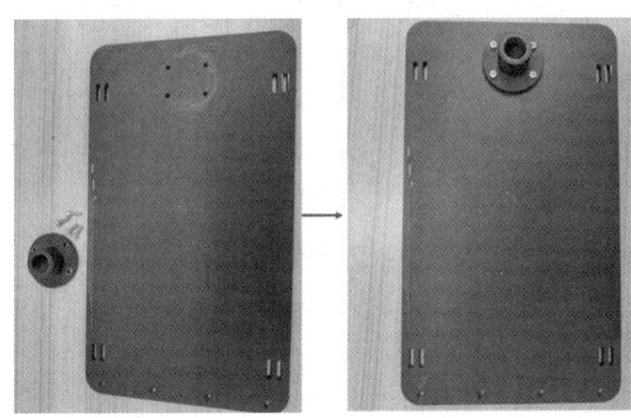

图 1-8　固定法兰支座

2. 安装延长杆

首先将两根延长杆接成一根，然后将其拧进延长杆法兰支座，如图 1-9 所示。

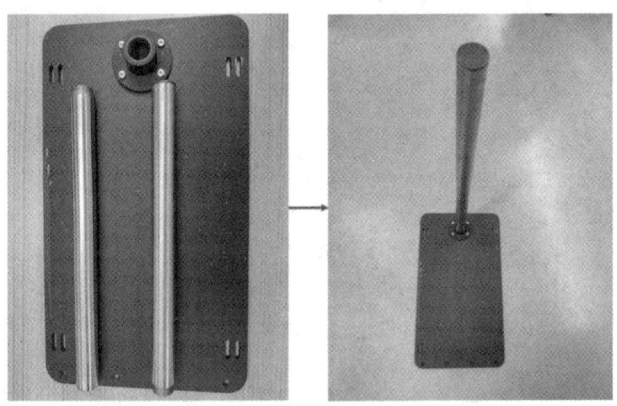

图 1-9　安装延长杆

3. 安装光源及光源支架

先用两个手拧螺钉将光源支架安装在延长杆上，高度为 290mm，略低于工作距离；再用两个 M3×6 圆柱头内六角螺钉把光源安装到光源支架上，环形光源中心对准底板中心即可，如图 1-10 所示。

图 1-10　安装光源及光源支架

4. 拼接相机支架

用两个 M4×10 圆柱头六角螺钉将相机支架配件拼接起来，如图 1-11 所示。

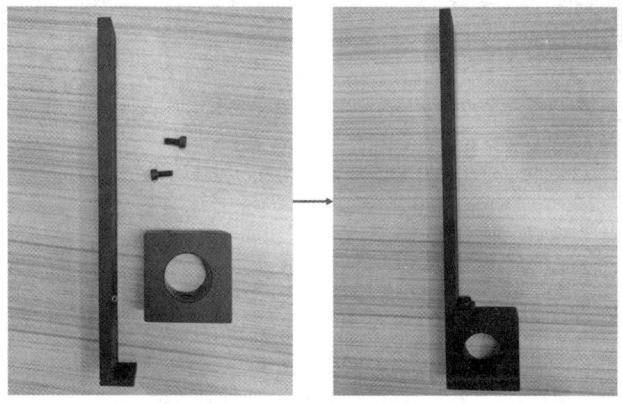

图 1-11　拼接相机支架

5. 安装相机支架

用 M6×20 手拧螺钉将相机支架安装在延长杆上，如图 1-12 所示。

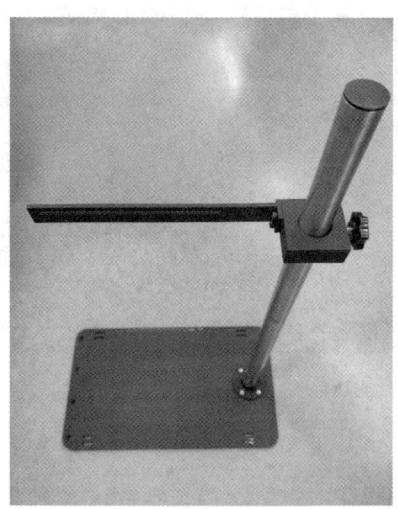

图 1-12　安装相机支架

6. 组装镜头和相机

先将镜头拧紧到相机上,再用 3 个 M3×8 沉头内六角螺钉将垫片安装到相机上,如图 1-13 所示。

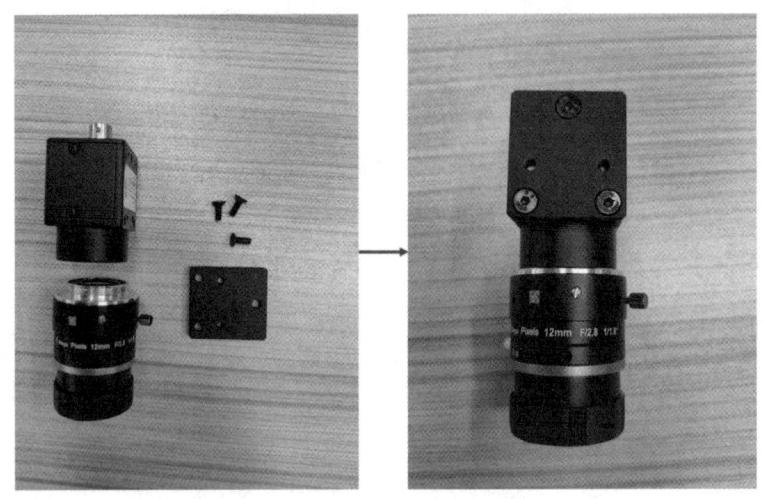

图 1-13　组装镜头和相机

7. 固定相机

用两个 M3×6 圆柱头内六角螺钉将相机固定在支架上,并让镜头与底盘之间的距离为 400mm(40cm),镜头对准底板的中心位置,如图 1-14 所示。

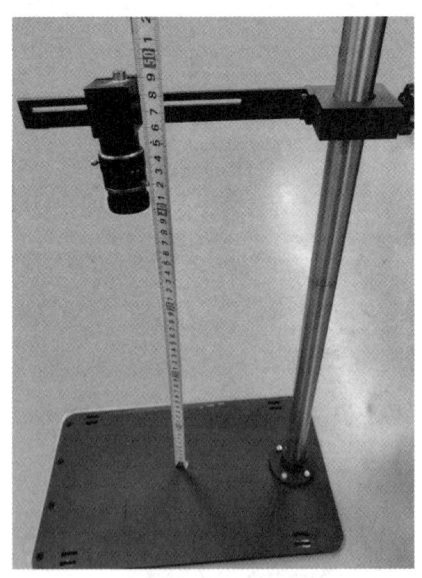

图 1-14　固定相机

8. 连接数据线束

将 GigE 线束一端接入相机,并拧紧两个长螺钉,如图 1-15 所示;将另一端接入计算机的插口。

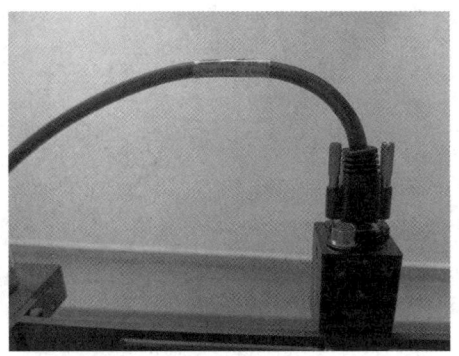

图 1-15　连接数据线束

9. 连接相机电源线

先将相机电源线（见图 1-16）的一端和电源适配器连接在一起，如图 1-17 所示。

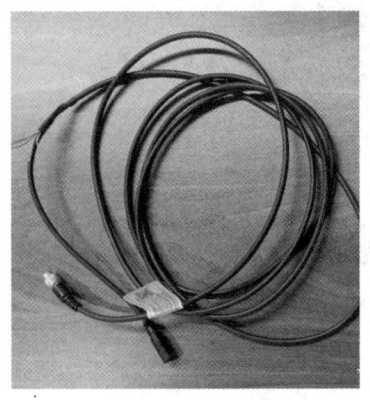 

图 1-16　相机电源线　　　　图 1-17　连接电源适配器

再将相机电源线的另一端插入相机的端口，电源适配器插入外部电源并打开，这时相机电源端口指示灯亮起，如图 1-18 所示，说明相机电源线连接成功。

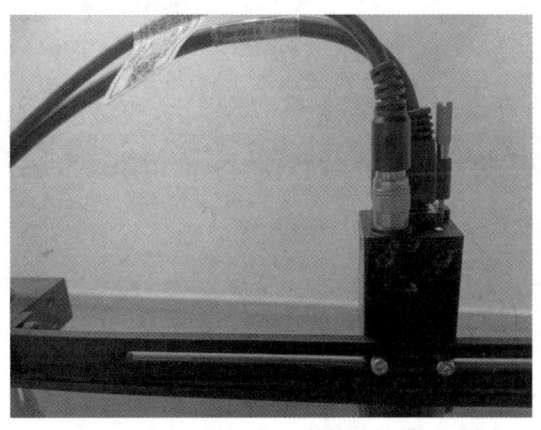

图 1-18　相机电源线连接成功

10. 连接环形光源和光源控制器

先将光源控制器摆放好，然后将环形光源连接光源控制器的 CH2 端口，如图 1-19 示。

图 1-19　连接光源控制器的 CH2 端口

由于有两个光源端口，因此，当使用光源控制器上的旋钮（见图 1-20）调节亮度时，旋钮要和光源电源线的端口一致。

图 1-20　光源控制器上的旋钮

1.4.2　软件安装与参数调试

按照如下步骤安装项目所需的机器视觉软件。

1. 下载 MVS 安装包并解压

进入海康机器人官网，选择"服务支持"→"下载中心"→"软件"选项，找到"机器视觉工业相机客户端 MVS V4.2.1 (Windows)"文件，单击"下载"按钮，下载机器视觉软件安装包，如图 1-21 所示。下载完成后，解压安装包，双击 .exe 安装文件，开始安装。

图 1-21　官网界面

2. 开始安装 MVS

进入开始安装界面，单击"开始安装"按钮。在"安装选项"选区中选择安装路径，其他选项保持默认设置，如图 1-22 所示。单击"下一步"按钮，就进入安装过程界面。当安装进度达到 100%后，单击"完成"按钮。

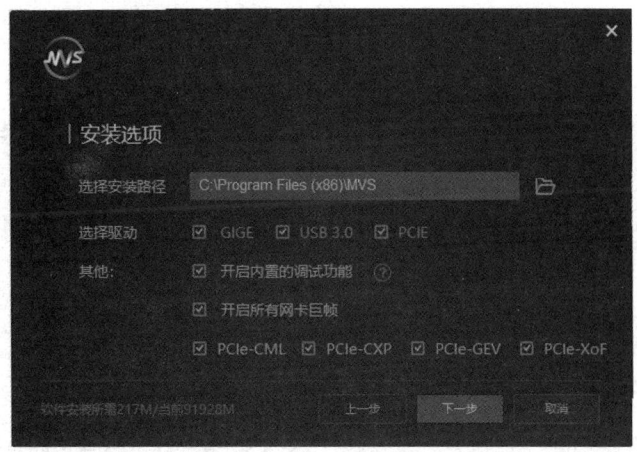

图 1-22　MVS 安装选项

3. 下载 VisionMaster 安装包并解压

进入海康机器人官网，选择"服务支持"→"下载中心"→"软件"选项，找到"VisionMaster 基础安装包 V4.3.0"文件，单击"下载"按钮，下载机器视觉软件安装包。下载完成后，解压安装包，双击.exe 安装文件，开始安装。

4. 开始安装 VisionMaster

进入开始安装界面，单击"开始安装"按钮。勾选"已阅读并同意软件协议"复选框，单击"下一步"按钮。在"安装选项"选区中选择安装路径，其他选项保持默认设置，如图 1-23 所示。单击"下一步"按钮，就进入安装过程界面。当安装进度达到 100%后，单击"安装完成"按钮，默认重启系统。

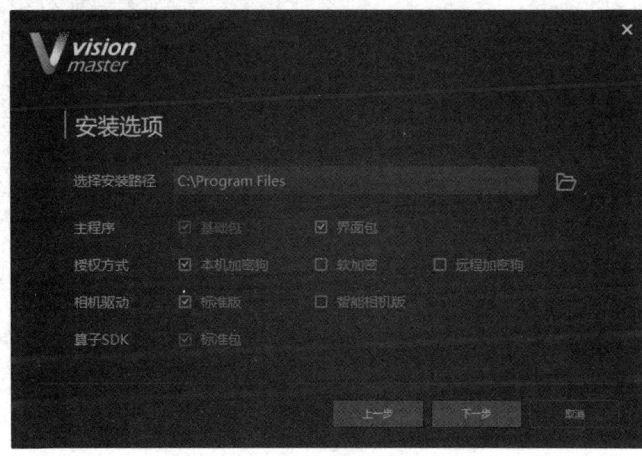

图 1-23　VisionMaster 安装选项

5. MVS 参数调试

将加密狗插入计算机，双击打开 MVS，单击"开始采集"按钮，可以看到如图 1-24 所示的界面。在右侧的"常用属性"选项卡中，最常用的是曝光时间和增益两个参数。

（1）曝光时间：曝光时间越长，图像越亮，拍摄速度越慢。

（2）增益：增益越大，图像越亮，物体边缘毛刺越多，轮廓越不清晰，出现噪点。

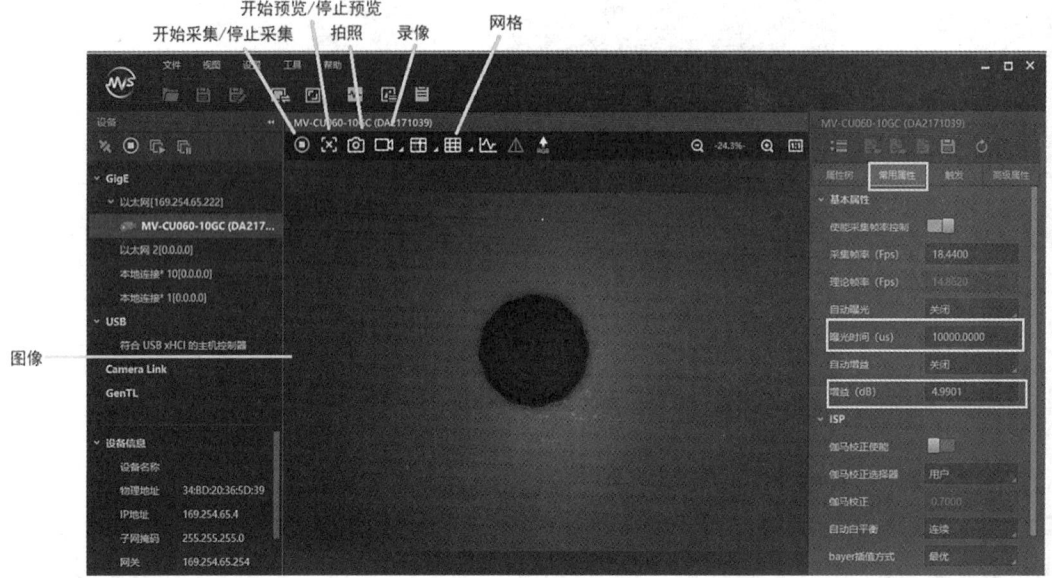

图 1-24　MVS 软件界面

在一般情况下，曝光时间控制在 10000μs 以内，增益控制在 10dB 以内。曝光时间调短和调长的效果如图 1-25 所示。

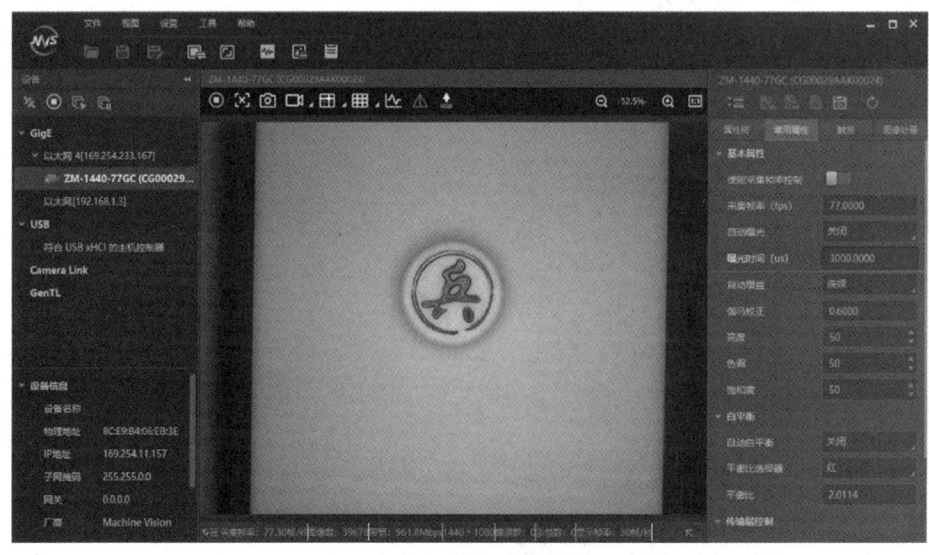

（a）曝光时间调短的效果

图 1-25　曝光时间调短和调长的效果

(b)曝光时间调长的效果

图 1-25 曝光时间调短和调长的效果(续)

在 MVS 软件界面右侧的"触发"选项卡中可以设置触发参数,一般分为内触发和外触发。内触发即直接用软件进行测量;外触发即通过外部硬件进行触发,如使用按钮、PLC、光电感应器等控制拍照。本项目保持内触发即可。

在相机和软件相匹配的情况下,完成前述设置后,可以单击"用户集控制"按钮进行配置的保存,如图 1-26 所示。否则,本步骤中的相关配置无法写入相机。

图 1-26 保存配置

注意:调试结束后要先断开相机连接,再进行 VisionMaster 软件中的操作。

1.4.3 读取本地图像并保存

1. 进入 VisionMaster 主界面

将加密狗插入计算机，双击 VisionMaster 图标，进入 VisionMaster 软件启动引导界面，如图 1-27 所示。选择任一模块，进入 VisionMaster 主界面。

图 1-27　VisionMaster 软件启动引导界面

2. 采集图像

（1）在工具箱中，将"采集"子工具箱中的"图像源"工具拖曳到流程编辑区域，建立方案流程，如图 1-28 所示。

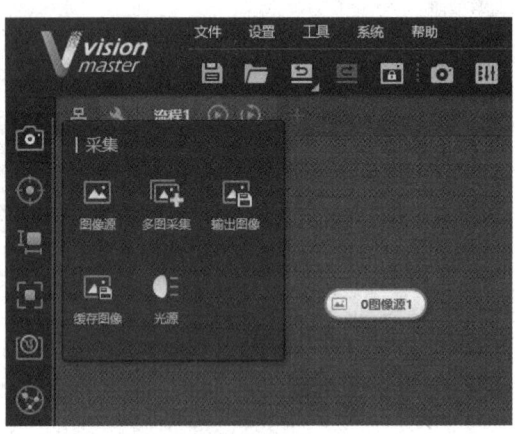

图 1-28　建立方案流程

（2）设置"0 图像源 1"工具的参数。双击"0 图像源 1"工具，进入参数设置对话框，在"基本参数"选区中，"图像源"选择"本地图像"，"像素格式"设置为"RGB24"，在右侧的"图像源(0/1)"一栏，单击"+"按钮，添加一幅本地彩色图像，如图 1-29 所示。

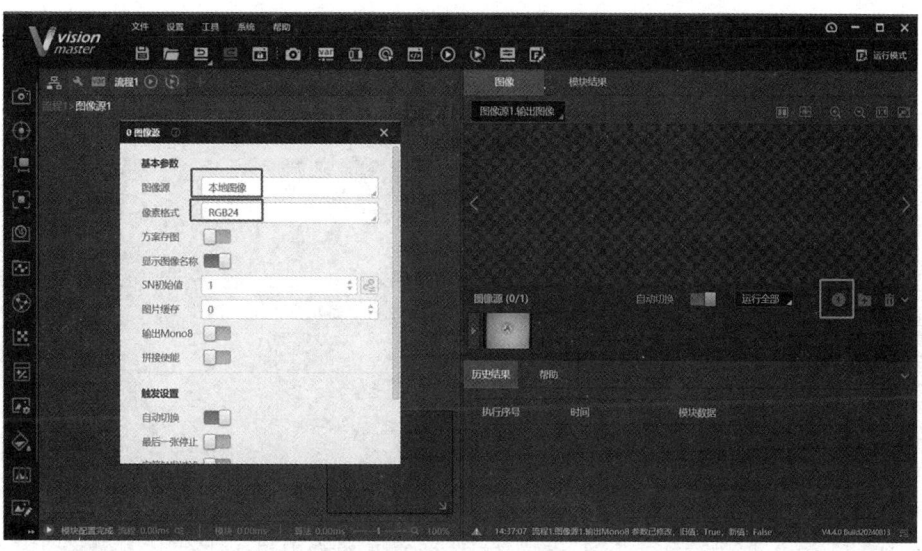

图 1-29　读取本地图像

3. 保存图像和程序

（1）在工具箱中，将"采集"子工具箱中的"输出图像"工具拖曳到流程编辑区域，并与"0 图像源 1"工具相连，如图 1-30 所示。

（2）设置"2 输出图像 1"工具的参数。

双击"2 输出图像 1"工具，进入参数设置对话框，在"基本参数"选项卡中打开"存图使能"功能，"渲染图路径"选择"D:\vision"，"渲染图命名"设置为"本地图像"，"像素格式"设置为"MONO8"，其他参数保持默认设置，如图 1-31 所示。依次单击"执行""确定"按钮，就可将采集的图像保存在指定的文件夹内。

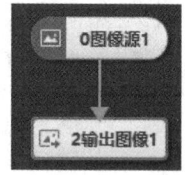

图 1-30　增加"输出图像"工具

图 1-31　设置"2 输出图像 1"工具的参数

(3)选择"文件"→"保存方案"选项,选择好保存路径,输入文件名,保存程序。

(4)执行程序。单击"执行"按钮,单次执行,D:\vision 下就会生成保存的黑白输出图像,如图 1-32 所示。

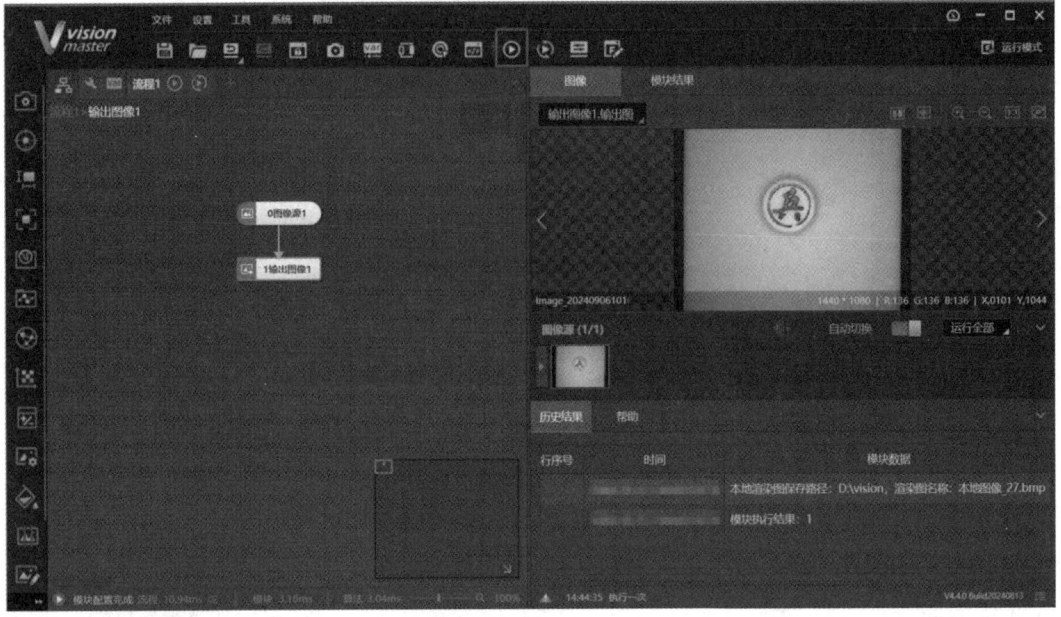

图 1-32　单次执行结果

1.4.4　采集象棋图像并保存

1. 进入 VisionMaster 主界面

同 1.4.3 节的步骤 1。

图像采集的标准

2. 连接相机并打开相机和光源开关

将相机和计算机通过 GigE 线束连接。把相机的电源适配器插头接入外部电源,打开相机开关;把光源控制器插头接入外部电源,打开光源开关,如图 1-33 所示。

图 1-33　打开光源开关

3. 采集图像

(1)把象棋放在视觉检测区域内,象棋注意倒置,保证成像为正确方向。

（2）在工具箱中，将"采集"子工具箱中的"图像源"工具拖曳到流程编辑区域，建立方案流程，如图 1-34 所示。

图 1-34　建立方案流程

（3）设置"0 图像源 1"工具的参数。双击"0 图像源 1"工具，进入参数设置对话框，在"基本参数"选区中，"图像源"选择"相机"，如图 1-35 所示。

（4）单击"关联相机"下拉列表右边的"相机管理"按钮 ◎，进入"相机管理"对话框。单击"+"按钮，在弹出的对话框中选中"全局相机"单选按钮；单击"确定"按钮，如图 1-36 所示。此时，"相机管理"对话框的设备列表中便会出现全局相机 1。

图 1-35　设置"0 图像源 1"工具的参数

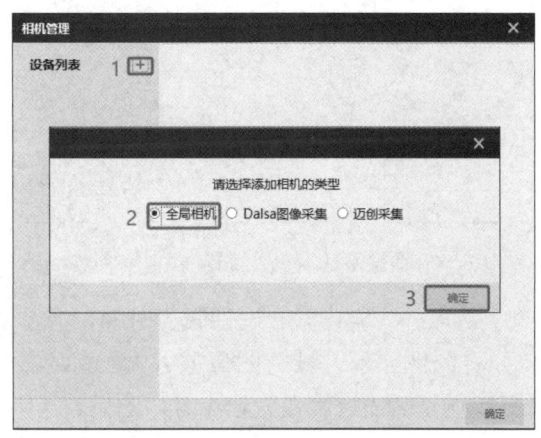

图 1-36　相机管理

（5）设置相机参数。在"相机管理"对话框的"常用参数"选项卡的"相机连接"选区中，"选择相机"设置为直接与计算机相连的相机型号，"触发源"设置为"SOFTWARE"；在"图像参数"选区中，"像素格式"设置为"Mono 8"，其他参数保持默认设置，如图 1-37 所示，单击"确定"按钮。注意："设备控制"选项卡中的参数均保持默认设置。

（6）选择关联相机。在"0 图像源"对话框的"基本参数"选区中，在"关联相机"下拉列表中选择"1 全局相机 1"选项，如图 1-38 所示。

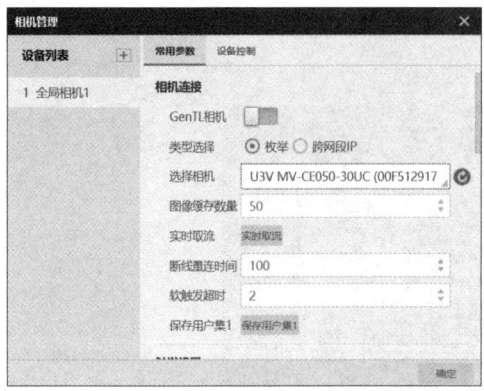 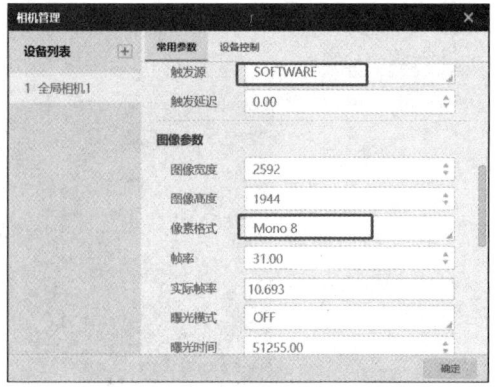

图1-37 设置相机参数

（7）单击快捷工具条上的"连续执行"工具，在连续执行的情况下，先把光圈数值调到2.8，再进入关联相机的"相机管理"对话框，对全局相机1的曝光时间进行调整。单击"曝光时间"后会出现拖动条，左右拖动滑块可以调短或调长曝光时间（根据MVS调参的经验可以调整曝光时间和增益），如图1-39所示。

 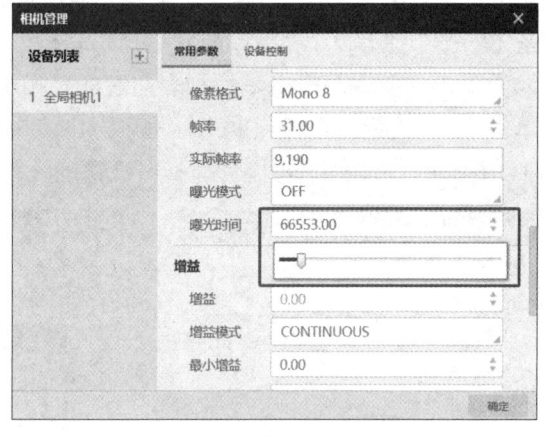

图1-38 图像源基本参数设置　　　　　图1-39 调整曝光时间和增益

（8）选取一个亮度较合适的曝光时间，调节镜头（见图1-40）的对焦环。可以滚动鼠标滚轮，将图像显示区域的图像放大，通过观察过渡像素的多少评估当前焦距是否合适，如图1-41所示。当过渡像素较少时，图像较清晰，锁紧对焦环，单击"停止执行"按钮。

图1-40 镜头

（a）过渡像素较多的图像　　（b）过渡像素较少的图像

图 1-41　对焦环对图像质量的影响

（9）调整对焦环后，对曝光时间进行微调整，使图像的亮度均匀，对比度高，图像采集结果如图 1-42 所示。

图 1-42　图像采集结果

4. 保存图像和程序

同 1.4.3 节的步骤 3，这里将"渲染图命名"设置为"象棋"即可。

1.5　项目总结

1.5.1　项目核验

项目实施完成后，可以依据如表 1-1 所示的评分表为本项目的实施情况打分，记录存在的问题，补充改进思路。

表 1-1　评分表

项目评分细则及分数	自评分
1. 掌握机器视觉系统的定义、功能和应用，10 分	
2. 掌握机器视觉系统的构成，10 分	
3. 硬件安装规范，10 分	
4. MVS 和 Vision Master 软件安装，10 分	
5. 本地图像导入和保存，10 分	
6. 象棋图像采集和保存，10 分	
7. 象棋图像亮度正常，10 分	

续表

项目评分细则及分数	自评分
8. 象棋图像清晰可见，10 分	
9. 项目开始前明确计划和目标，10 分	
10. 项目实施中积极思考、精益求精，10 分	
存在的问题	
改进思路	

评分标准：10 分—完全符合；8 分—比较符合；6 分—基本符合；4 分—比较不符合；2 分—完全不符合。

1.5.2 工程师在线

1. 如何选择合适的机器视觉软件

选择机器视觉软件时，应考虑以下几个因素。

（1）项目要求：明确项目需要实现的具体功能，如图像的采集、处理、分析和决策等。

（2）编程基础：评估团队的编程能力和经验，选择合适的软件工具。

（3）成本预算：考虑软件的购买和维护成本，选择性价比高的方案。

（4）技术支持：选择有良好技术支持和社区资源的软件，便于解决问题和学习。

通过综合考虑这些因素，可以选择最适合项目要求的机器视觉软件，提高开发效率和项目成功率。

2. 机器视觉系统的硬件和软件是否需要配套

机器视觉系统的硬件和软件最好配套，以确保系统的兼容性、性能、功能支持。如果两者不配套，则需要仔细了解其特性，确保其可以相互连通，支撑项目要求的实现。

（1）兼容性：确保所选的相机、图像采集卡等硬件设备能够与所使用的软件平台兼容。例如，某些工业相机需要特定的图像采集卡来传输和处理图像数据。如果相机和图像采集卡不匹配，则可能导致图像传输不稳定或数据丢失；某些相机只支持同厂家的参数调试软件，其他软件无法写入配置参数。

（2）性能：硬件的处理能力需要与软件的需求相匹配。例如，高分辨率的相机需要更强的计算资源来处理大量图像数据，如果软件的处理能力不足，则会导致系统性能下降。

（3）功能支持：某些高级功能（如深度学习、3D 成像等）需要特定的硬件支持。例如，深度学习模型的推理通常需要 GPU 加速，而软件则需要支持 GPU 计算。

合理选择和搭配硬件与软件可以最大化系统的性能和稳定性，高效实现视觉任务。在项目规划和实施过程中，应充分考虑硬件和软件的配套问题，以确保项目顺利实施。

项目 2　商品码制识别

🎓 知识目标

- 理解相机成像的基本原理。
- 掌握相机和镜头的基本参数。
- 理解码制识别的原理。

📝 能力目标

- 能根据项目要求进行相机和镜头的合理选型。
- 能搭建软/硬件环境，对条码和二维码进行识别。

⚙️ 素质目标

- 具备沟通与合作的小组协作能力。
- 具备客户需求至上的职业能力和素养。

2.1　项目领取

2.1.1　项目背景

商品码制识别技术包括条码和二维码识别，是现代信息技术的重要组成部分，被广泛应用于零售、物流、医疗、食品追溯等多个领域。随着数字经济的发展，商品码制识别技术在促进数字经济与实体经济深度融合方面发挥着越来越重要的作用。在零售业中，商品条码的使用提高了收银效率，促进了零售业的发展；在物流业中，条码与二维码技术被用于追踪货物的运输状态，实现物流信息的全程可视化；在医疗业中，商品码制识别技术主要被用于标识和追踪医疗产品、设备、患者信息。例如，通过使用条码，工作人员可以追踪药品的库存和过期日期，确保药品的有效性和安全性，准确记录药品的入库和出库时间，并进行库存智能化管理。在食品包装上印刷二维码或条码，消费者可以通过扫码获取食品的生产信息、加工流程、运输记录等，确保食品的安全性和可追溯性。商品码制识别应用如图 2-1 所示。

图 2-1 商品码制识别应用

商品码制识别技术在我国的发展与应用已经取得了显著成果，并且在数字经济的大背景下，其在促进产业升级、提高管理效率、增强市场竞争力等方面发挥着越来越重要的作用。未来，随着技术的不断进步和应用场景的不断拓展，商品码制识别技术有望在更多领域发挥重要作用。

2.1.2 项目要求

对商品包装盒上的二维码和条码进行识别，视觉单元与工控机的距离为 10m，系统检测精度为 0.25mm，商品尺寸为 136mm×102mm，工作距离为 300mm。

识别出包装盒（见图 2-2）上的二维码和条码信息，并分两行输出识别结果。

图 2-2 包装盒

2.2 项目调研

2.2.1 相机成像原理

相机成像原理可以总结为透镜成像+感光显像两部分，其过程基于光学透镜、光线传播和感光介质的相互作用。当相机在拍摄时，光线首先通过镜头系统进入相机，不同的镜头具有不同的焦距和光圈，影响成像的清晰度、景深和光线进光量，这就是透镜成像部分。随后，光信号经过快门到达图像传感器，快门决定了光线作用在图像传感器上的时间，图像传感器负责将光信号转换为电信号，从而形成图像，图像传感器的尺寸和像素密度能够直接影响成像效果，这就是感光显像部分。

相机成像是一个复杂而精妙的过程，整个成像系统是一个有机整体，各组成部分相互关联、相互影响，必须紧密协作配合才能获得符合要求的成像效果。

2.2.2 工业相机的类型、参数和选型

工业相机根据其类型和特性，可以满足不同工业应用的需求。

1. 工业相机的类型

工业相机是机器视觉系统中的关键组件，根据其结构特性和应用需求，可以有多种分类方法。

（1）CCD 相机与 CMOS 相机：一般来说，相机按图像传感器元器件类型不同，可分为 CCD 和 CMOS 两类。CCD 相机具有较高的图像质量和灵敏度，而且噪点低，常用于对图像质量要求较高的应用。CMOS 相机的成本较低、功耗低、速度快，适用于大规模生产和便携式设备。CCD 和 CMOS 相机的图像传感器的特征比较如表 2-1 所示。

表 2-1　CCD 和 CMOS 相机的图像传感器的特征比较

对比项	CCD	CMOS
设计技术	单一感光器	感光器连接放大器
灵敏度	较高	感光开口小，灵敏度低
成本	电路品质影响程度高，成本高	CMOS 整合集成，成本低
解析度	连接复杂度低，解析度高	具有极高的解析度
噪点比	单一放大，噪点低	百万放大，噪点高
功耗比	需要外加电压，功耗高	直接放大，功耗低
信息读取方式	需要外部电压控制，复杂	直接读取电流信号，简单
信息读取速度	较慢	是 CCD 相机的图像传感器的 10 倍以上
曝光方式	全局快门	卷帘、全局快门均有

随着技术的发展，CMOS 相机的性能不断提升，已经在很多应用领域替代了 CCD 相机。然而，CCD 相机在某些特定领域（如高端科研和专业成像领域）仍然保持着其独特的优势。

（2）面阵相机与线阵相机：面阵相机提供二维图像，适用于静止或缓慢移动的物体的成像，如面积、形状、位置测量或表面质量检测；线阵相机通过逐行扫描快速移动的物体来获取图像，适用于连续运动物体的检测，如金属、塑料、纤维等印刷缺陷检测。面阵相机和线阵相机的工作原理如图 2-3 所示。

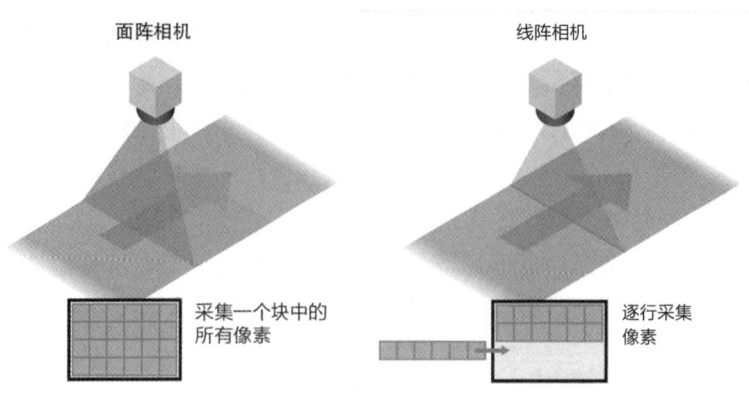

图 2-3　面阵相机和线阵相机的工作原理

（3）黑白相机与彩色相机：黑白相机输出灰度图像，适用于光线较暗或需要高对比度图像的场合，其精度通常高于彩色相机的精度；彩色相机输出 RGB 图像，适用于需要颜色信息的应用，如印刷检测和食品分级。

（4）模拟相机与数字相机：模拟相机输出模拟信号，需要通过图像采集卡将其转换成数字信号，受噪声影响较大，分辨率较低；数字相机直接输出数字信号，具有高动态范围，图像质量较好，抗干扰能力强。

（5）高速相机与普通相机：高速相机具有高帧率，适用于捕捉快速运动的目标，如生产线上的高速检测和运动分析；普通相机的帧率较低，适用于静态或慢速移动目标的检测。

（6）按接口类型分类，工业相机可分为 USB 接口相机、GigE 接口相机、Camera Link 接口相机等。

① USB 接口相机便于连接和使用，适用于小型化和便携式设备。

② GigE 接口相机提供高速数据传输功能，适用于长距离布线和大规模系统。

③ Camera Link 接口相机提供超高数据传输速率，适用于高端应用。

工业相机的接口如图 2-4 所示。

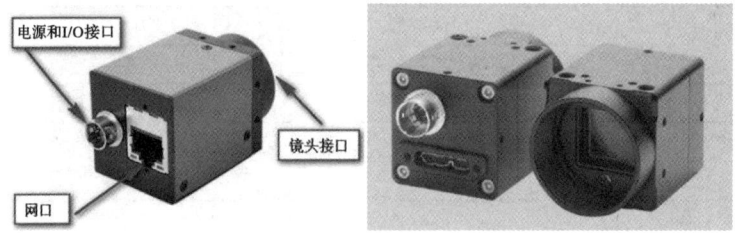

图 2-4　工业相机的接口

在选择工业相机时，需要考虑应用场景的具体需求，包括相机的分辨率、帧率、光谱响应、图像传感器类型、数据接口类型，以及是否需要彩色图像。工业相机的正确选型对于机器视觉系统的性能至关重要。

2. 工业相机的参数

工业相机的参数决定了其性能和适用性。以下是工业相机的主要参数。

（1）分辨率（Resolution）：表示图像传感器上每英寸（in，1in=0.0254m）包含的像素数，描述工业相机对被摄物的分辨能力。分辨率越高，捕获的图像细节越丰富。

一般情况下，面阵相机的分辨率是其感光芯片的像素数，目前主流工业面阵相机涵盖从 30 万像素到 1.5 亿像素级别的分辨率。对线阵相机而言，其像元排布与面阵相机的不同，芯片排布以横向为主，纵向为单行或数行，主流工业线阵相机包含 $2×10^3$、$4×10^3$ 及 $8×10^3$（单位为像素）的分辨率，能够满足多样化的市场需求。

（2）像元尺寸（Pixel Size）：图像传感器上每个像素的物理尺寸，通常以 μm 表示。像元尺寸影响工业相机的感光能力和图像质量。像元尺寸和芯片尺寸的关系如图 2-5 所示。

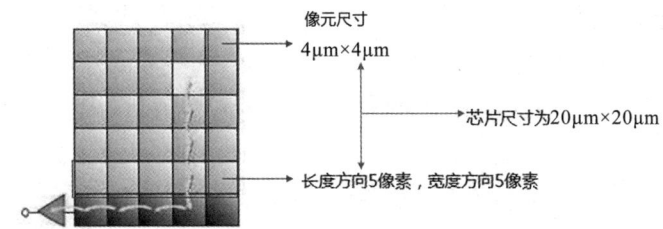

图 2-5　像元尺寸和芯片尺寸的关系

通常情况下，芯片的像元尺寸越大，单个像元能够接收的光子越多，该芯片的感光性能也就越强。在同样的光照条件和曝光时间下，大像元尺寸的芯片可以产生更多电荷，可以使图像的亮度更高。主流工业相机采用的感光芯片的像元尺寸有 1.67μm、2.2μm、3.75μm、6.45μm、7μm、9μm、10μm 等。

（3）靶面尺寸（Sensor Size）：工业相机上标注的靶面尺寸通常指图像传感器对角线尺寸。1/2"、2/3"、1" 等的单位是 in。通常图像传感器的长宽比为 4∶3（根据勾股定理，斜边为 5）。靶面尺寸标识如图 2-6 所示。

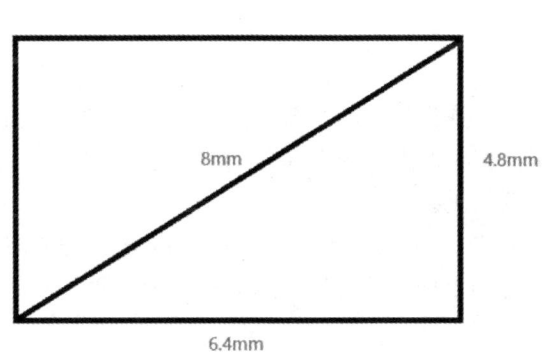

图 2-6　靶面尺寸标识

（4）帧率（Frame Rate）：工业相机采集和传输图像的速率，即工业相机每秒采集图像的最大数量。工业相机的帧率越高，每秒可采集图像的最大数量越多。

帧率/行频指工业相机采集和传输图像的速率。对面阵相机来说，一般用每秒采集的帧数（fps），即帧率来表征；而线阵相机则通常用每秒采集的行数（Hz），即行频来衡量。

帧率/行频的选择取决于现场对拍摄速率的要求,并不是越高越好,其在很大程度上受限于工业相机的数据传输接口和硬件网络环境。

(5)像素深度(Pixel Depth):单个像素数据的位数,也称图像深度,像素深度越大,表示单个像素数据的位数越多,它能表达的灰阶范围就越大,所显示出的图像深度就越深。而像素深度越大,其占用的存储空间越大。因此,像素深度的选用需要视实际算法需求而定。

(6)曝光时间(Exposure Time):像元感光的时间,也称快门时间。在相同的外部条件下,曝光时间越长,图像亮度越高,但相应的帧率/行频会降低。不同工业相机的曝光上下限不同。在一些飞拍应用中,曝光不够短会导致图像拖影,因此需要工业相机具备在极短的曝光时间内成像的特性。目前主流工业相机部分型号支持超短曝光模式,曝光时间可短至1μs,可以满足飞拍需求。

(7)图像处理功能(Image Processing Functions):如白平衡、图像增强、直方图均衡化等,提升图像质量和准确度。

(8)信噪比:图像中信号与噪声的比例,单位为分贝(dB)。图像的信噪比越高,意味着噪声抑制越好,图像质量越好。工业相机中的噪声有热噪声、固有噪声(读出噪声、采样噪声和信号处理过程中产生的噪声)等。不同信噪比效果图如图2-7所示。

图2-7 不同信噪比效果图

上述这些参数共同决定了工业相机的性能及其应用场景。在选型时,需要根据具体的工业应用需求确定合适的参数。

3. 工业相机的选型

工业相机的选型将决定视觉项目的成败。下面介绍工业相机选型的基本方法,从而明确工业相机选型的步骤和要领。

工业相机选型实例

(1)选择图像传感器的类型。

在同等分辨率下,CCD相机的成像效果比CMOS相机的成像效果好,但价格相对较高,分辨率越高的CCD相机的价格越高。因此,在精度要求不高的情况下,可选择CMOS相机。

近年来,得益于技术的发展,CMOS相机的图像传感器芯片的性能也赶上了CCD相机的图像传感器芯片的性能。凭借高速(帧率)、高分辨率(像素数)、低功耗、改良的噪声指数、动态范围及色彩等各方面的进步,CMOS相机的图像传感器芯片逐渐在由CCD相机的图像传感器芯片占据的领域里取得了一席之地。因此,在满足性能要求的前提下,考虑性价比优势,选CMOS相机较为合适。

线阵相机常用于需要高精度、大面积扫描或高速运动物体检测的应用场景。面阵相机更适合静态物体的成像或在较大区域内快速获取图像的场景，如物体尺寸测量、包装检测或机器人引导等应用。

（2）选择相机的颜色。

前面提到，工业相机分为彩色相机和黑白相机两种。一般来说，彩色相机的清晰度相对较低，黑白相机的灵敏度相对较低。

只有在需要检测颜色信息的场合（如彩色印刷品检测等）才需要使用彩色相机，其他诸如字符识别、尺寸测量等一般选用黑白相机。

特殊情况：有一些检测场合不需要检测颜色信息，但被检测物体是彩色的，而且目标和背景的灰度级接近，这时使用黑白相机的对比度不强；如果使用彩色相机，则可以通过设置不同的 RGB 增益来增强对比度，因此这种情况要选择彩色相机。

（3）选择相机的分辨率。

前面提到，工业相机的分辨率是指其图像传感器芯片所含像素的多少和尺寸大小，如 130 万像素工业相机的分辨率为 1280 像素×1024 像素。为了达到客户对检测精度的要求，必须选择一种合适的分辨率，因为检测精度与工业相机的分辨率、视场的大小是密切相关的。假设视场的 X 方向即水平方向、Y 方向即垂直方向，确定了视场和精度后，就可以根据以下公式来选择工业相机的分辨率了：

$$X 方向分辨率 = X 方向视场范围尺寸 / X 方向系统精度$$
$$Y 方向分辨率 = Y 方向视场范围尺寸 / Y 方向系统精度$$

（4）其他。

根据需要选择相机的类型和其他参数，如根据被拍摄目标的状态选择合适的帧率、曝光时间和快门类型，根据相机和工控机的距离选择合适的数据传输接口类型等。

工业相机选型流程如图 2-8 所示。

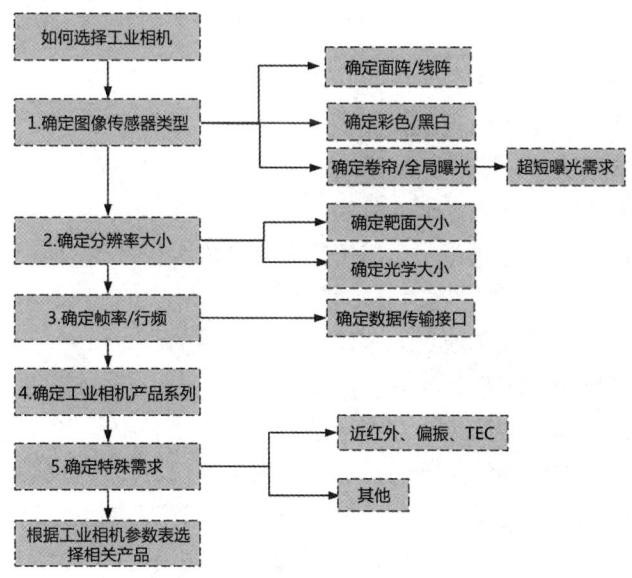

图 2-8 工业相机选型流程

一般来说，在实际应用中，首先，应深入而透彻地理解客户需求。例如，需要首先确定系统的功能和被测目标的状态，明确视场范围和检测精度。然后，将需求转化为实际的工业相机的参数或特性。例如，根据视场范围和检测精度确定拍摄的最低分辨率，根据帧率/行频预估带宽和数据传输接口类型等。最后，一步一步根据流程缩小选择范围，选取最为合适的工业相机。

硬件选型一定要从客户的实际需求出发，降本增效，提升产品和服务的性价比，选择合适的，而不是最贵的。只有这样，口碑才会提升，发展才会长久。

2.2.3 工业镜头的类型、参数和选型

1. 工业镜头的类型

工业镜头是专为工业应用设计的高精度镜头，它们在机器视觉、质量检测、自动化控制等领域发挥着重要作用。工业镜头通常具备高分辨率、低畸变、低色散和高耐用性等特点，以满足工业应用对图像质量和可靠性的严格要求。工业镜头如图2-9所示。

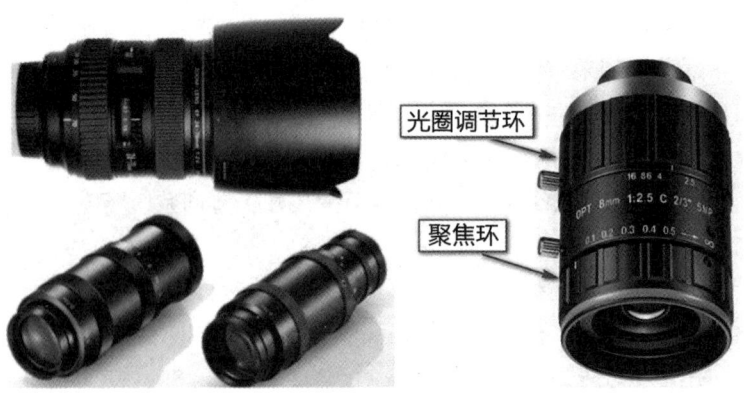

图2-9 工业镜头

工业镜头作为系统关键光学器件，其品质好坏直接影响成像质量，对于定位、缺陷检测等应用起决定性作用。工业镜头包含很多性能参数，如焦距、光圈、畸变、相对照度、靶面尺寸等，这些参数直接决定了光学系统的成像质量。

工业镜头按其功能和设计特点可以分为以下几种。

（1）定焦镜头：具有固定焦距，适用于需要特定放大倍率的应用，如机器视觉或医疗成像。

（2）变焦镜头：焦距可变，通过调整镜头实现不同的放大倍率，适用于需要频繁调整放大倍率的应用，如机器人或汽车制造。

（3）远心镜头：设计用于产生平坦视场的图像，适用于质量控制或检查等需要精确测量的应用。远心镜头主要是为纠正普通工业镜头的视差而设计的特殊工业镜头。普通工业镜头的目标物体靠近镜头（工作距离短），以在一定的物距范围内，使得到的图像放大倍率不会随物距的变化而变化。通常将远心度小于0.1°的镜头称为远心镜头，远心度定义为主光线与光轴的夹角。普通工业镜头成像与远心镜头成像分别如图2-10和图2-11所示。

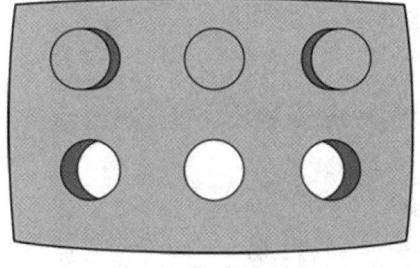
图 2-10 普通工业镜头成像

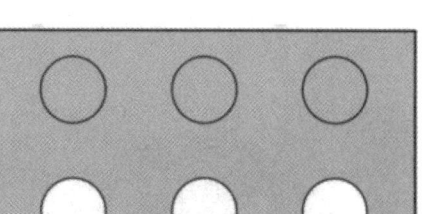
图 2-11 远心镜头成像

2. 工业镜头的参数

工业镜头主要有焦距和物距、放大倍率、视场、靶面尺寸、光圈、景深、分辨率、镜头畸变等参数，如图 2-12 所示。

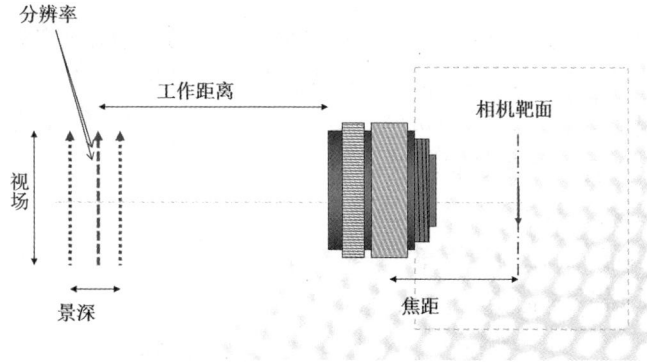

图 2-12 工业镜头的参数

（1）焦距和物距。

焦距：在光学设备中，透镜中心到相机芯片的距离，通常以 mm 为单位。焦距和物距的关系如图 2-13 所示。

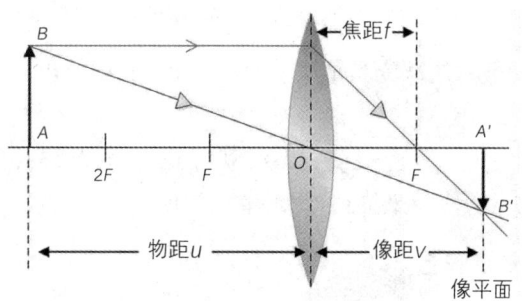

图 2-13 焦距和物距的关系

定焦镜头上有一个数字，数字越小，焦距越短，视场角越宽，视场越大，画面中容纳的元素越多，每个元素所占的比例越小。16mm 焦距镜头如图 2-14 所示。焦距与视场的关系如图 2-15 所示。

图 2-14　16mm 焦距镜头

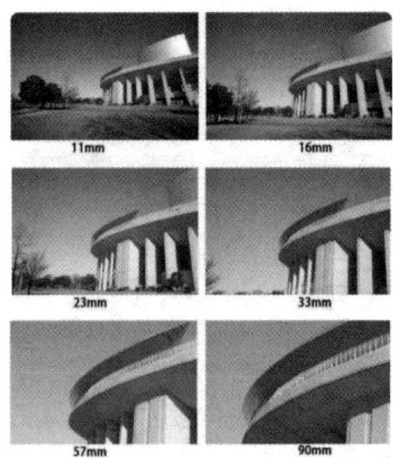
图 2-15　焦距与视场的关系

物距：目标物体与相机之间的距离，严格来说，是镜头前端到拍摄平面的距离，也称为工作距离。如果物距很大，那么可以选择焦距比较大的镜头，这样拍得更清晰，但是视场也会变小。因此，可以根据物距和视场来确定焦距。当视觉项目中的设备需要固定时，应尽可能选择定焦镜头，这样成像会比较稳定。

（2）放大倍率。

放大倍率指感光元件上所成影像与原物体的比例。放大倍率越高，相机/镜头的近摄能力越强。不同放大倍率显示的画面细节如图 2-16 所示。

图 2-16　不同放大倍率显示的画面细节

在图 2-16 中，从左至右依次为是放大倍率为 1.0、1.4、2.0 显示的画面细节。

（3）视场。

视场（FOV）也称视野，是能被视觉系统观察到的物方可视范围。它既可以通过视场角来描述，又可以通过视场范围来描述，如图 2-17 所示。

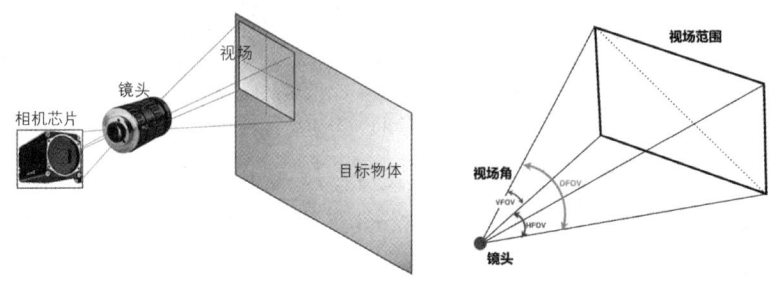

图 2-17　视场

视场角描述了镜头能够捕捉到的角度范围，是一个相对抽象的概念。视场角通常以度（°）为单位来表示，可以分为水平视场角（HFOV）、垂直视场角（VFOV）和对角视场角（DFOV）。视场范围是视场角在实际物理空间中的具体表现，它与工作距离和传感器尺寸直接相关。对于同一镜头，工作距离越大，视场范围越大，传感器尺寸越大。当工作距离和传感器尺寸固定时，镜头的视场角越大，视场范围越大。

（4）靶面尺寸。

靶面尺寸是指镜头设计时能够适配的相机传感器的最大尺寸。它通常用来描述镜头能够覆盖的相机传感器的对角线长度。靶面尺寸对于确保镜头与相机传感器之间的兼容性至关重要。如果镜头的靶面尺寸小于相机传感器的尺寸，那么镜头可能无法完全覆盖相机传感器，导致图像边缘出现暗角或黑角现象，影响成像效果。相反，如果镜头的靶面尺寸远大于相机传感器的尺寸，则可能会造成镜头性能的浪费。

最大靶面尺寸也称芯片尺寸。镜头使用的芯片尺寸应与相机传感器的靶面尺寸相匹配，简单来说，就是镜头投射的图像面积应不小于相机的芯片尺寸，这样，通过镜头捕捉到的图像就能够刚好覆盖相机传感器区域。

（5）光圈。

光圈是用以描述镜头光通量的参数，光圈越大，镜头光通量越多。对于光线比较暗的场合，可选用大一点的光圈。镜头的光圈 F 与镜头中孔径光阑的直径 D 及焦距 f 有关，且 $F=f/D$。镜头中孔径光阑的直径是可以调节的，可以扩大或缩小，从而改变光圈和光通量。

（6）景深。

景深是在取得清晰图像时，所测定的目标物体前后的距离范围。镜头的景深与光圈、工作距离相关。光圈越大，工作距离越小，景深越小；光圈越小，工作距离越大，景深越大。

（7）分辨率。

分辨率是评价镜头质量的一个重要参数，指在单位毫米内能够分辨的黑白相间的条纹对数，表示能够通过成像系统分辨的物体的最小特征尺寸。需要分辨目标物体上的细节越小，要求视觉系统的分辨率越高。不同分辨率效果图如图 2-18 所示。

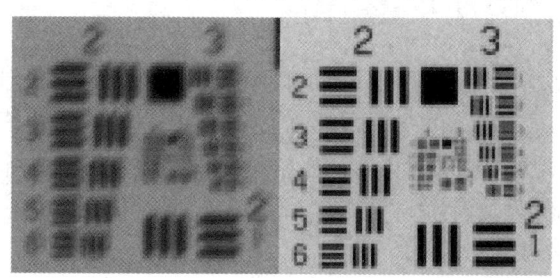

图 2-18 不同分辨率效果图

（8）镜头畸变。

现实中因为设计和加工的原因，镜头拍摄物体时是会产生形变的。目标物体平面内的主轴外直线经光学系统成像后变为曲线，此光学系统的成像误差称为畸变。畸变像差只影响成像的几何形状，而不影响成像的清晰度。畸变可以分为枕形畸变与桶形畸变。镜头畸变如图 2-19 所示。

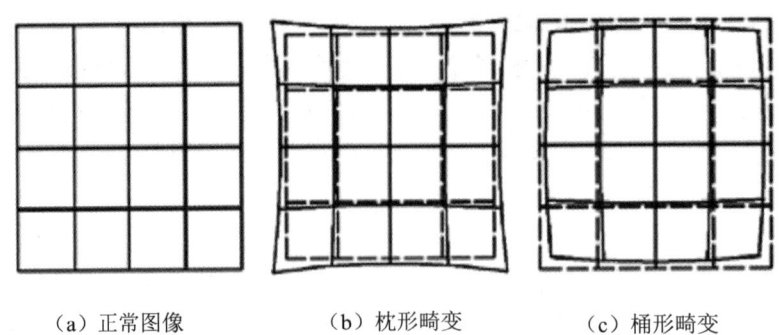

(a) 正常图像　　　　(b) 枕形畸变　　　　(c) 桶形畸变

图 2-19　镜头畸变

3. 工业镜头的选型

工业镜头选型是一个涉及多个参数和技术细节的过程，需要根据应用场景的具体需求进行综合评估。普通工业镜头选型的一般步骤如下。

（1）确定相机连接镜头的接口类型，如 C 口或 F 口等。这个接口决定了镜头的接口。

镜头选型实例

（2）镜头的最大靶面尺寸与相机传感器的尺寸相匹配。

（3）确定焦距。需要测量镜头到目标物体的工作距离和目标物体的实际长度，镜头选型完成后，可以得出相机成像长度。此时，可以根据如下公式计算相机的焦距，同理，可以计算出基于物体的实际长度的焦距：

$$焦距 f = \frac{相机成像长度 y'}{目标物体的实际长度 y} \times 工作距离 WD$$

（4）根据现场的拍摄要求，考虑光圈、价格等其他因素。

对于远心镜头的选型，还需要考虑兼容的 CCD 靶面尺寸、接口类型、放大倍率或成像范围、工作距离及景深范围。

2.2.4　码制识别的原理及其应用

商品码制识别技术的基本原理是，通过特定的编码规则，将信息（如数字、字母或符号）编码为平行的条（深色）和空（浅色）的组合，或者在二维平面上以黑白矩形图案表示二进制数据。在识别过程中，使用扫描设备（如条码阅读器或扫描枪），通过光学扫描将条码转换为电信号，并经过解码器将这些信号转换为原始信息，如数字或字符，最终由计算机系统进行处理和管理。

条码的编码通常由数据符、起始符、终止符等组成；而二维码则在平面的横向和纵向上都能表示信息，因此其信息容量更大，表示的信息也更丰富。二维码还具备定位点和容错机制，即使条码部分污损也能正确还原信息。

在零售与支付、营销与广告、物流与仓储、教育与培训、媒体与娱乐、工业制造、医疗健康、农业与食品安全等方面，条码与二维码的应用无处不在，极大地提升了数据采集和信息管理的效率，改变了人们的生活方式。

2.3 项目分析

2.3.1 任务划分

经过对项目任务的分析,设计商品码制识别工作流程,如图 2-20 所示。

图 2-20 商品码制识别工作流程

2.3.2 方案设计

根据工业相机的检测范围和工作距离进行布局规划,视觉平台方案架构如图 2-21 所示。

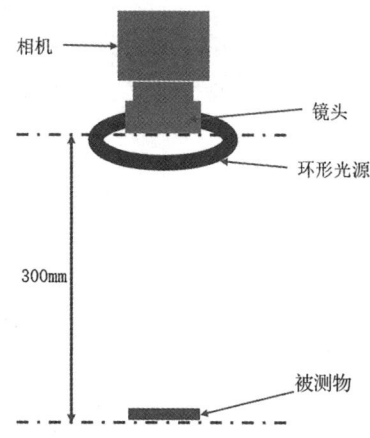

图 2-21 视觉平台方案架构

1. 相机选型

(1)确定相机的类型。

① 确定是选择面阵相机还是线阵相机。

由于线阵相机常应用于一维动态目标的测量,而条码和二维码识别则需要获取完整的目标图像,因此选择面阵相机。

② 确定是选择黑白相机还是彩色相机。

由于条码和二维码都是黑白的,不需要对颜色进行区分,因此选择黑白相机。

(2)确定视场。

视场大小估算为 150mm×112mm。

(3)确定相机的分辨率。

根据算法精度(最少 2 像素)和系统精度进行计算。

长边像素数量至少为

$$\frac{视场(长边)}{精度} \times 2 = \frac{150}{0.25} \times 2 = 1200(像素)$$

短边像素数量至少为

$$\frac{视场（短边）}{精度} \times 2 = \frac{112}{0.25} \times 2 = 896（像素）$$

故相机长边的分辨率应该大于或等于1200像素，短边的分辨率应该大于或等于896像素。

（4）确定相机的接口类型。

相机与工控机之间的数据传输距离为10m，因此选择GigE接口的相机。

（5）确定相机的型号。

先根据性价比等因素选择使用海康相机，再根据海康选型手册进行参数匹配，确定相机型号为MV-CU013-A0GM。

相机的技术参数如表2-2所示。

表2-2 相机的技术参数

产品型号	传感器型号	传感器类型	靶面尺寸	像元尺寸	快门类型	分辨率	最大帧率	接口	黑白
MV-CU013-A0GM	HK	CMOS	1/2"	4.8μm	全局曝光	1280像素×1024像素	91.3fps	GigE	√

2. 镜头选型

（1）确定镜头的类型。

如果没有特殊需求，则在同一工作距离下，不需要改变放大倍率，故选择定焦镜头。

（2）计算焦距。

相机的像元尺寸为4.8μm，分辨率为1280像素×1024像素，工作距离为300mm。

按照长边进行计算：

$$芯片尺寸（长边）= 像元尺寸 \times 分辨率（长边）$$

$$焦距f = \frac{芯片尺寸（长边）\times 工作距离}{视场（长边）} = \frac{4.8 \times 1280 \times 300}{150} \mu m \approx 12.29mm$$

按短边进行计算：

$$焦距f = \frac{芯片尺寸（短边）\times 工作距离}{视场（短边）} = \frac{4.8 \times 1024 \times 300}{112} \mu m \approx 13.17mm$$

根据计算，镜头的焦距选择12mm。

（3）确定靶面尺寸。

相机的靶面尺寸为1/2"，镜头的靶面尺寸需要大于相机的靶面尺寸。

（4）确定镜头型号。

由于相机选择的是海康相机，因此镜头也选择海康的。根据海康选型手册进行参数匹配，确定镜头型号为MVL-HF1228M-6MPE。

镜头的技术参数如表2-3所示。

表2-3 镜头的技术参数

型号	靶面尺寸	焦距	畸变	视场角			最近摄距
				DFOV	HFOV	VFOV	
MVL-HF1228M-6MPE	1/1.8"	12mm	−0.01%	40.6°	34.2°	23.2°	0.1m

3. 光源选型

由于商品外包装是纸质的，不反光，因此选择高角度打光的环形光源。根据性价比等因素选择海康光源，并根据光源选型手册选定光源型号为 MV-LRDS-73-90-W。

搭建完成的系统整体布局如图 2-22 所示。

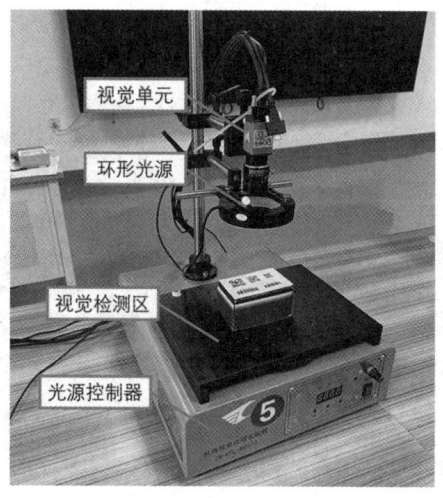

图 2-22 搭建完成的系统整体布局

2.4 项目实施

2.4.1 图像采集

1. 增加"图像源"工具

完成开机等准备工作，把待检测包装盒放入视觉检测区，进入 VisionMaster 软件界面。将"采集"子工具箱中的"图像源"工具拖曳到流程编辑区域，建立方案流程，如图 2-23 所示。

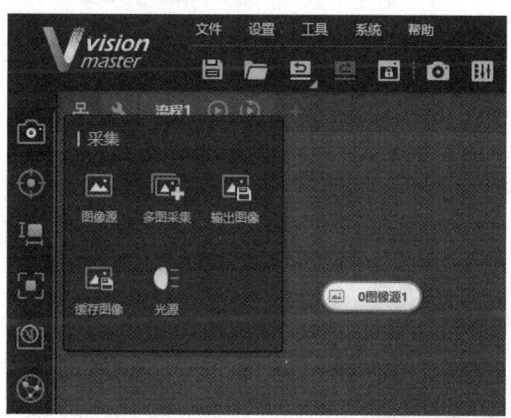

图 2-23 建立方案流程

2. 设置"0 图像源 1"工具的参数

双击"0 图像源 1"工具，对其参数进行设置，包括设置全局相机、相机管理的相机选择、相机触发源（SOFTWARE）、像素格式（Mono8）等。单击快捷工具条上的"执行"按钮，采集到清晰的图像，如图 2-24 所示。如果图像不清晰，则单击快捷工具条上的"连续执行"按钮，在连续执行情况下，调整光源的亮度、镜头的光圈/对焦环、相机管理中的曝光时间。

图 2-24　图像采集结果

2.4.2　条码识别

1. 增加"条码识别"工具

在工具箱的"识别"子工具箱中选择"条码识别"工具，将其拖曳到流程编辑区域，并与"0 图像源 1"工具相连，如图 2-25 所示。

2. 设置"1 条码识别 1"工具的参数

双击"1 条码识别 1"工具，进入参数设置对话框，在"运行参数"选项卡中，根据实际情况对条码的类型、个数和降采样系数等进行设置，如图 2-26 所示。

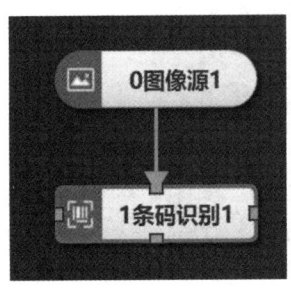

图 2-25　增加"条码识别"工具

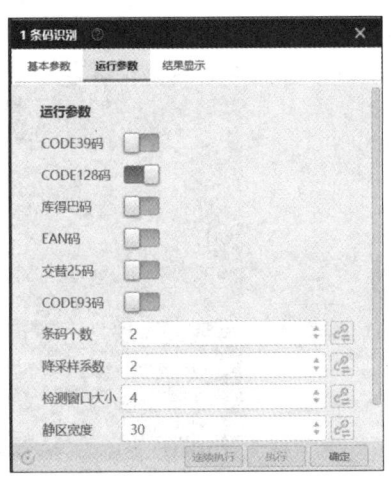

图 2-26　运行参数设置

3. 条码识别结果

单击"执行"按钮,图像显示区域和结果显示区域均显示出识别结果,如图 2-27 所示。

图 2-27 识别结果

2.4.3 二维码识别

1. 增加"二维码识别"工具

在工具箱的"识别"子工具箱中选择"二维码识别"工具,将其拖曳到流程编辑区域,并与"1 条码识别 1"工具相连,如图 2-28 所示。

2. 设置"2 二维码识别 1"工具的参数

双击"2 二维码识别 1"工具,进入参数设置对话框,在"运行参数"选项卡中,选择 QR 码,"二维码个数"设置为"3","极性"设置为"白底黑码","码宽范围"根据实际情况进行设置,如图 2-29 所示。

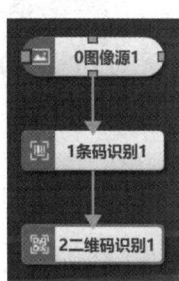

图 2-28 增加"二维码识别"工具

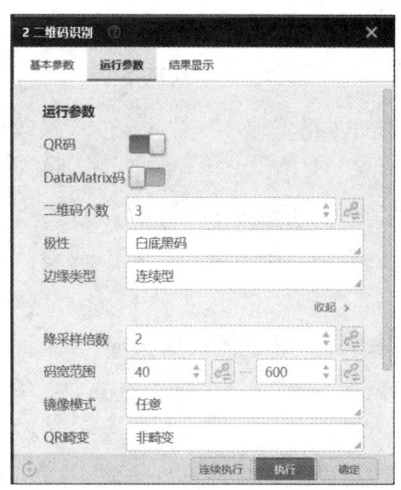

图 2-29 运行参数设置

3. 二维码识别结果

单击"执行"按钮，图像显示区域和结果显示区域均显示出二维码识别结果，如图2-30所示。

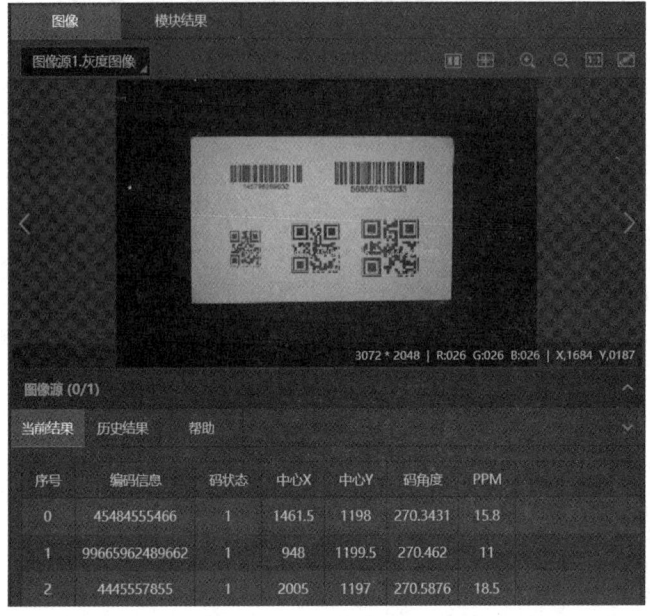

图 2-30　二维码识别结果

2.4.4　格式化输出

1. 增加"格式化"工具

在工具箱的"逻辑工具"子工具箱中选择"格式化"工具，将其拖曳到流程编辑区域，并与"2 二维码识别 1"工具相连，如图2-31所示。

2. 设置"3 格式化"工具的参数

（1）双击"3 格式化 1"工具，进入参数设置对话框，在"基本参数"选项卡中，单击 + 添加 按钮，插入一行；单击 ✏ 按钮，输入"条码识别结果 1："字样；单击"插入订阅"按钮 🔗，选择"1 条码识别 1.编码信息"选项，单击下方的输入结束符 \n。

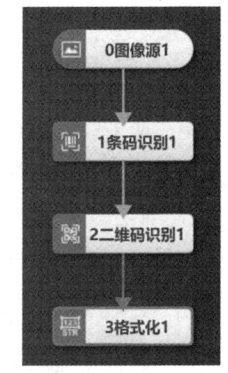

图 2-31　增加"格式化"工具

（2）单击 + 添加 按钮，插入第二行，按照相同的操作方式，输入"条码识别结果 2："字样，选择"1 条码识别 1.编码信息"选项，手动修改编码信息末尾的序号[0]为[1]。

（3）按照相同的方式设置二维码识别的输出，设置好的格式化参数如图2-32所示，单击"保存"按钮。

项目 2　商品码制识别

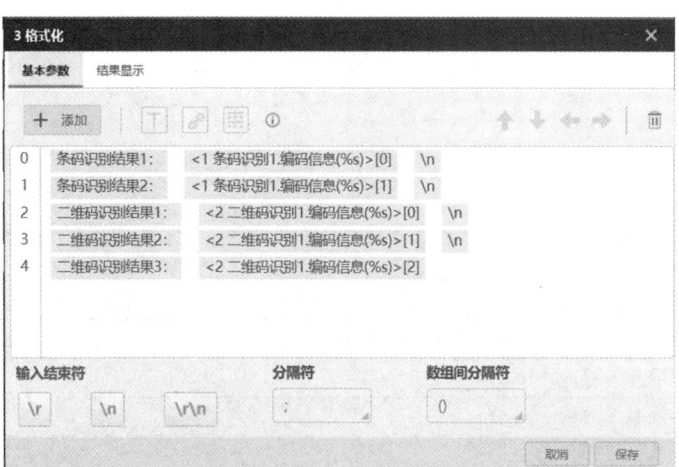

图 2-32　设置好的格式化参数

3. 查看执行结果

单击"执行"按钮，查看执行结果，如图 2-33 所示。

图 2-33　执行结果

4. 保存程序

单击■按钮，选择程序的存储位置，对文件进行命名，单击"保存"按钮，把商品码制识别的视觉程序保存在计算机中。

2.5 项目总结

2.5.1 项目核验

项目实施完成后,可以依据如表 2-4 所示的评分表,为本项目的实施情况打分。

表 2-4 评分表

项目评分细则及分数	自评分
1. 能讲解相机成像的基本原理,10 分	
2. 理解相机和镜头的基本参数,10 分	
3. 理解码制识别的基本原理,10 分	
4. 能根据项目要求进行选型,10 分	
5. 硬件安装符合规范,10 分	
6. 能识别条码,10 分	
7. 能识别二维码,10 分	
8. 能进行数据格式化输出,10 分	
9. 能正确保存程序,10 分	
10. 遵守 4S 规范,将实验台工具归位,10 分	
存在的问题	
改进思路	

评分标准:10 分—完全符合;8 分—比较符合;6 分—基本符合;4 分—比较不符合;2 分—完全不符合。

2.5.2 工程师在线

问题 1:条码尺寸过小或距离过远可能导致无法识别。

解决方案:调整相机与条码之间的距离,选择合适的镜头焦距,以确保条码在相机的视场内。

问题 2:在生产线上,产品快速移动时,对条码进行快速、准确的识别是一个挑战。

解决方案:使用高速相机和镜头,配合相应的图像处理算法,以实现快速动态识别。

问题 3:反射、阴影或背景噪声可能会干扰条码的识别。

解决方案:优化视觉系统设计,减少环境光的干扰,使用滤光片或偏光片来减少反射。

问题 4:在处理包含敏感信息的条码时,需要确保数据的安全性和隐私性。

解决方案:采用加密技术保护数据,确保只有授权用户才能访问和识别条码信息。

项目 3　电子元器件字符识别

🎓 知识目标

- 掌握光源的类型和应用场景。
- 理解模板匹配和仿射变换的基本原理。
- 深入理解字符分割、特征提取等字符识别的关键技术。

📝 能力目标

- 能根据项目要求进行光源的合理选型。
- 能自主进行项目任务划分和方案设计。
- 能搭建软/硬件环境,对电子元器件上的字符进行准确识别。

🧠 素质目标

- 字符识别技术发展迅速,需要具备持续学习的意识和能力,不断跟踪最新技术动态,提升自己的专业素养。
- 尊重知识产权,遵守行业规范,保护用户隐私和数据安全,展现出良好的职业道德素养。

3.1　项目领取

3.1.1　项目背景

随着信息技术的飞速发展,数据的自动化处理与解析能力成为各行业提升效率、降低成本的关键驱动力。在众多数据处理任务中,字符识别(见图 3-1)作为一项基础且核心的技术,被广泛应用于文档数字化、自动化生产线监控、车牌识别、身份验证、物流追踪等多个领域。传统的字符识别方法依赖人工设计的特征提取和模式匹配算法,其准确性、鲁棒性和灵活性在面对复杂多变的实际应用场景时显得力不从心。

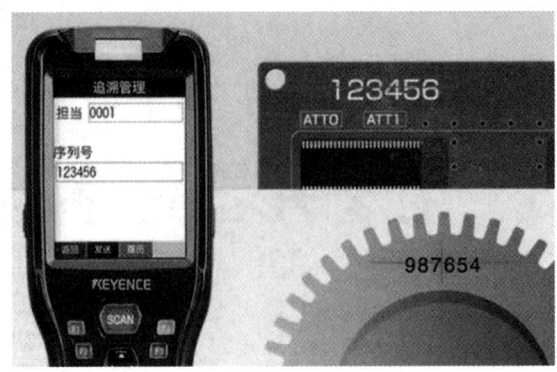

图 3-1 字符识别

近年来,机器视觉技术的快速进步,特别是深度学习算法的广泛应用为字符识别领域带来了革命性的变革。机器视觉技术通过模拟人类视觉系统对图像进行分析和处理,能够自动从复杂图像中提取有用的信息,进而实现高效的字符识别。相比于传统方法,基于机器视觉的字符识别系统不仅具备更高的识别精度和更快的处理速度,还能有效应对光照变化、噪声干扰、字体多样性等问题。

3.1.2 项目要求

对电子元器件(见图 3-2)的字符进行识别。视觉单元与工控机之间的距离为 10m,系统检测精度为 0.2m,商品尺寸为 30mm×26mm,工作距离为 250mm。

图 3-2 电子元器件

按照以下格式要求输出识别结果。

第 1 行:制造国家。

第 2 行:电子元器件型号 1。

第 3 行:电子元器件型号 2。

3.2 项目调研

3.2.1 光源的类型和选型

机器视觉旨在将所需的图像特征提取出来,以方便视觉系统的下一步动作,因此图像质量决定了整个机器视觉系统的成败。针对不同的检

打光术语及技巧

测内容、不同的检测物体，需要选择不同的光源和不同的打光方式以达到最佳检测效果。

1. 光源的类型

光源可分为 LED、卤素灯、荧光灯等不同类型。其中，LED 光源因其形状自由度高、使用寿命长、响应速度快、颜色多样而被广泛使用。根据 LED 光源颗粒的排列，可以将其分为环形光源、条形光源、背光源、同轴光源、AOI 光源等。

（1）环形光源：具有环状外观结构的 LED 光源。环形光源的照射角度是可以变化的，分为 0°环形光源、低角度环形光源和高角度环形光源。环形光源如图 3-3 所示。

（2）条形光源：方向性好，尺寸、结构和角度可按需调节，被广泛应用于各种检测场景。条形光源如图 3-4 所示。

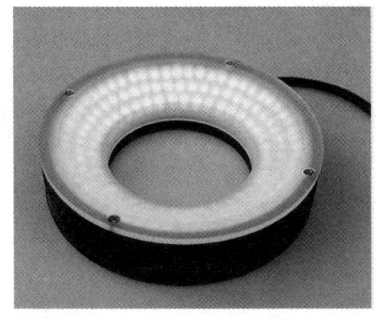
图 3-3　环形光源

图 3-4　条形光源

（3）背光源：又称面光源。背光源的 LED 光源颗粒装在水平基板上，均匀朝上发光。它的特点是发光部位为一个面，对于透明物体，光线可以穿透；对于不透明物体，光线无法穿透，物体的形状轮廓将与背光形成对比，从而极易测量/检测。背光源如图 3-5 所示。

（4）同轴光源：光线的入射与反射同轴的 LED 光源。半透半反镜的作用原理是让一半光通过，另一半光反射。直接通过的一半光照射在黑色的基板上，无法进入相机视场；而另一半光则垂直向下反射到物体表面后垂直向上进入相机视场，因为光线的入射与反射是同轴的，所以称为同轴照明。同轴光源如图 3-6 所示。

图 3-5　背光源　　　　　　　　　图 3-6　同轴光源

（5）AOI 光源：AOI 就是自动光学检查（Auto Optical Inspection）的英文缩写。AOI 光源利用不同颜色以不同角度照射到物体表面，因物体表面的高度起伏不同，其反射的光线颜色和光路产生较大的差异，从而使相机"看到"不同高度的颜色有很大的差异，进而得到可检测的图像信息。AOI 光源如图 3-7 所示。

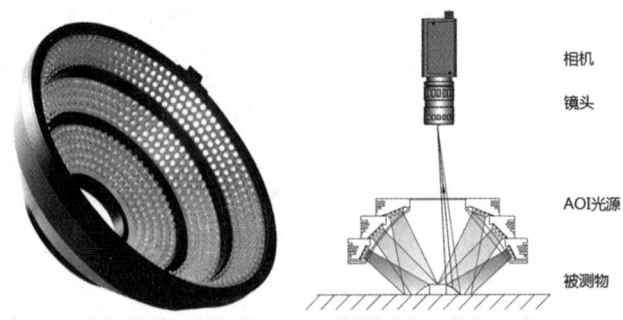

图 3-7　AOI 光源

AOI 光源采用高亮灯珠，亮度高且分布均匀。同时，AOI 光源具有多种角度，亮度单独可控，可适应不同的使用环境，如 PCB 元件的焊接质量检测、印刷字符检测、手机壳胶水轮廓检测等。

2. 光源的选型

（1）光源的选型原则。

亮度与对比度：选择亮度高的光源，确保足够的光线照射到目标物体上，以提高信噪比，降低噪声。对比度是关键，需要使感兴趣的特征与背景之间形成最强对比，以便于特征的识别和处理。

均匀性：确保光源提供的照明均匀，避免图像中出现不均匀的反射，这有助于简化图像处理算法，减少误判。

鲁棒性与位置变化的敏感度：选择对目标物体位置变化不敏感的光源，以确保在不同位置或角度下，图像质量保持稳定。

方向性和反射特性：根据目标物体表面特性（如光滑或粗糙），选择光源的方向性，以控制反射，避免镜面反射导致的亮点，这有利于特征提取。

波长：考虑使用不同波长的光源（如可见光、紫外光、红外光），因为不同材料对不同波长的光的反射和吸收特性不同。

光源类型：LED 光源因其形状自由度高、使用寿命长、响应速度快、颜色多样而被广泛使用。根据应用需求，选择环形光源、条形光源等。

光源装置的形状与大小：根据目标物体的尺寸和安装条件，选择合适的光源装置的形状与大小，确保照明覆盖整个视场。

成本与效益：综合考虑光源的成本、维护费用及长期使用的效益。

（2）光源选型的具体步骤。

分析目标物体的特性：根据目标物体的颜色、材质、表面特性等选择合适的光源颜色和类型。

确定光源类型：根据项目要求选择 LED、卤素灯、荧光灯等不同类型的光源。

选择光源形状：根据目标物体的形状和大小选择合适的光源形状，如环形光源、条形光源、背光源等。

调整光源参数：根据实际测试效果调整光源的亮度、照射角度、颜色等参数，以达到最佳照明效果。

实验验证：在实际环境中测试所选光源的效果，观察相机捕捉的图像质量，确保满足项目要求。

在实际项目中，应科学地进行机器视觉项目的光源选型，确保所选光源能够满足项目的具体要求并达到预期的检测效果。

3.2.2 模板匹配原理

模板匹配（Template Matching）是一种高级且广泛应用的图像处理技术，用于在待检测图像中查找与预定义模板图像最相似的区域。模板匹配基于这样一个假设：输入图像中存在与模板图像相似的目标物体，这些物体在图像中的形状、大小或颜色等特征与模板图像相近。通过比较输入图像与模板图像之间的相似度，可以定位目标物体在图像中的位置。模板匹配步骤如下。

（1）定义一幅模板图像，其包含了需要在输入图像中查找的目标物体的特征。模板图像通常比输入图像小，且需要预先准备好。

（2）模板匹配算法对模板图像在输入图像上逐一位置进行遍历，每次遍历都计算模板图像与输入图像在当前位置下对应区域的相似度。这个过程类似于将模板图像在输入图像上滑动，并计算每个位置的匹配程度。

（3）在遍历完所有位置后，模板匹配算法会输出一个相似度矩阵（或称为响应图），该矩阵中的每个元素代表模板图像在输入图像对应位置上的相似度。通过找到相似度矩阵中的最大值（或最小值，取决于相似度计算方法），可以确定模板图像在输入图像中的最佳匹配位置。

模板匹配在机器视觉中具有广泛的应用，包括目标定位、目标识别、物体跟踪、光学字符识别、图像拼接等。通过模板匹配技术，可以实现对图像中特定目标或模式的快速定位与识别，为后续的图像处理和分析提供重要支持。

3.2.3 仿射变换原理

仿射变换是线性变换与平移变换的叠加，它保持了图像的平直性和平行性，即图像中的直线在变换后仍为直线，且原有的平行关系保持不变。

在机器视觉中，仿射变换被广泛应用于图像配准、图像校正、目标检测与跟踪等任务。通过仿射变换，可以对图像进行几何校正、形状对齐和特征提取等操作，从而改善图像质量、提取图像特征或适应不同的视角和尺度等需求。例如，在图像配准中，可以使用仿射变换将不同来源或不同时间拍摄的图像对齐到同一个坐标系下；在图像校正中，可以使用仿射变换纠正图像的扭曲和变形；在目标检测与跟踪中，可以使用仿射变换估计目标的位置和姿态。

3.2.4 字符识别技术的原理及应用

字符识别技术通常指光学字符识别（Optical Character Recognition，OCR），它是一种将不同格式的文档（如扫描的纸张文档、PDF 文件或数字相机拍摄的图片）转换成可编辑和可搜索的数据的技术。

字符识别的步骤如下。

1. 图像预处理

OCR 系统首先接收输入图像，这些图像可能来源于纸质文档扫描、图片拍摄等。然后，对图像进行去噪处理，以消除图像中的噪声干扰，提高后续处理的准确性。最后，将彩色图像转换为灰度图像，并进一步处理为二值图像（黑白图像），使文字信息更加突出，背景更加清晰。

2. 文字检测

分析图像中的版面结构，如段落、行、列等，以便后续对文字进行准确的定位。通过特定的算法提取图像中的文字区域。

3. 字符分割

将提取的文字区域进一步切割成单个字符，以便进行独立的识别。

4. 特征提取与字符识别

对每个字符进行特征提取，这些特征可能包括字符的轮廓、笔画、方向等。将提取的特征与预先训练好的字符库进行比对，识别出每个字符的具体内容。这一步通常基于机器学习或深度学习算法，如卷积神经网络（CNN）等。

5. 后处理与输出

对识别结果进行后处理，包括校正识别错误、恢复版面格式等。将识别结果输出为可编辑和可处理的文本数据，如 TXT、Word、PDF 等格式。

OCR 技术被广泛应用于文档扫描、车牌识别、证件识别、票据识别等领域，为人们的生活和工作带来了极大的便利。随着技术的不断发展，OCR 技术将在更多领域发挥重要作用。

3.3 项目分析

3.3.1 任务划分

经过对项目任务的分析，设计出视觉电子元器件字符识别工作流程，如图 3-8 所示。

图 3-8 视觉电子元器件字符识别工作流程

3.3.2 方案设计

根据相机的检测范围和工作距离进行布局规划,视觉平台方案架构如图 3-9 所示。

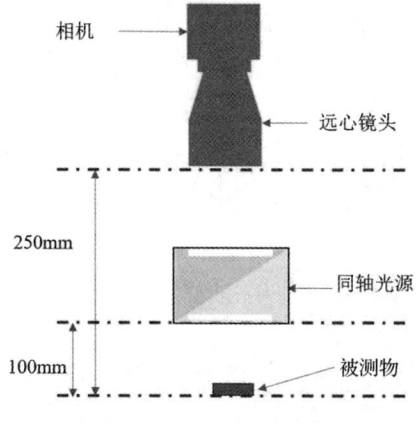

图 3-9 视觉平台方案架构

1. 相机选型

(1)确定相机的类型。

① 确定相机是面阵相机还是线阵相机。

由于线阵相机常应用于一维动态目标的测量,而电子元器件字符识别则需要获取完整的目标图像,因此选择面阵相机。

② 确定相机是黑白相机还是彩色相机。

由于此项目不需要对电子元器件进行颜色识别,因此选择黑白相机。

(2)确定视场。

视场大小估算为 50mm×40mm。

(3)确定相机的分辨率。

根据算法精度(最少 4 像素)和系统精度进行计算。

长边像素数量至少为

$$\frac{视场(长边)}{精度} \times 4 = \frac{50}{0.2} \times 4 = 1000(像素)$$

短边像素数量至少为

$$\frac{视场(短边)}{精度} \times 4 = \frac{40}{0.2} \times 4 = 800(像素)$$

故相机长边的分辨率应该大于或等于 1000 像素,短边的分辨率应该大于或等于 800 像素。

(4)确定相机的接口类型。

相机与工控机之间的数据传输距离为 10m,因此选择 GigE 接口的相机。

(5)确定相机的型号。

先根据性价比等因素选择使用海康相机,再根据海康选型手册进行参数匹配,确定相机型号为 MV-CU013-A0GM。

2. 镜头选型

(1) 确定镜头的类型。

由于是识别电子器件上的字符，需要图像效果的亮度和对比度比较高，而远心镜头的对比度非常高，能够使图像更加清晰，从而更好地显示字符的细节和特征，因此选用远心镜头。

(2) 计算放大倍率。

$$放大倍率\beta = \frac{像距}{物距} = \frac{芯片尺寸（对应边）}{视场（对应边）} = \frac{1280 \times 4.8}{50 \times 1000} \approx 0.12$$

(3) 确定靶面尺寸。

相机的靶面尺寸为 1/2"，镜头的靶面尺寸需要大于或等于相机的靶面尺寸。

(4) 确定镜头的型号。

因为相机选择的是海康相机，所以镜头也选择海康的。根据海康选型手册进行参数匹配，确定镜头型号为 MVL-HY-012-250。

镜头的技术参数如表 3-1 所示。

表 3-1 镜头的技术参数

型号	放大倍率	支持CCD尺寸	视场范围	镜头接口	可扩展同轴光源
MVL-HY-012-250	0.12	1/2"	53mm×40mm	C-Mount	√

3. 光源选型

(1) 确定光源的类型。

为了避免电子元器件表面的字符产生反光，选择同轴光源。

(2) 确定光源的颜色。

因为本项目不需要对电子元器件表面的背景进行加深或减淡，所以选用白色光源。

(3) 选定光源的型号。

使用光源样品进行实际测试，根据性价比等因素选择同轴光源，型号为 LCO-60-W。

搭建完成的系统整体布局如图 3-10 所示。

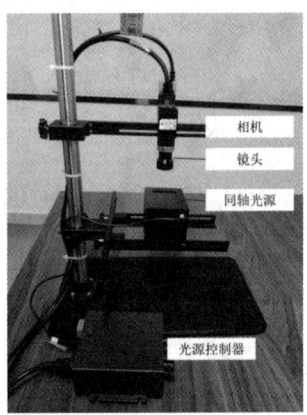

图 3-10 搭建完成的系统整体布局

3.4 项目实施

3.4.1 图像采集

启动 VisionMaster，采集电子元器件图像，采集结果如图 3-11 所示。

图 3-11 采集结果

3.4.2 元器件定位

1. 增加"快速匹配"工具

在工具箱的"定位"子工具箱中选择"快速匹配"工具，将其拖曳到流程编辑区域，并与"0 图像源 1"工具相连，如图 3-12 所示。

2. 设置"2 快速匹配 1"工具的参数

（1）双击"2 快速匹配 1"工具，进入参数设置对话框，单击"特征模板"按钮，创建特征模板。单击"创建"按钮，进入"模板配置"对话框。依次单击"选择当前图像""创建矩形掩膜"按钮，如图 3-13 中的 1 和 2 所示。按住鼠标左键并拖动，生成矩形掩膜，覆盖机械零件，如图 3-13 中的 3 所示。在"配置参数"选区，根据实际情况设置适当的特征尺度和对比度阈值，如图 3-13 中的 4 所示。利用"擦除轮廓点"工具（见图 3-13 中的 5）去掉不必要的轮廓点，单击"生成模型"按钮（见图 3-13 中的 6）生成特征模型。

图 3-12 增加"快速匹配"工具

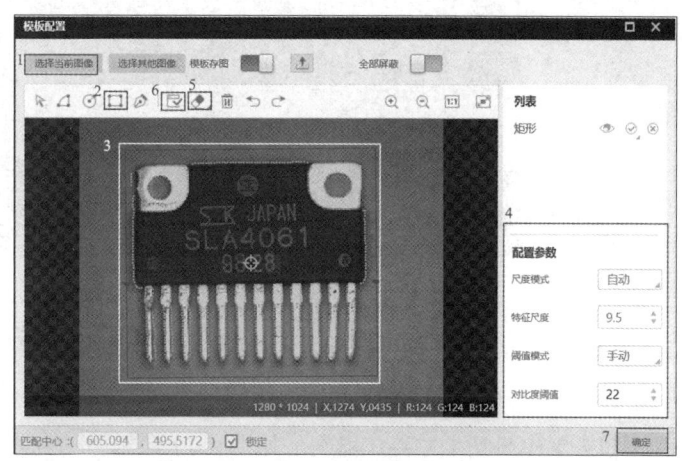

图 3-13 创建特征模板

（2）单击"确定"按钮（见图3-13中的7），保存特征模板。创建好的特征模板如图3-14所示。

（3）运行参数设置。

在"运行参数"选项卡中，将"最小匹配分数"设置为"0.70"，"最大匹配个数"设置为"1"，修改角度范围为-180°～180°，其他参数保持默认设置，如图3-15所示。

图3-14　创建好的特征模板　　　　　图3-15　运行参数设置

（4）单击"执行"按钮，图像显示区域显示模板匹配结果，如图3-16所示。

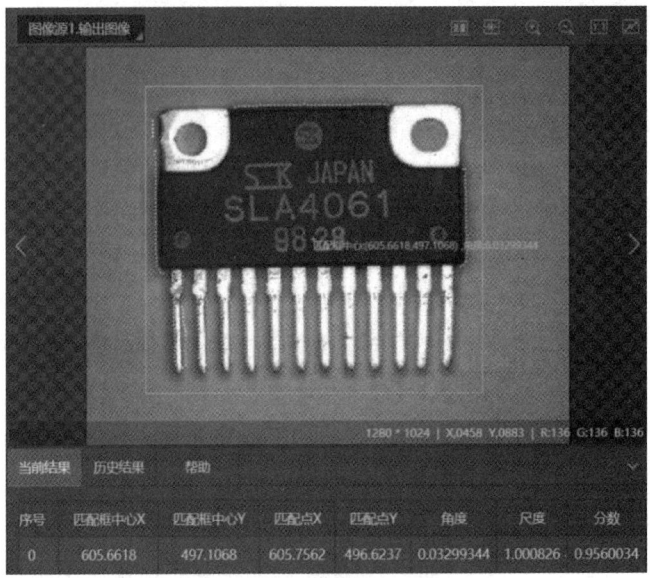

图3-16　模板匹配结果

3. 增加"仿射变换"工具

（1）在工具箱中，将"图像处理"子工具箱中的"仿射变换"工具拖曳到流程编辑区域，并与"2 快速匹配1"工具相连，如图3-17所示。

（2）双击"3 仿射变换1"工具，在"基本参数"选项卡的"ROI区域"选区的"ROI

创建"栏中选中"继承"单选按钮,在"继承方式"栏中选中"按区域"单选按钮,将"区域"设置为"2 快速匹配1.匹配框[]","运行参数"和"结果显示"选项卡中的选项保持默认设置即可,如图3-18所示。

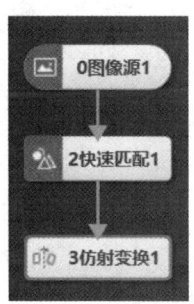

图3-17　增加"仿射变换"工具　　　　　　图3-18　基本参数设置

(3)单击"执行"按钮,仿射变换的图像如图3-19所示。

图3-19　仿射变换的图像

备注:仿射变换和快速匹配结合起来可以实现定位与抠图,这样,无论芯片如何放置,其结果均是抠图后的图像,方便进行下一步操作。

3.4.3　元器件识别

1. 增加"字符识别"工具(一)

将工具箱的"识别"子工具箱中的"字符识别"工具拖曳到流程编辑区域,并与"3 仿射变换1"工具相连,如图3-20所示。

电子元器件字符识别-字符训练识别

2. 设置"4 字符识别1"工具的参数

(1)基本参数设置。将"输入源"设置为"3 仿射变换1.输出图像",在"ROI 创建"栏选中"绘制"单选按钮,"形状"设置为"矩形",在图像显示区域拖选出矩形框,框住字符,如图3-21所示。

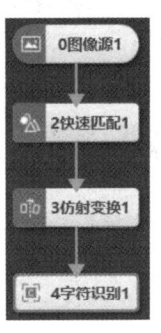
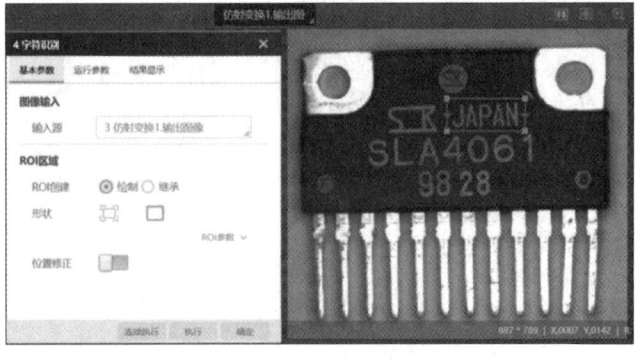

图 3-20　增加"字符识别"工具　　　　　　图 3-21　基本参数设置

（2）运行参数设置。在"运行参数"选项卡中单击"字库训练"按钮（见图 3-22），进入"字库训练"对话框，如图 3-23 所示。

（3）字库训练。先把"字符极性"改为"黑底白字"，然后依次进行字符训练，即选取字符→提取字符→训练字符（见图 3-24）→输入对应的字符→添加至字符库，所有的字符训练都完成之后，单击"确定"按钮，训练好的字库如图 3-25 所示。

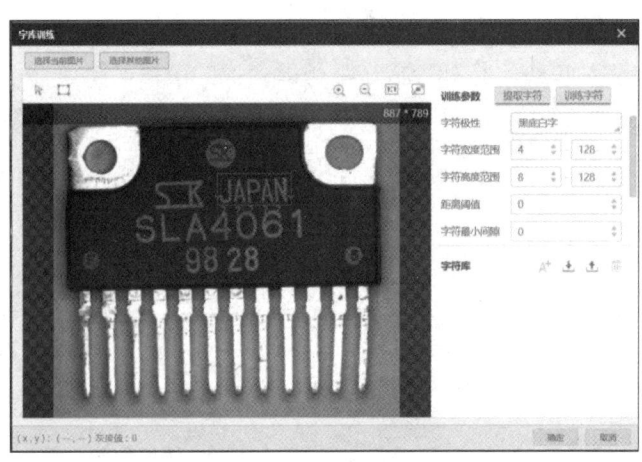

图 3-22　运行参数设置　　　　　　　　　图 3-23　"字库训练"对话框

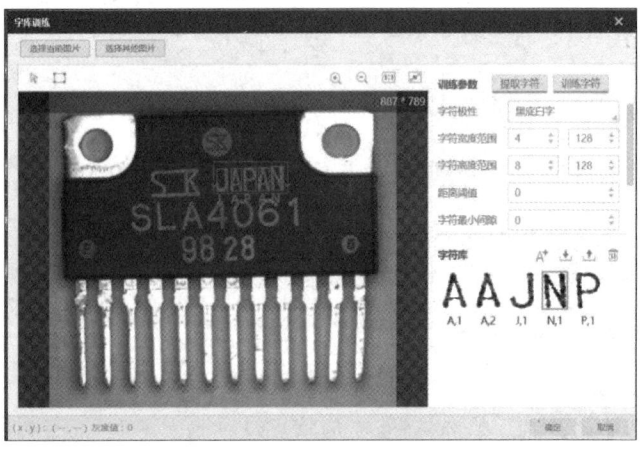

图 3-24　训练字符　　　　　　　　　　　图 3-25　训练好的字库

(4)查看识别结果。单击"执行"按钮,查看识别结果,可以看到,字符识别结果正确,如图 3-26 所示。

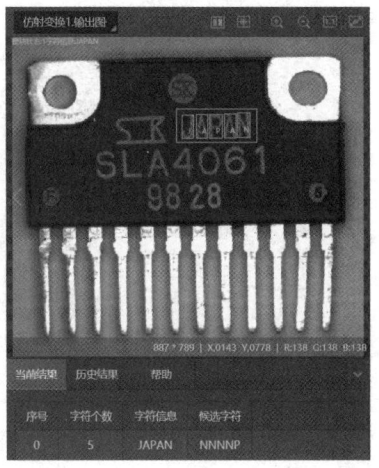

图 3-26 字符识别结果

3. 增加"字符识别"工具(二)

将工具箱的"识别"子工具箱中的"字符识别"工具拖曳到流程编辑区域,并与"3 仿射变换 1"工具相连,如图 3-27 所示。

4. 设置"5 字符识别 1"工具的参数

(1)基本参数设置。将"输入源"设置为"3 仿射变换 1.输出图像",在"ROI 创建"栏中选中"绘制"单选按钮,"形状"设置为"矩形",在图像显示区域拖选出矩形框,框住字符,如图 3-28 所示。

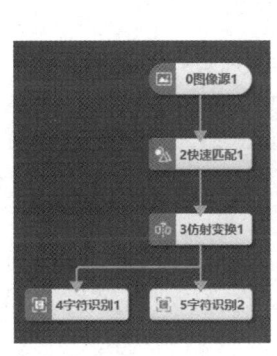
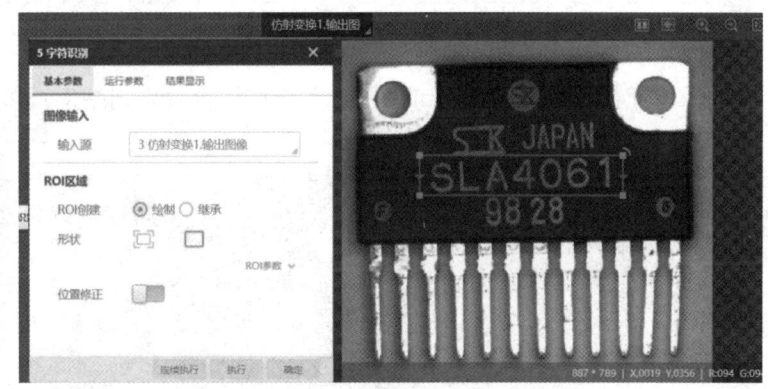

图 3-37 增加"字符识别"工具　　　　图 3-28 基本参数设置

(2)运行参数设置。在"运行参数"选项卡中单击"字库训练"按钮(见图 3-29),进入"字库训练"对话框,如图 3-30 所示。

(3)字库训练。先把"字符极性"改为"黑底白字",然后依次进行字符训练,即选取字符→提取字符→训练字符(见图 3-31)→输入对应的字符→添加至字符库,所有的字符训练都完成之后,单击"确定"按钮,训练好的字库如图 3-32 所示。

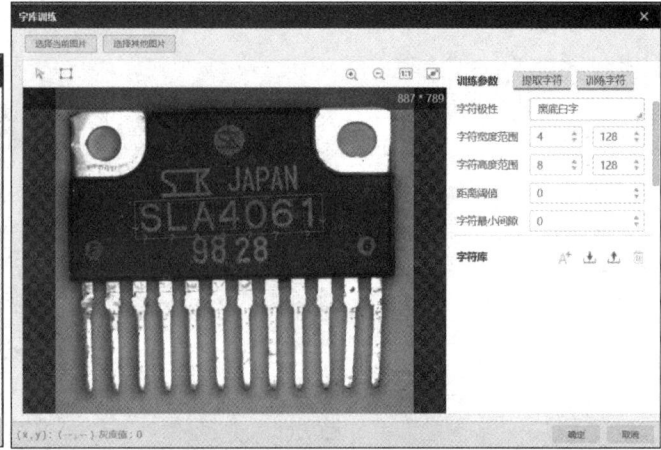

图 3-29　运行参数设置　　　　图 3-30　"字库训练"对话框

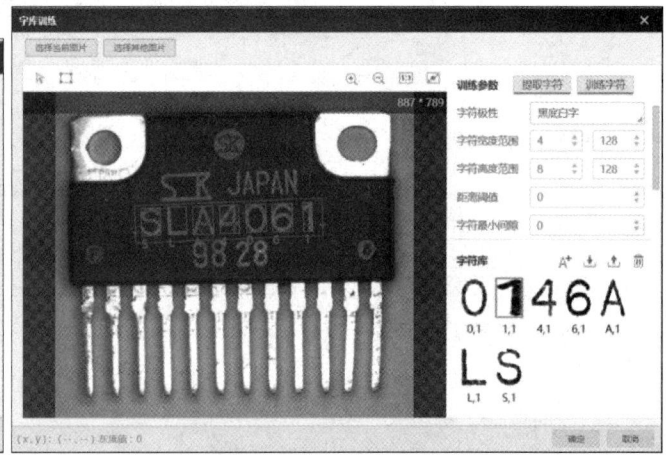

图 3-31　训练字符　　　　图 3-32　训练好的字库

（4）查看识别结果。单击"执行"按钮，查看识别结果，可以看到，字符识别结果正确，如图 3-33 所示。

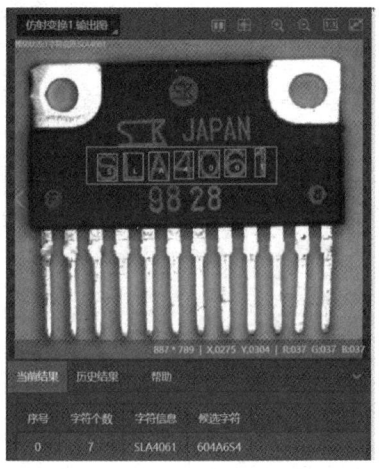

图 3-33　字符识别结果

5. 增加"字符识别"工具（三）

将工具箱的"识别"子工具箱中的"字符识别"工具拖曳到流程编辑区域，并与"3 仿射变换 1"工具相连，如图 3-34 所示。

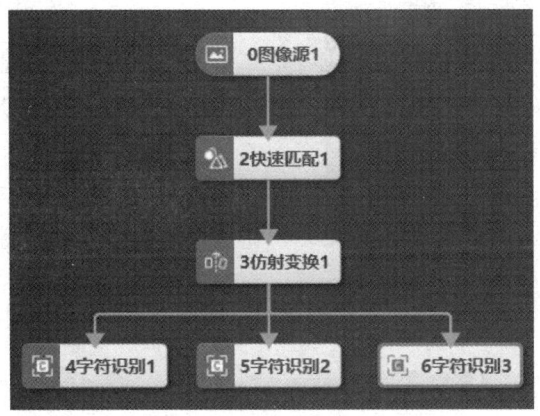

图 3-34　增加"字符识别"工具

6. 设置"6 字符识别 3"工具的参数

（1）基本参数设置。将"输入源"设置为"3 仿射变换 1.输出图像"，在"ROI 创建"栏中选中"绘制"单选按钮，"形状"设置为"矩形"，在图像显示区域拖选出矩形框，框住字符，如图 3-35 所示。

（2）运行参数设置。在"运行参数"对话框中单击"字库训练"按钮（见图 3-36），进入"字库训练"对话框，如图 3-37 所示。

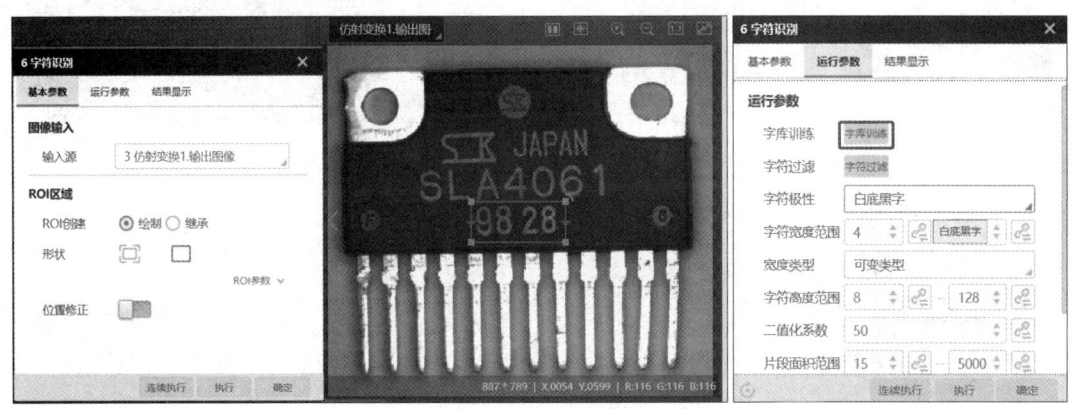

图 3-35　基本参数设置　　　　　　图 3-36　运行参数设置

（3）字库训练。先把"字符极性"改为"黑底白字"，然后依次进行字符训练，即选取字符→提取字符→训练字符（见图 3-38）→输入对应的字符→添加至字符库，所有的字符训练都完成之后，单击"确定"按钮。训练好的字库如图 3-39 所示。

（4）查看识别结果。单击"执行"按钮，查看识别结果，可以看到，字符识别结果正确，如图 3-40 所示。

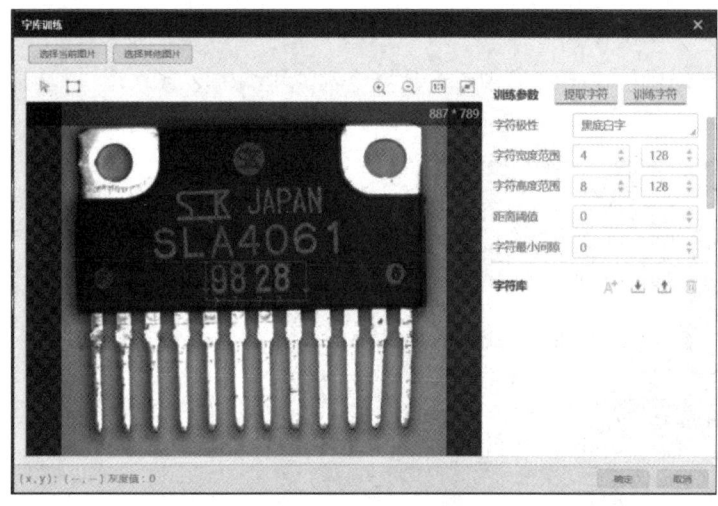

图 3-37 "字库训练"对话框　　　　图 3-38 训练字符

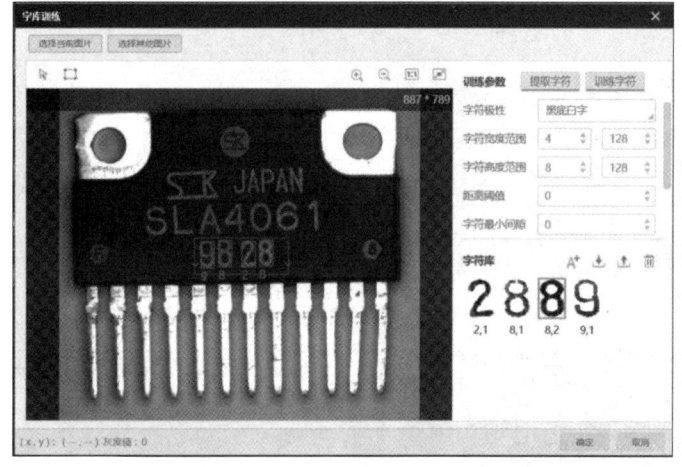
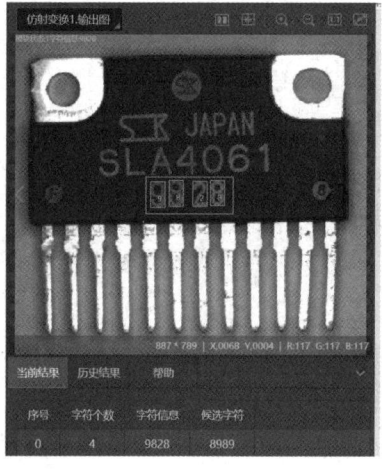

图 3-39 训练好的字库　　　　图 3-40 字符识别结果

7. 数据格式化

(1) 增加"格式化"工具。

在工具箱的"逻辑工具"子工具箱中选择"格式化"工具,将其拖曳到流程编辑区域,分别与"4 字符识别 1""5 字符识别 2""6 字符识别 3"工具相连,如图 3-41 所示。

(2) 设置"7 格式化 1"工具的参数。

双击"7 格式化 1"工具,进入参数设置对话框,在"基本参数"选项卡中,单击 添加 按钮,插入一行;单击 T 按钮,输入"国家:"字样;单击"插入订阅"按钮,选择"4 字符识别 1.字符信息"选项;单击下方的输入结束符。再次单击 添加 按钮,插入第二行,按照相同的操作方式,输入"电子元器件型号 1:"字样,选择"5 字符识别 2.字符信息"选项,单击 \n 按钮。继续单击 添加 按钮,插入第三行,按照相同的操作方式,输入"电子元器件型号 2:"字样,选择"6 字符识别 3.字符信息"选项,单击 \n 按钮。设置好的格式化参数如图 3-42 所示,单击"保存"按钮。

项目 3 电子元器件字符识别

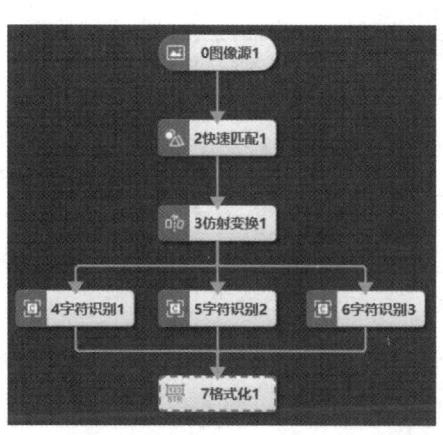

图 3-41 增加"格式化"工具

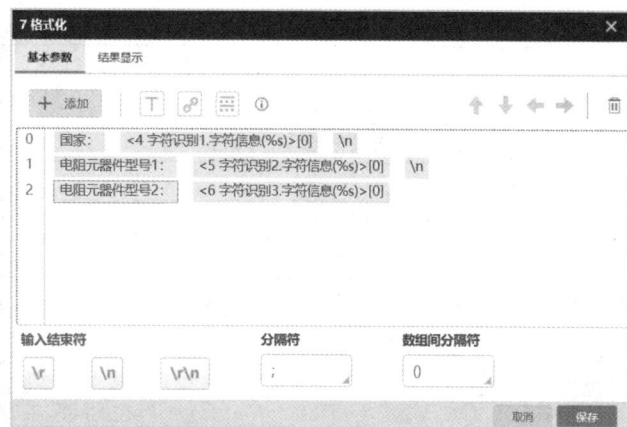

图 3-42 设置好的格式化参数

(3) 查看格式化执行结果。

单击"执行"按钮，查看格式化执行结果，如图 3-43 所示。

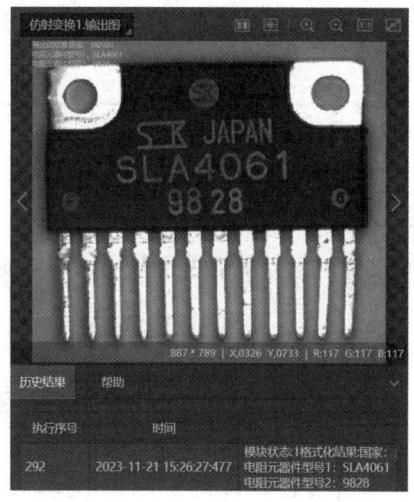

图 3-43 格式化执行结果

3.5 项目总结

3.5.1 项目核验

项目实施完成后，可以依据如表 3-2 所示的评分表，为本项目的实施情况打分。

表 3-2 评分表

项目评分细则及分数	自评分
1. 掌握光源的类型和选型方法，10 分	
2. 理解模板匹配的基本原理，10 分	

续表

项目评分细则及分数	自评分
3. 理解仿射变换的基本原理,10 分	
4. 能根据项目要求进行光源的选型,10 分	
5. 硬件安装符合规范,10 分	
6. 能进行元器件定位,10 分	
7. 能进行字符的准确识别,10 分	
8. 能进行数据格式化输出,10 分	
9. 能正确保存程序,10 分	
10. 遵守 4S 规范,将实验台工具归位,10 分	
存在的问题	
改进思路	

评分标准:10 分—完全符合;8 分—比较符合;6 分—基本符合;4 分—比较不符合;2 分—完全不符合。

3.5.2 工程师在线

问题 1:在字符识别过程中,相邻字符可能会粘连在一起,导致识别困难,应如何解决?

解决方案:可以通过改进图像预处理算法(如使用形态学操作)来分离粘连的字符。

问题 2:元器件使用非标准字体或特殊符号,导致识别系统无法正确识别,应如何解决?

解决方案:建立自定义字库,对非标准字体或特殊符号进行学习和识别。

项目 4　器件缺陷检测

📖 知识目标

- 了解工业缺陷检测的目的和应用。
- 理解位置修正的基本原理。
- 掌握缺陷检测的基本原理。

📝 能力目标

- 能完成内胶路缺陷检测和内表面缺陷检测。
- 能综合检测结果,输出合格性信息。

⚙ 素质目标

- 学习在精雕细琢中追求极致的大国工匠精神。
- 树立质量第一的理念,助力质量强国建设。

4.1　项目领取

4.1.1　项目背景

缺陷检测简介

在工业生产领域,产品质量管理是至关重要的环节,而工业缺陷检测则是保证产品质量的重要手段之一,其主要目标在于发现各类器件的外观缺陷。随着工业制造的升级转型,基于机器视觉的工业缺陷检测因其能显著降低成本并满足高精度、高准确率的检测需求而变得尤为重要。这种检测技术已经被广泛应用到了多个行业,包括但不限于 3C 产品、汽车零部件、纺织品、半导体、光伏组件等。以 3C 产品为例,其生产线会采用视觉工作站来检测器件质量。这些工作站会收集生产线上的检测数据,并将其传输至生产线的总控制单元,以便及时识别出有缺陷的产品,保证只有合格的产品才能出厂。同时,这些信息还能够帮助分析生产工艺中的问题,从而减少未来可能出现的缺陷。

在众多的缺陷检测任务中,胶路缺陷检测和表面缺陷检测是两种较为典型的任务。

1. 胶路缺陷检测

在制造业的精密生产过程中，涂胶作为连接、密封、保护的关键环节，其质量直接影响产品的最终性能和可靠性。例如，在汽车制造中，涂胶质量决定了车身的密封性、安全性和美观度，胶路缺陷检测被广泛应用于车门、车窗、引擎盖等部位，有效降低了因涂胶缺陷导致的返工率和客户投诉率。同样，在电子产品制造中，涂胶用于固定元件、散热、防水等，胶路缺陷检测可以确保电子元件的精准定位和牢固连接，防止其性能下降或产生故障。然而，如图 4-1 所示，涂胶过程中可能会出现断胶、宽度不一、位置偏差等缺陷，胶路缺陷检测能够高效、准确地检测胶路质量，防止胶路缺陷对产品的外观、功能性与安全性构成潜在威胁。

2. 表面缺陷检测

在工业生产过程中，表面缺陷检测是一项专注于识别和评估产品表面瑕疵的技术，这些瑕疵包括但不限于划痕、破损、异物遮挡、脏污、颜色污染及扭曲皱褶等。尤其在 3C 产品和汽车零部件等行业，表面缺陷往往是判断产品质量是否合格的第一标准。因为这类缺陷不仅会影响产品的外观美感，还可能暗示着更深层面的功能问题，进而影响产品的整体性能和用户的最终体验。

为了确保产品的合格率和可靠性，实施严格的产品表面缺陷检测是必不可少的。这不仅是为了遵守行业标准和法规要求，还是企业维护自身品牌形象和取得消费者信任的重要措施。然而，在实际操作中，表面缺陷检测面临着诸多挑战，一方面，表面缺陷种类繁多，从细微的划痕到明显的破损，每种缺陷都有其特定的形态和成因；另一方面，即使是同一类缺陷，其表现形式也可能存在很大的差异。面对这样的挑战，机器视觉技术的发展成为增强表面缺陷检测能力的关键。如图 4-2 所示，借助先进的图像处理算法和高速摄像头，现代机器视觉系统能够快速、准确地识别出各种表面缺陷，大大提升了检测的速度和准确性，促进制造业向更高水平的质量控制迈进。

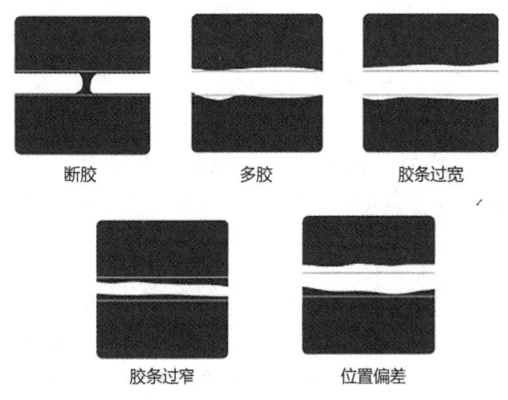

图 4-1 胶路缺陷

图 4-2 表面缺陷检测系统

综上所述，随着技术的进步，特别是机器视觉技术的应用，工业缺陷检测已经成为提升产品质量和生产效率的关键因素。通过不断改进和完善工业缺陷检测技术，企业可以更好地应对生产中的挑战，实现更高水平的生产自动化和智能化。

4.1.2　项目要求

请为器件缺陷检测搭建一个视觉检测系统，编写视觉程序以对器件内胶路缺陷和内表面缺陷进行检测。系统检测精度为 0.2mm，器件尺寸为 125mm×96mm，工作距离为 600mm，最终分别输出内胶路缺陷检测结果和内表面缺陷检测结果。

4.2　项目调研

4.2.1　位置修正原理

位置修正原理

位置修正常用于修正目标的运动偏移，实现精确定位。具体来说，位置修正是指在检测过程中，调整图像中目标物体的位置，使其符合预设的标准位置或姿态。这个过程通常涉及对物体的位置偏移进行修正，使得即使物体在图像中的初始位置有偏差，也能通过位置修正功能让后续模块的 ROI（感兴趣区域）能够跟上物体位置和角度的变化。在自动化生产线上，物品的位置和姿态可能因传送带或其他机械装置的误差而发生微小变化，位置修正模块能够有效确保后续检测任务的一致性和可重复性。

位置修正模块的算法工作流程包括以下 3 个主要步骤。

（1）获取模板匹配输入的位置信息。

一般情况下，在位置修正模块前需要搭配模板匹配模块。先将待测目标物体放置在理想位置，然后根据检测特征点或边缘进行模板匹配，以此来确定物体的实际位置和角度。

（2）基于输入的位置信息，在基准图像上创建基准点。

例如，在图 4-3（a）中选取右侧五角星上方的灰色点作为基准点。

（3）计算出待修正图像中的目标物体相对于基准图像的位置和姿态的变化信息。

当待测目标物体的位置移动后，待修正图像中的模板匹配结果也将随之改变，新的模板匹配结果即运行点和运行框。例如，图 4-3（b）中的黑色点相对于五角星的位置与图 4-3（a）中的灰色点相对于五角星的位置一致。而待修正图像中的基准点与基准图像中的基准点的坐标是相同的。例如，图 4-3（b）中的灰色点的绝对位置与图 4-3（a）中的灰色点的绝对位置一致。位置修正模块会根据新的模板匹配结果计算待修正图像中相对于基准点的偏移和旋转角度等信息，从而为修正后续模块的 ROI 打下基础。

(a) 基准图像　　　　　　(b) 待修正图像

图 4-3　位置修正的工作原理

位置修正的作用可以通过图 4-4 和图 4-5 看出来，缺少位置修正会导致待匹配 ROI 位置异常。

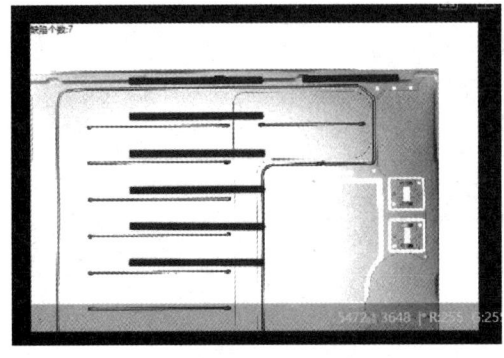 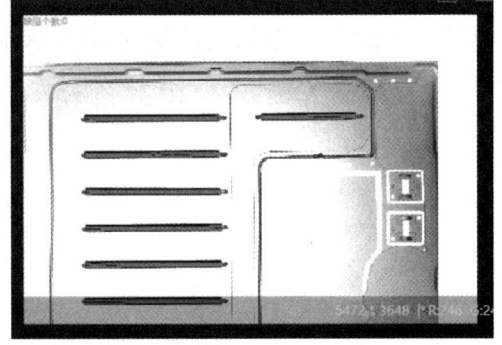

图 4-4　无快速匹配模块和位置修正模块　　　图 4-5　增加快速匹配模块和位置修正模块

位置修正和仿射变换是两种易混淆的模块，它们各自有着不同的应用场景和操作性质。位置修正更多时候用于纠正图像中的对象相对于预期位置的偏移；仿射变换适用于更广泛的图像处理需求，包括但不限于旋转、缩放、倾斜等几何变换。位置修正通常是对图像中的对象进行简单的平移，以达到期望的检测位置；仿射变换可以改变图像的几何属性，如旋转、缩放等。

总的来说，位置修正是为了确保图像中的对象在正确的位置上，而仿射变换则是为了改变图像的几何结构，两者虽然均通常配合快速匹配模块使用，但是其侧重点和实现方式有所不同。

4.2.2　缺陷检测原理

基于机器视觉的工业产品缺陷检测方法按照其工作原理，主要可以分为三大类：图像处理法、统计分析法和频域分析法。图像处理法通过边缘检测、模板匹配及特征提取等技术识别和定位缺陷；统计分析法利用直方图分析和纹理分析等手段，通过对图像的统计特性进行研究来发现异常；频域分析法借助傅里叶变换和小波变换等技术，从频率视角分析图像，识别那些在空域中不易被察觉的缺陷特征。这些方法各有侧重，可根据具体应用场景灵活选择或组合使用，以实现高效、准确的缺陷检测。

1. 边缘缺陷检测

边缘缺陷检测属于图像处理法中的边缘检测技术，它通过对图像的边缘轮廓进行检测，找到工件或产品上的边缘缺陷，如断裂、凹陷、凸点、磨损等。在 VisionMaster 中，采取的边缘提取手段是基于卡尺工具的。

卡尺工具的算法工作流程可以概括如下：首先，在图像中选取 ROI，沿某一方向投影，得到一维数据，即进行一维信号提取，如图 4-6 所示；接着，对这组一维数据进行滤波处理，并从中选择局部极值点；最后，通过对这些极值点的位置、间距和对比度进行综合评分，输出符合预设得分要求的亚像素极值点。如图 4-7 所示，对投影图像进行一维差分滤波的结果表明，使用差分滤波可以增强 ROI 边缘并抑制噪声。滤波后，从白色到黑色的过渡(这里的"黑"和"白"是表示灰度值高低的相对概念)大致对应滤波后的极小值位置,而从黑色到白色的过渡则大致对应滤波后的极大值位置。通过对这些极值点的综合评分,可以输出符合要求的边缘轮廓。

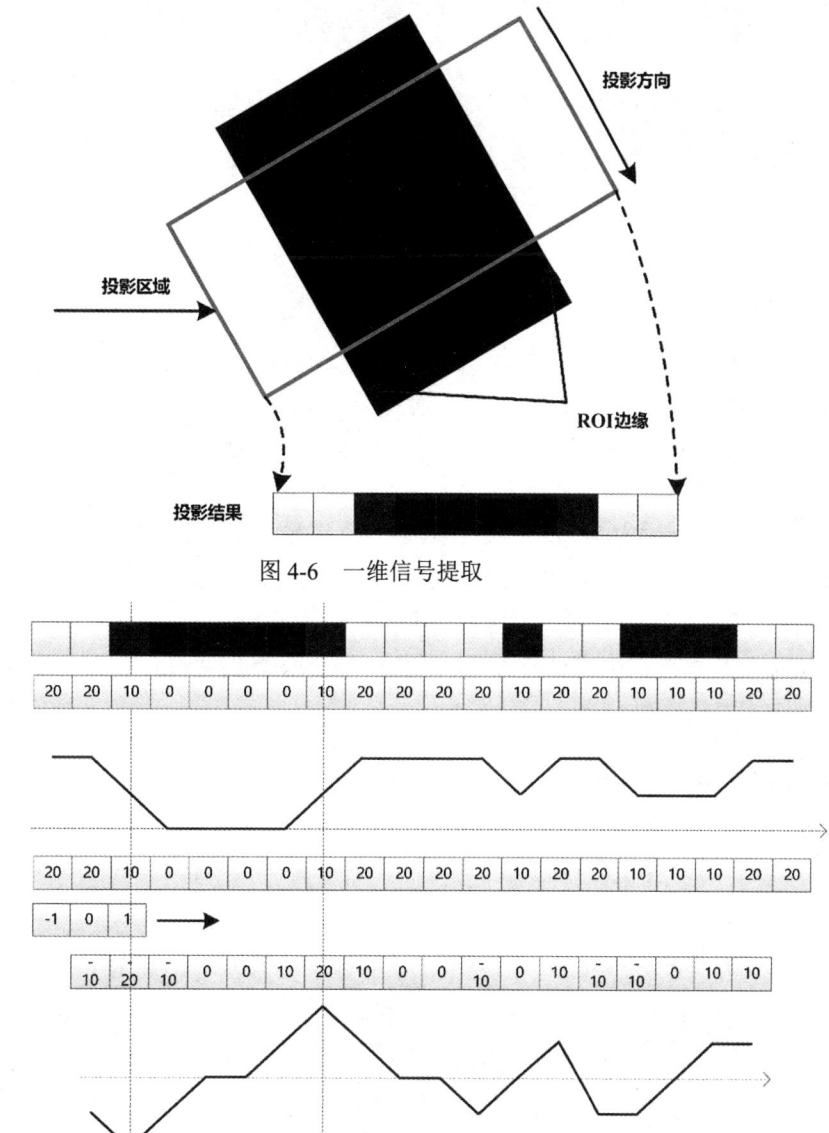

图 4-6 一维信号提取

图 4-7 一维差分滤波

在用卡尺工具提取出轮廓的基础上,衍生出了多种细分模块,包括直线边缘缺陷检测模块、圆弧边缘缺陷检测模块和边缘对模型缺陷检测模块等。这些模块的工作原理是,首先在给定的检测区域中自动创建一定数量的卡尺,然后将实际提取的边缘与预先建立的边缘模型进行比较,分析边缘的存在性、位置、宽度等信息,并根据预设的阈值判断是否存在边缘缺陷。图 4-8(a)展示了边缘对缺陷检测的情况,其中存在边缘宽度超标的问题;图 4-8(b)展示了圆弧边缘缺陷检测的情况,其中,点状虚线代表理想轮廓,而实线框标注的部分则表示检测到的轮廓缺陷。

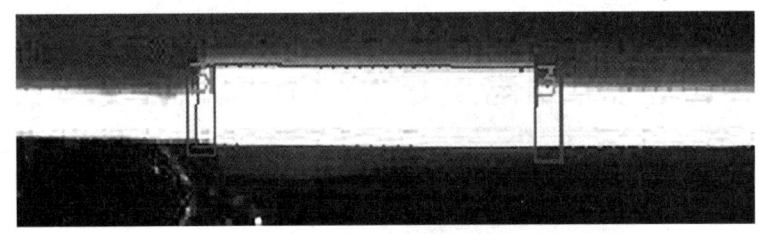 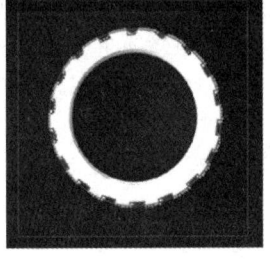

（a）边缘对模型缺陷检测　　　　　　　　（b）圆弧边缘缺陷检测

图 4-8　边缘对模型缺陷检测和圆弧边缘缺陷检测

2. 表面缺陷检测

表面缺陷检测可以由表面缺陷滤波和 Blob 分析两个模块来实现。

（1）表面缺陷滤波。

表面缺陷滤波属于图像处理法中的特征提取技术。在表面缺陷检测中，边缘缺陷通常表现为与背景有不同的灰度特征，导致图像灰度分布突变。表面缺陷滤波算法通过识别这些异常灰度像素值构成的区域，并结合缺陷的空间与灰度分布特征，生成图像空域滤波器，对图像中的像素及其邻域像素的分布进行分析。通过合理选择和配置不同的滤波器，可以有效突出缺陷特征，提高检测的准确性和可靠性。

如图 4-9 所示，在检测材料表面缺陷时，缺陷区域的灰度值会在一维信号波形中显示出与背景不同的突变特征。

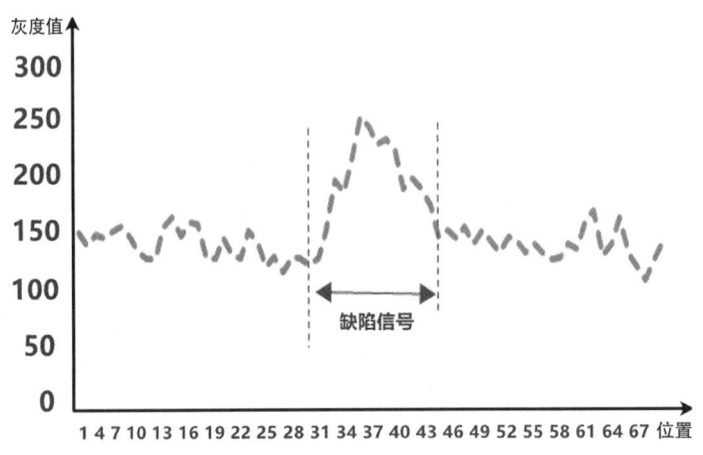

图 4-9　缺陷区域一维信号波形

因此，为了检测出这种灰度值突变的缺陷，表面缺陷滤波算法会构造一个与缺陷信号波形相似的高斯函数，并基于该函数在一个较大的滤波窗口内生成卷积核。为了检测不同方向的缺陷，表面缺陷滤波算法会对生成的卷积核进行旋转，得到多个方向的卷积核。使用这些卷积核对图像进行滤波处理，并综合各个方向的滤波结果，最终生成缺陷滤波响应图。具体的工作流程如下。

① 生成不同方向的卷积核：根据缺陷信号波形构造高斯函数，并生成多个方向的卷

积核。

② 使用卷积核进行滤波处理：利用生成的卷积核对图像进行滤波处理。

③ 综合滤波结果：汇总各个方向的滤波结果，生成最终的缺陷滤波响应图。

④ 判断缺陷并评估其严重程度：根据最终的缺陷滤波响应图判断缺陷是否存在，并评估缺陷的严重程度。

通过这种方法，表面缺陷滤波算法能够有效识别并突出图像中的缺陷特征，从而提高缺陷检测的准确性和可靠性。VisionMaster 中的表面缺陷滤波结果如图 4-10 所示，中间偏右的白色区域为检测到的表面缺陷。

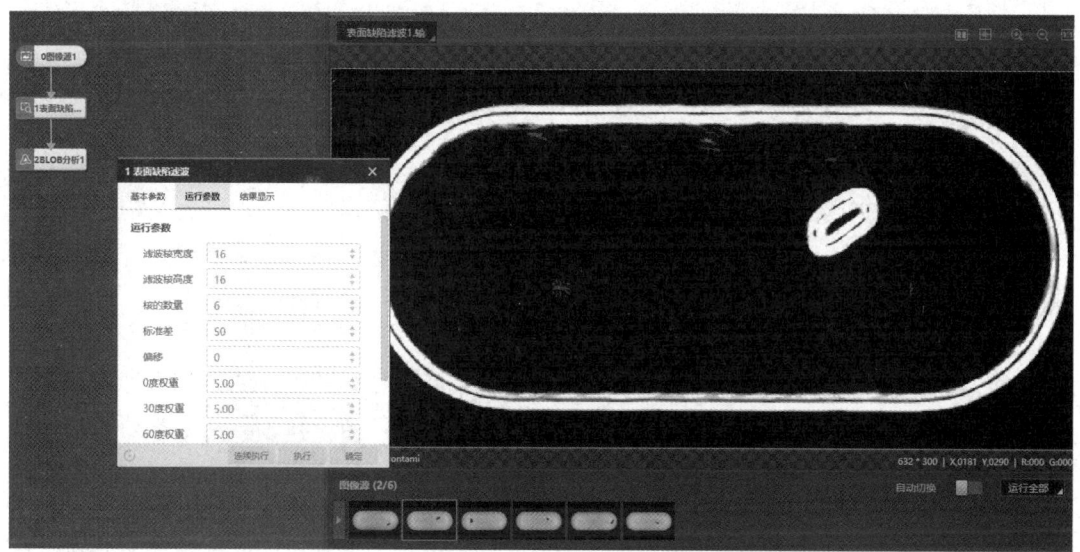

图 4-10　VisionMaster 中的表面缺陷滤波结果

（2）Blob 分析。

Blob 分析模块是图像处理中用于检测和分析图像中连通像素区域的强大工具，在表面缺陷检测中，用于在表面缺陷滤波模块后对缺陷部分进行定位和测量，进而可以根据 Blob 的特性，如大小、形状等因素对缺陷进行分类，并有助于确定如何处理缺陷（如是否需要修复、报废等）。

Blob 即图像中由相互连接的像素组成的区域，连接方式分为 4 连通（共享边界的像素）和 8 连通（包括对角线相邻的像素）两种，如图 4-11 所示。

Blob 分析对图像进行二值化处理，即将图像转换为黑白两色，突出目标物体，并在此基础上进行孔洞填充、Blob 提取、Blob 筛选、Blob 排序等一系列操作，如图 4-12 所示。合理设定阈值和筛选条件可以显著提高 Blob 分析的准确性。最终，Blob 分析模块会输出二值化图像、Blob 图像、符合条件的 Blob 数量及其特征信息。该模块特别适用于需要提取检测对象二维特征、图像对比度高且缩放比例固定的场景，而不适合处理对比度低或需要多灰度级表达的情况。

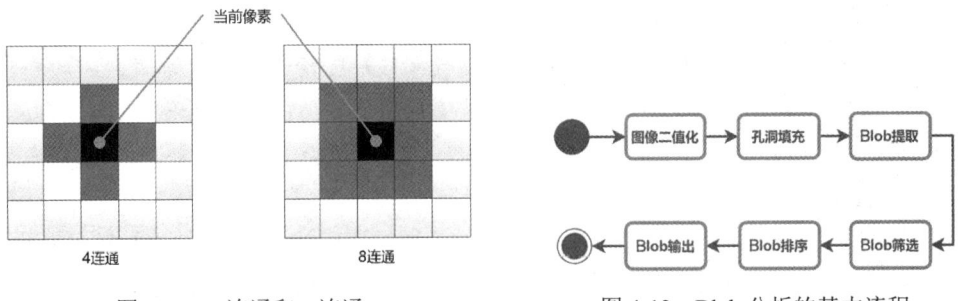

图 4-11　4 连通和 8 连通　　　　图 4-12　Blob 分析的基本流程

4.2.3　逻辑判断

常用的逻辑判断模块包括分支模块和条件检测模块。

1. 分支模块

算法的基本控制结构包括顺序结构、分支结构和循环结构。其中，分支结构通过条件判断决定程序的流向，而分支模块则是这一结构的具体实现形式。分支模块允许用户配置输入条件，并根据不同方案的需求设置相应的条件输入值。当输入条件匹配时，程序就会执行指定分支路径下的模块。

在工业生产中，分支模块主要用于对结果进行判断，如判断当前结果是否符合预期、参数是否在正常范围内、检测结果是否达标等。此模块可以与逻辑工具的全系列模块结合使用，以增强其判断能力和灵活性。需要注意的是，目前该模块只支持整数作为输入值，而不支持字符串类型的数据。

总之，分支模块能够在单一的工作流程中实现对多种条件结果的分别处理，从而提高了生产过程中的决策效率和灵活性。

如图 4-13 所示，通过快速匹配模块对工件进行初步定位后，使用分支模块监控匹配状态。若成功匹配到工件，即条件输入值为 1，则运行模块 3，启动圆查找模块以测量工件上的圆孔；若未能匹配到工件，即条件输入值为 0，则运行模块 5，通过发送数据模块通报 NG 结果，并利用通信机制通知工件未匹配情况。

图 4-13　分支模块执行流程示例

2. 条件检测模块

条件检测模块（见图 4-14）的功能是判断输入数据是否满足某种条件，满足条件时判断结果为 OK；否则，判断结果为 NG。条件检测模块可以看作分支模块的一种特殊情况，隐式包含了输出 OK 和 NG 的两个分支。

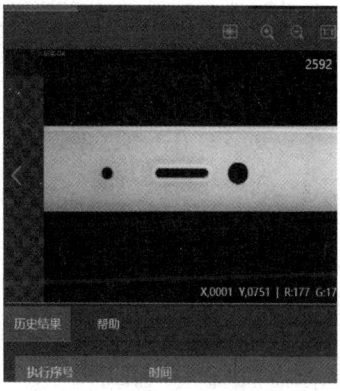

图 4-14　条件检测模块

4.3　项目分析

4.3.1　任务划分

经过对项目任务的分析，设计出器件缺陷检测工作流程，如图 4-15 所示。

图 4-15　器件缺陷检测工作流程

4.3.2　方案设计

根据相机的检测范围和工作距离进行布局规划，视觉平台方案架构如图 4-16 所示。

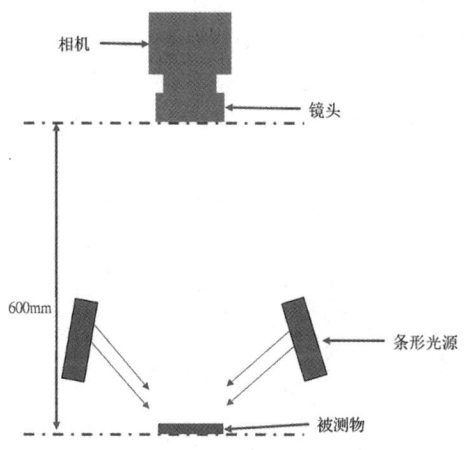

图 4-16　视觉平台方案架构

1. 相机选型

（1）确定相机的类型。

由于器件缺陷检测需要获取完整的二维器件图像，且无须区分颜色，因此选择黑白面阵相机。

（2）确定视场。

视场大小估算为 170mm×120mm。

（3）确定相机的分辨率。

根据算法精度（最少 4 像素）和系统精度进行计算。

长边像素数量至少为

$$\frac{视场（长边）}{精度} \times 4 = \frac{170}{0.2} \times 4 = 3400（像素）$$

短边像素数量至少为

$$\frac{视场（短边）}{精度} \times 4 = \frac{120}{0.2} \times 4 = 2400（像素）$$

故相机长边的分辨率应该大于或等于 3400 像素，短边分辨率应该大于或等于 2400 像素。

（4）确定相机的接口类型。

由于相机与工控机之间的数据传输距离比较远，因此选择 GigE 接口的相机。

（5）确定相机的型号。

先根据性价比等因素选择使用海康相机，再根据海康选型手册进行参数匹配，确定相机型号为 MV-CU120-10GM。

相机的技术参数如表 4-1 所示。

表 4-1 相机的技术参数

产品型号	传感器型号	传感器类型	靶面尺寸	像元尺寸	快门类型	分辨率	最大帧率	接口	黑白
MV-CU120-10GM	IMX226	CMOS	1/1.7"	1.85μm	卷帘	4024 像素×3036 像素	9.7fps	GigE	√

2. 镜头选型

（1）确定镜头的类型。

如果没有特殊需求，则在同一工作距离下，不需要改变放大倍率，故选择定焦镜头。

（2）计算焦距。

相机的像元尺寸是 1.85μm，分辨率为 4024 像素×3036 像素，工作距离为 600mm。

按照长边进行计算：

$$芯片尺寸（长边）= 像元尺寸 \times 分辨率（长边）$$

$$焦距 f = \frac{芯片尺寸（长边）\times 工作距离}{视场（长边）} = \frac{1.85 \times 4024 \times 600}{170} \mu m \approx 26.3mm$$

按照短边进行计算：

$$焦距 f = \frac{芯片尺寸（短边）\times 工作距离}{视场（短边）} = \frac{1.85 \times 3036 \times 600}{120} \mu m \approx 28.1mm$$

根据计算,镜头的焦距选择 25mm。

(3) 确定靶面尺寸。

相机的靶面尺寸为1/1.7",镜头的靶面尺寸需要大于相机的靶面尺寸。

(4) 确定镜头的型号。

因为相机选择的是海康的,因此镜头也选择海康的。根据海康选型手册进行参数匹配,确定镜头型号为 MVL-MF2528M-8MP。

镜头的技术参数如表 4-2 所示。

表 4-2 镜头的技术参数

型号	靶面尺寸	焦距	畸变	视场角			最近摄距
				DFOV	HFOV	VFOV	
MVL-MF2528M-8MP	2/3"	25mm	0.01%	23.23°	17.78°	14.91°	0.1m

3. 光源选型

此项目为器件内胶路缺陷检测和内表面缺陷检测,被检测器件的尺寸较大,因此采用低角度打光方式。使用光源样品进行实际测试,根据性价比等因素选择白色条形光源,型号为 LB-192L-W。

4.4 项目实施

4.4.1 器件识别定位

1. 图像采集

完成开机等准备工作,把待检测器件放入视觉检测区,完成多幅无缺陷、有缺陷的器件图像采集。

进入 VisionMaster 软件界面,在工具箱中,将"采集"子工具箱中的"图像源"工具拖曳到流程编辑区域,建立方案流程。双击"0 图像源 1"工具进入参数设置对话框,在"基本参数"选项卡中,"图像源"选择"本地图像","像素格式"设置为"MONO8",在右侧单击"+"按钮,添加已采集好的器件图像,如图 4-17 所示。

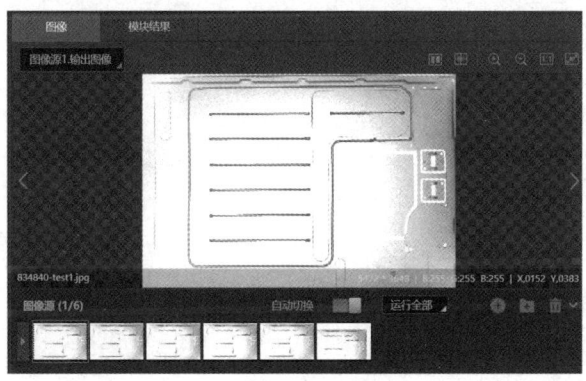

图 4-17 图像采集

2. 快速匹配

(1) 增加"快速匹配"工具。

在工具箱的"定位"子工具箱中选择"快速匹配"工具,将其拖曳到流程编辑区域,并与"0图像源1"工具相连,如图4-18所示。

(2) 创建特征模板。选择无缺陷且摆放位置合适的样本图像,单击"执行"按钮,确保该图像传入快速匹配模块。双击"1快速匹配1"工具,进入参数设置对话框,单击"特征模板"选项卡,并单击"创建"按钮,创建特征模板。

进入"模板配置"对话框,单击"创建多边形掩膜"按钮 ,按住鼠标左键并拖动,生成多边形掩膜,覆盖工件边缘局部区域。在右下角的"配置参数"选区中,将"尺度模式"和"阈值模式"均改为"手动",并根据实际情况设置适当的特征尺度和对比度阈值,单击"生成模板"按钮 ,生成特征模板,如图4-19所示。

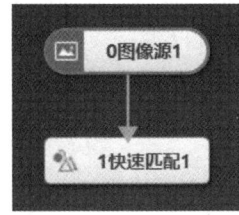

图 4-18　增加"快速匹配"工具　　　　图 4-19　生成特征模板

单击"确定"按钮,保存特征模板。创建好的特征模板如图4-20所示。

(3) 运行参数设置。将角度范围改为-30°~30°,其他参数保持默认设置,如图4-21所示。

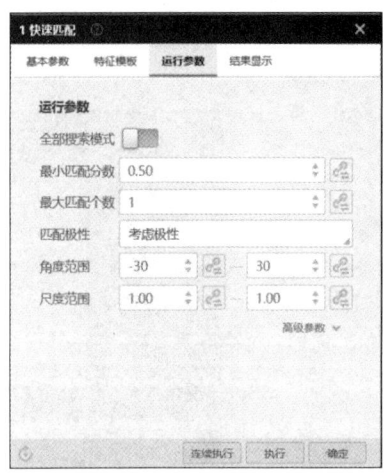

图 4-20　创建好的特征模板　　　　图 4-21　运行参数设置

（4）单击"执行"按钮，图像显示区域显示模板匹配结果，如图 4-22 所示。

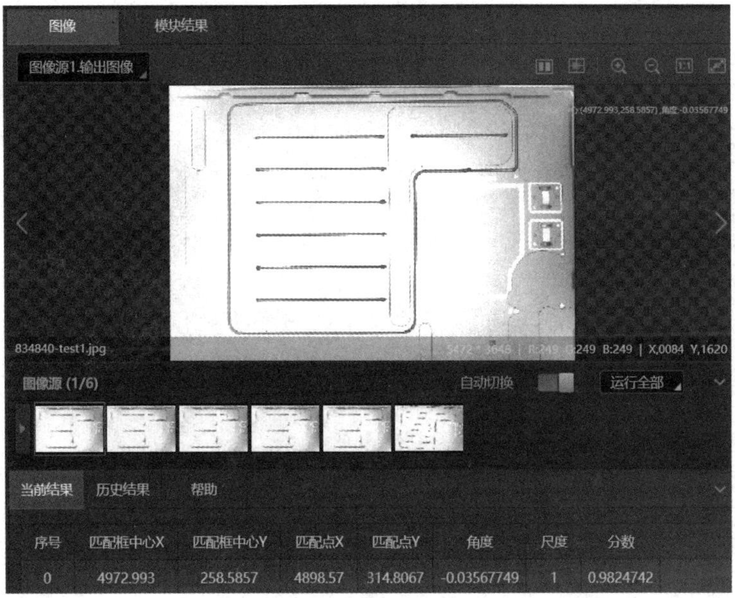

图 4-22 模板匹配结果

3. 位置修正

在工具箱的"定位"子工具箱中选择"位置修正"工具，将其拖曳到流程编辑区域，并与"1 快速匹配 1"工具相连，如图 4-23 所示。

再次确认选择的是无缺陷且摆放位置合适的样本图像，双击"2 位置修正 1"工具，进入参数设置对话框。在"基本参数"选项卡中，"原点"选择"1 快速匹配 1.匹配点[]"，"角度"选择"1 快速匹配 1.角度[]"，如图 4-24 所示。单击"创建基准"按钮，这样就完成了位置基准的创建。

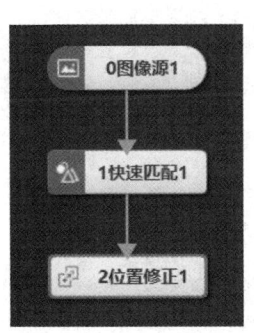

图 4-23 增加"位置修正"工具

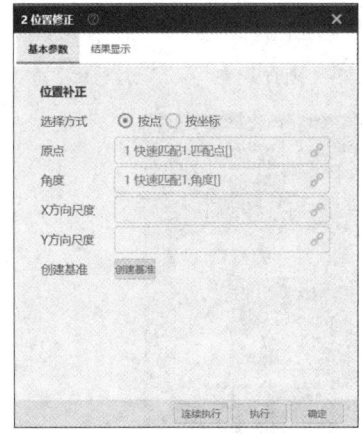

图 4-24 基本参数设置

创建好位置基准后，重新选择一幅器件位置发生改变的图像，单击"执行"按钮，图像显示区域显示"2 位置修正 1"工具的执行结果，如图 4-25 所示。其中，绿色点表示创建基准时的特征匹配点（基准点），红色点表示目标图像进行特征匹配时的匹配点（运行点）。

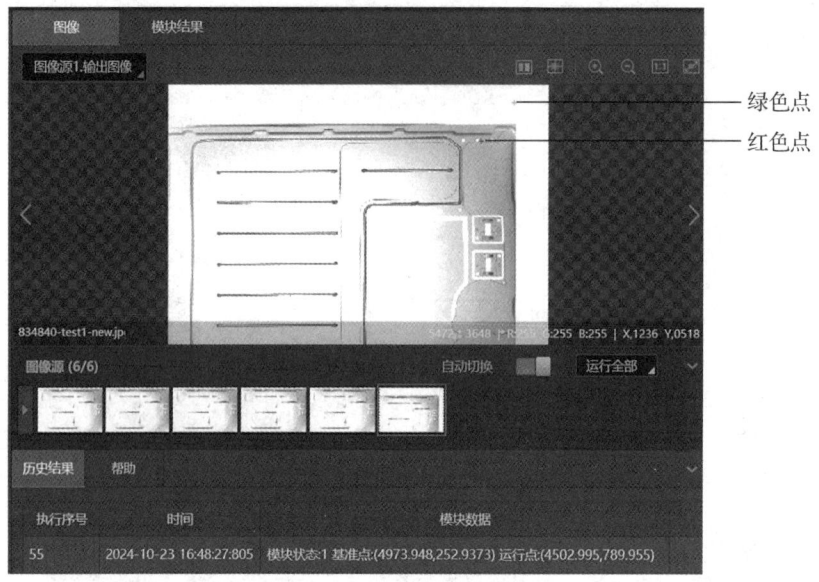

图 4-25 "2 位置修正 1" 工具的执行结果

4.4.2 内胶路缺陷检测

1. 边缘对模型缺陷检测

在工具箱的"缺陷检测"子工具箱中选择"边缘对模型缺陷检测"工具，将其拖曳到流程编辑区域，并与"2 位置修正 1"工具相连，如图 4-26 所示。

建立模型时需要选择无缺陷且摆放位置合适的样本图像，双击"3 边缘对模型缺陷检测 1"工具，进入参数设置对话框。基本参数保持默认设置。在边缘模型界面单击 ⊞ 按钮，进入"模型配置"对话框。首先单击"创建轨迹"按钮 ↗，然后在图像显示区域沿着器件内胶路直线部分（避开左右端点）绘制直线，如图 4-27（a）所示。如果遇到"模型数据异常"的报错提示，则进行放大并仔细检查，查看是否存在如图 4-27（b）所示的异常轨迹。

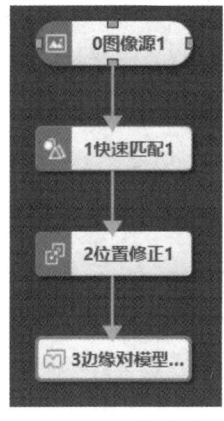

图 4-26 增加"边缘对模型缺陷检测"工具

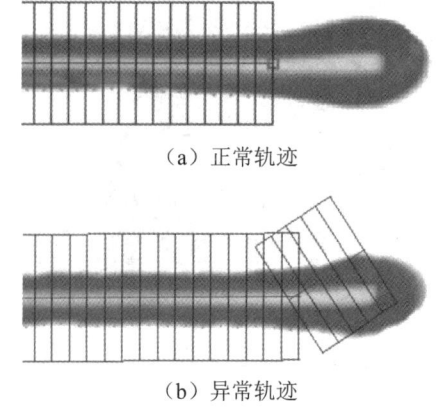

（a）正常轨迹

（b）异常轨迹

图 4-27 正常轨迹和异常轨迹

在"模型配置"对话框中,将"训练参数"选区中的"边缘 0 极性"设置为"从白到黑","边缘 1 极性"设置为"从黑到白",根据实际情况修改卡尺间距、卡尺高度等训练参数;单击"生成模型"按钮,如图 4-28 所示。

单击"确定"按钮,保存边缘对模型。创建好的边缘对模型如图 4-29 所示。

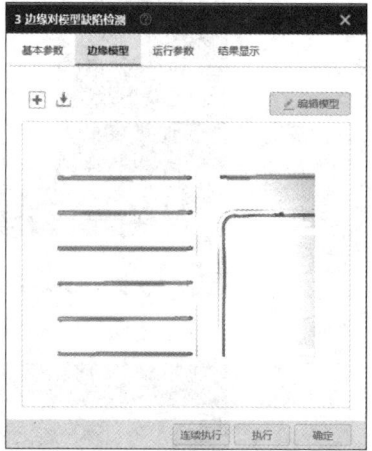

图 4-28　创建边缘对模型　　　　　　　图 4-29　创建好的边缘对模型

单击"运行参数"选项卡,其中,检测参数要与边缘对模型的训练参数一致,缺陷参数根据实际情况进行设置,如图 4-30 所示。

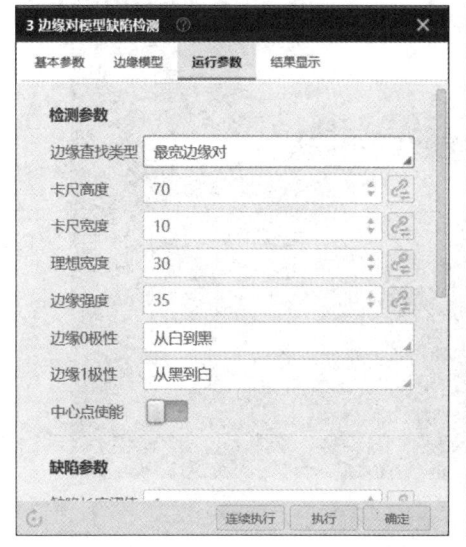
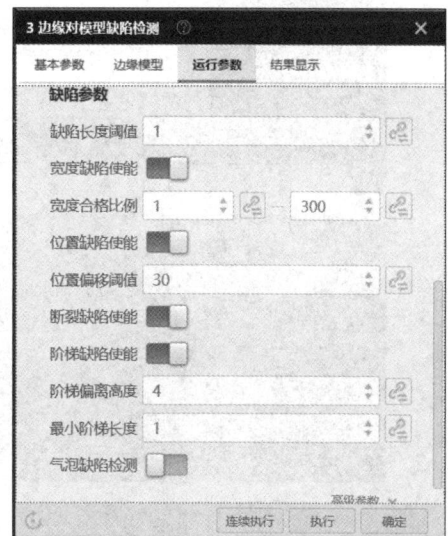

图 4-30　运行参数设置

单击"执行"按钮,图像显示区域显示"3 边缘对模型缺陷检测 1"工具的执行结果,如图 4-31 所示。

选择一幅有缺陷的器件图像,单击"执行"按钮,图像显示区域显示"3 边缘对模型缺陷检测 1"工具的执行结果,如图 4-32 所示。

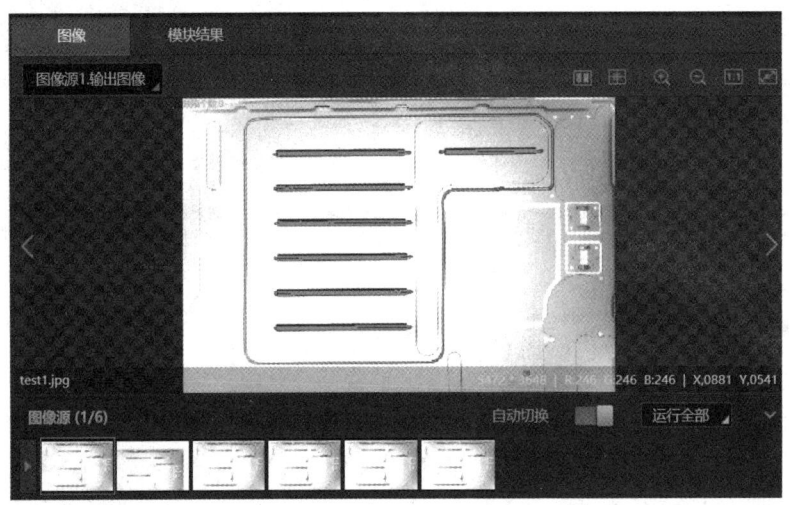

图 4-31 "3 边缘对模型缺陷检测 1"工具的执行结果（1）

图 4-32 "3 边缘对模型缺陷检测 1"工具的执行结果（2）

2. 圆弧边缘缺陷检测

在工具箱的"缺陷检测"子工具箱中选择"圆弧边缘缺陷检测"工具，将其拖曳到流程编辑区域，并与"3 边缘对模型缺陷检测 1"工具相连，如图 4-33 所示。

建立模型时需要选择无缺陷且摆放位置合适的样本图像，双击"4 圆弧边缘缺陷检测 1"工具，进入参数设置对话框。基本参数保持默认设置。首先单击"扇形"按钮，然后在图像显示区域沿着圆弧区域绘制轮廓模型，如图 4-34 和图 4-35 所示。

项目 4　器件缺陷检测

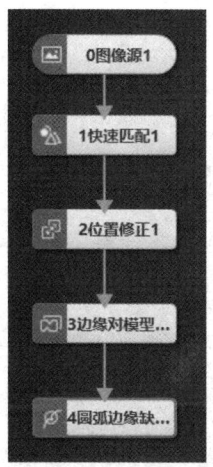 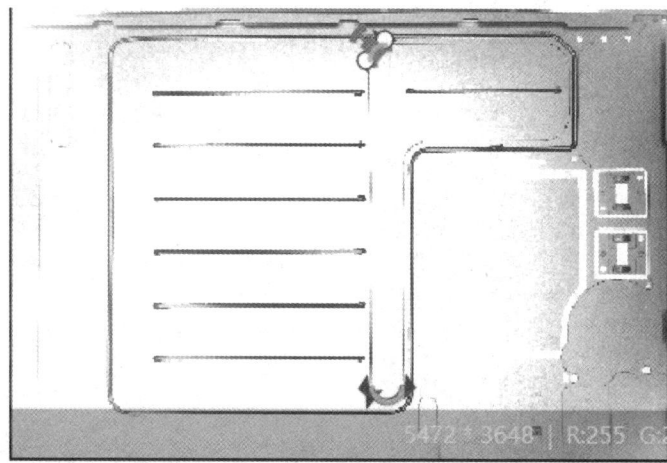

图 4-33　增加"圆弧边缘缺陷检测"工具　　　图 4-34　创建圆弧边缘模型

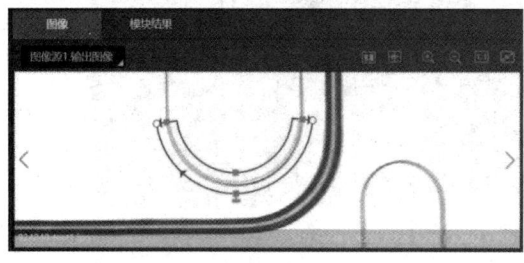 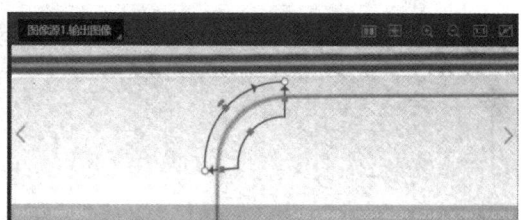

图 4-35　创建圆弧边缘模型细节

单击"运行参数"选项卡,其中的缺陷参数根据实际情况进行设置,如图 4-36 所示。

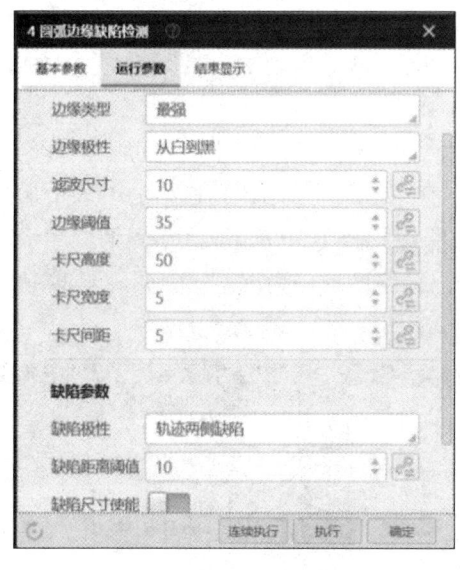 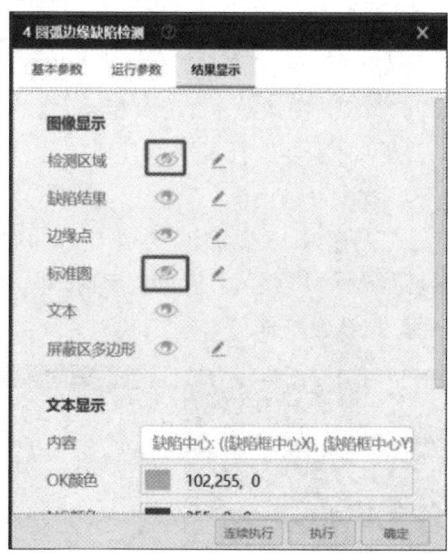

图 4-36　运行参数和结果显示设置

为便于观察,可单击"结果显示"按钮,关闭"检测区域"和"标准圆"的显示。

选择一幅有缺陷的器件图像,单击"执行"按钮,图像显示区域显示"4 圆弧边缘缺陷检测 1"工具的执行结果,如图 4-37 所示。

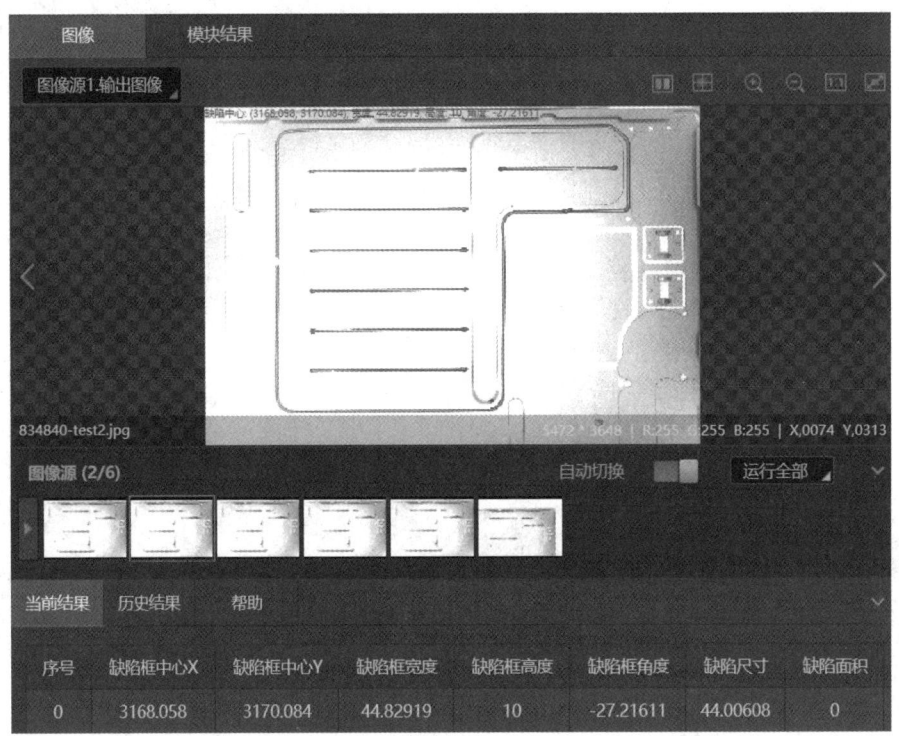

图 4-37 "4 圆弧边缘缺陷检测 1"工具的执行结果

4.4.3 内表面缺陷检测

1. 表面缺陷滤波

在工具箱的"缺陷检测"子工具箱中选择"表面缺陷滤波"工具,将其拖曳到流程编辑区域,并与"0 图像源 1"工具相连,如图 4-38 所示。

建立模型时需要选择无缺陷且摆放位置合适的样本图像,双击"5 表面缺陷滤波 1"工具,进入参数设置对话框。首先单击"ROI 区域"选区的"形状"栏中的"多边形"按钮◯,然后在图像显示区域沿着器件轮廓的内边缘绘制两个 ROI,注意不要把轮廓本身绘制进去,最后单击"屏蔽区"栏中的 ⊘ 按钮,将内胶路区域作为屏蔽区,如图 4-39 所示。运行参数保持默认设置即可。

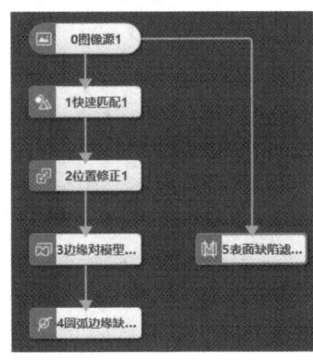

图 4-38 增加"表面缺陷滤波"工具

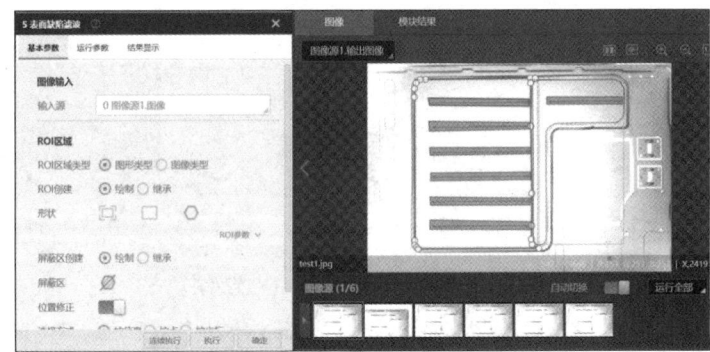

图 4-39 创建表面缺陷滤波的 ROI 和屏蔽区

选择一幅有缺陷的器件图像，单击"执行"按钮，图像显示区域输出选为"表面缺陷滤波1.输出图像"，显示"5表面缺陷滤波1"工具的执行结果，如图4-40所示。

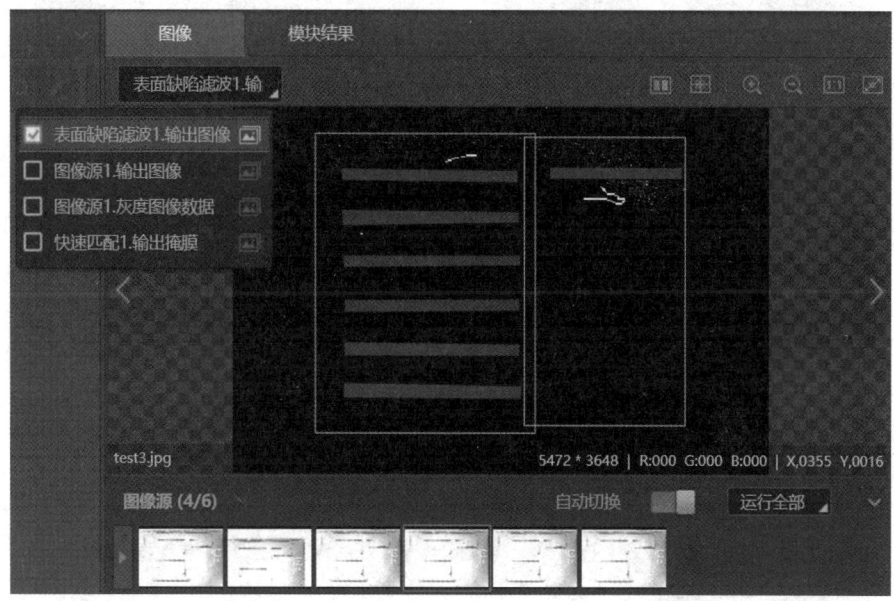

图4-40 "5表面缺陷滤波1"工具的执行结果

2. Blob分析

在工具箱的"定位"子工具箱中选择"Blob分析"工具，将其拖曳到流程编辑区域，并与"5表面缺陷滤波1"工具相连，如图4-41所示。

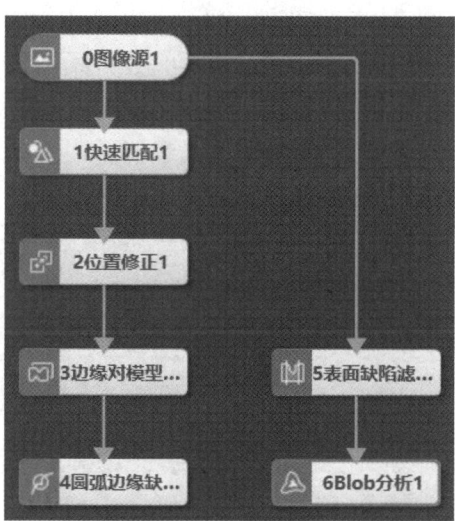

图4-41 增加"Blob分析"工具

双击"6Blob分析1"工具，进入参数设置对话框。根据实际情况修改面积范围参数下限，如改为"500"。单击"执行"按钮，图像显示区域显示"6Blob分析1"工具的执行结果，如图4-42所示。

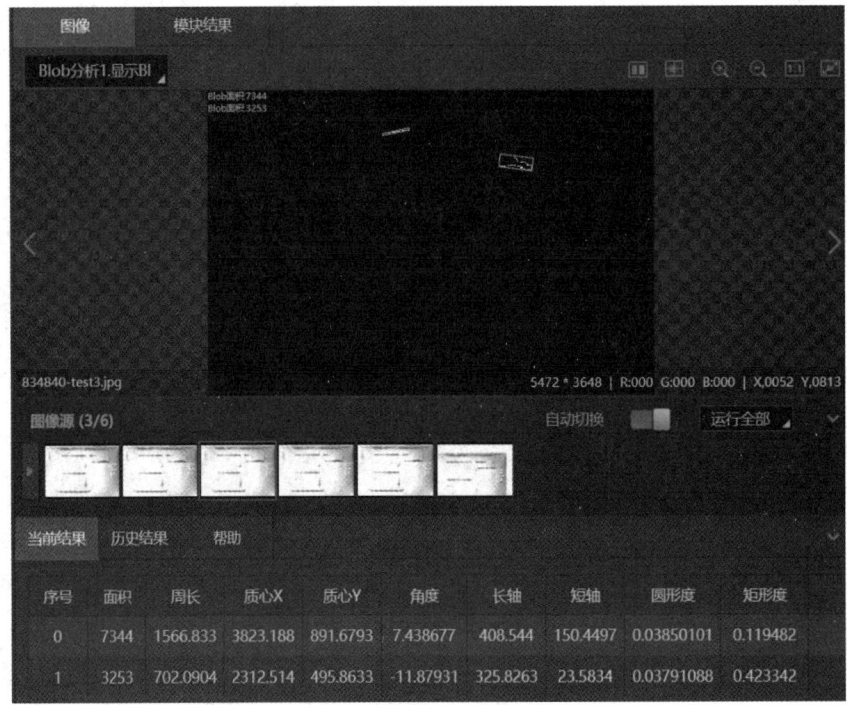

图 4-42 "6Blob 分析 1"工具的执行结果

4.4.4 输出合格性信息

在工具箱的"逻辑工具"子工具箱中选择"条件检测"工具,将其拖曳到流程编辑区域(添加两个),并分别与"4 圆弧边缘缺陷检测 1"和"6Blob 分析 1"工具相连。在工具箱的"逻辑工具"子工具箱中选择"格式化"工具,并将其与上述两个条件检测模块相连,如图 4-43 所示。

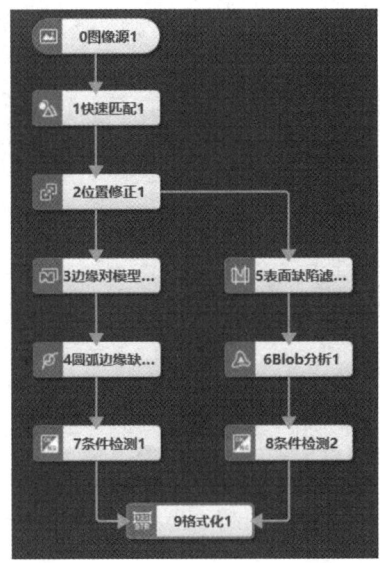

图 4-43 增加"条件检测"和"格式化"工具

双击"7 条件检测 1"工具,进入参数设置对话框。将"判断方式"设置为"全部","条件"选择"3 边缘对模型缺陷检测 1.缺陷个数"和"4 圆弧边缘缺陷检测 1.缺陷个数","有效值范围"均设置为"0—0",如图 4-44 所示。

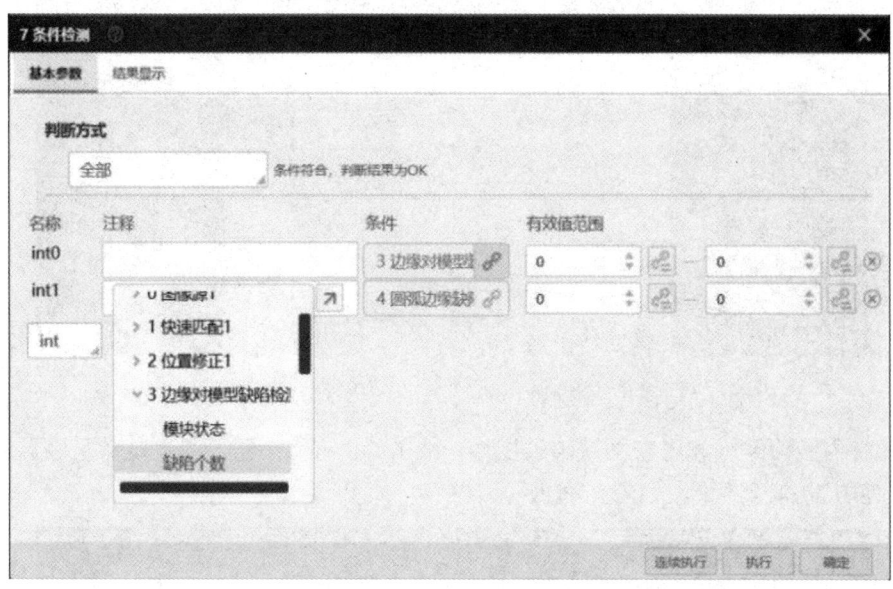

图 4-44 基本参数设置

双击"8 条件检测 2"工具,进入参数设置对话框。将"判断方式"设置为"全部","条件"选择"6Blob 分析 1.Blob 个数","有效值范围"设置为"0—0"。

双击"9 格式化 1"工具,进入参数设置对话框。参考图 4-45 进行基本参数设置。为便于显示,可以将结果显示的字号调整为 20。

图 4-45 基本参数设置

选择一幅无缺陷的器件图像,单击"执行"按钮,图像显示区域显示"9 格式化 1"工具的执行结果,如图 4-46 所示。

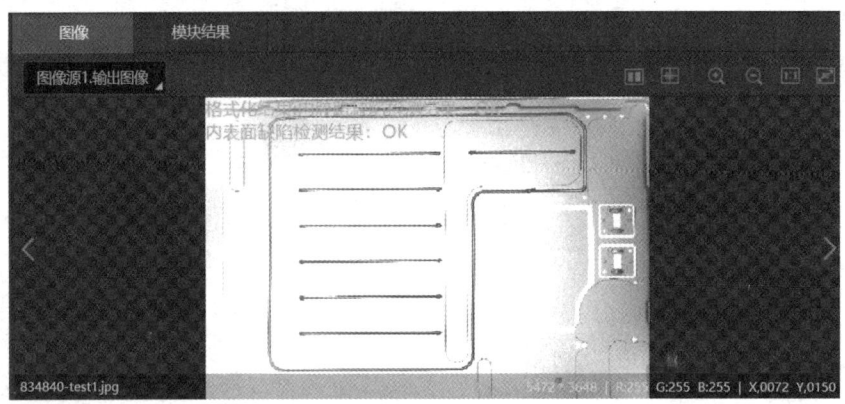

图 4-46 "9 格式化 1"工具的执行结果(1)

选择有内胶路缺陷和内表面缺陷的图像,单击"执行"按钮,图像显示区域显示"9 格式化 1"工具的执行结果,如图 4-47 所示。

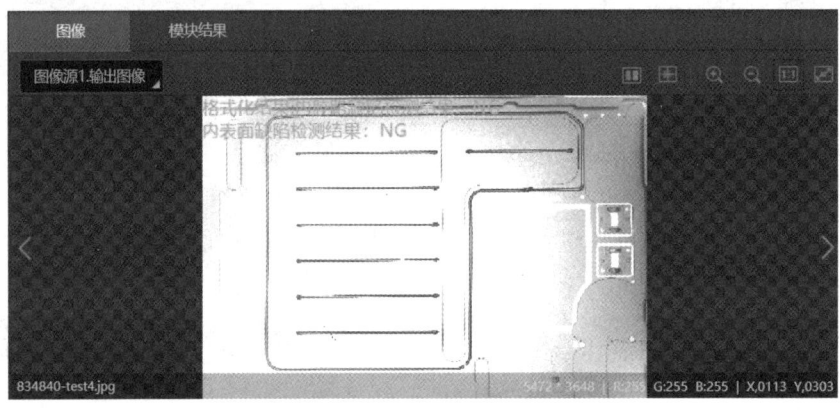

图 4-47 "9 格式化 1"工具的执行结果(2)

4.5 项目总结

4.5.1 项目核验

项目实施完成后,可以依据如表 4-3 所示的评分表,为本项目的实施情况打分。

表 4-3 评分表

项目评分细则及分数	自评分
1. 了解工业缺陷检测的目的和应用,10 分	
2. 理解位置修正的基本原理,10 分	
3. 理解缺陷检测的基本原理,10 分	

续表

项目评分细则及分数	自评分
4. 能完成器件定位和位置修正，10 分	
5. 能识别边缘对模型缺陷，10 分	
6. 能识别圆弧边缘缺陷，10 分	
7. 能识别内表面缺陷，10 分	
8. 掌握逻辑判断中的分支模块和条件检测模块的使用，10 分	
9. 能够格式化输出并保存程序，10 分	
10. 项目实施中细致认真、追求卓越，10 分	
存在的问题	
改进思路	

评分标准：10 分—完全符合；8 分—比较符合；6 分—基本符合；4 分—比较不符合；2 分—完全不符合。

4.5.2 工程师在线

问题 1：缺陷检测参数如何设置？

解决方案：首先需要明确客户的使用场景和需求，并基于实际场景收集尽可能丰富的正常和异常样本；然后基于该评估数据集进行多次方案的迭代和参数的调试，让漏检和误检指标尽可能满足客户的需求。

问题 2：样本丰富性不足，缺陷样本稀少。

解决方案：可以使用传统或深度学习方法进行缺陷数据的生成，减小由数据多样性不足带来的影响。

项目 5　机械零件尺寸测量

知识目标

- 理解相机标定的基本原理。
- 理解点、线、圆查找的基本原理。
- 掌握测量方法。

能力目标

- 能使用标定板对相机进行准确标定。
- 能搭建软件流程，对机械零件尺寸进行测量。
- 能根据项目要求撰写解决方案。

素质目标

- 秉持精益求精的态度。
- 通过项目交流和知识传递，培养专业技术沟通能力。

5.1　项目领取

5.1.1　项目背景

在现代制造业中，机械零件的尺寸精度对于产品的质量和性能至关重要。随着工业 4.0 的推进和智能制造的快速发展，传统的人工测量方法已无法满足高效率、高精度和可重复性的需求。因此，机器视觉技术作为一种关键的自动化检测工具，已成为确保机械零件尺寸测量准确性和生产流程优化的重要手段。

机器视觉系统通过高分辨率相机和先进的图像处理算法，能够对复杂或微小机械零件进行快速、精准的尺寸测量，从而实现对产品质量的严格控制，以提高生产线的自动化水平，增强制造过程的透明度和可追溯性，提升制造过程的质量和效率，为智能制造的未来发展奠定坚实的基础。常见机械零件如图 5-1 所示。

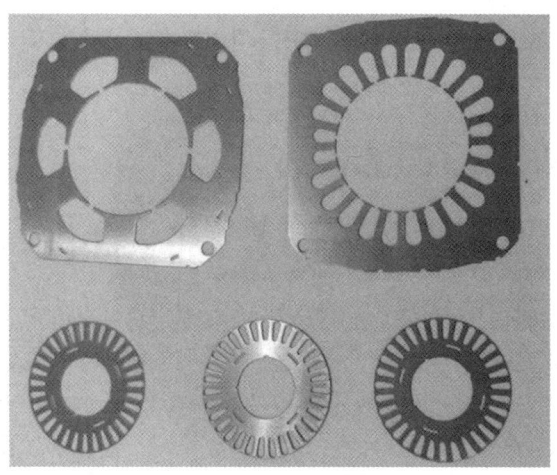

图 5-1 常见机械零件

5.1.2 项目要求

系统的任务是对机械零件进行多尺寸测量。视觉单元与工控机的安装距离为 10m,系统检测精度为 0.1mm,商品尺寸为 55mm×16mm,工作距离为 500mm。

对机械零件进行如图 5-2 所示的尺寸测量,并按照给定的格式把测量出的物理结果输出。

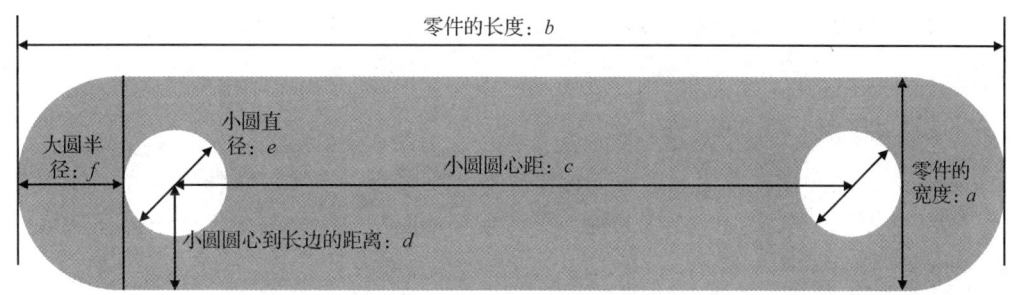

图 5-2 尺寸测量

(1) 具体的尺寸测量:零件的宽度 a、零件的长度 b、小圆圆心距 c、小圆圆心到长边的距离 d、小圆直径 e、大圆半径 f。

(2) 输出格式要求如下。

第一行:

| 零件宽 a: | ,零件长 b: |

第二行:

| 小圆圆心距 c: | ,小圆圆心到长边的距离 d: |

第三行:

| 小圆直径 e: | ,大圆半径 f: |

5.2 项目调研

5.2.1 XY标定的基本原理和方法

XY 标定是机器视觉中实现精确测量的重要手段之一。通过合理的标定过程和方法选择,可以显著提高测量的准确性和效率。

XY 标定是指根据图像中的特征点的像素坐标来确定这些特征点的"真实"坐标的标定过程。该标定过程在机器视觉中很常见,主要目的是找出图像坐标系和实际坐标系的变换关系,使得虚拟的图像坐标与实际的物理坐标完全一致。这样,就可以通过图像像素坐标来定位目标物体的位置。

XY 标定的基本方法如下。

1. 确定标定点

在进行 XY 标定之前,需要在图像中选择一系列具有明显视觉特征且位置稳定的点作为标定点。这些点可以是图像中的角点、边缘点等。标定点的选择应确保其在图像中显示完好、精度高,并且具有重复性。

2. 拍摄标定图像

使用相机拍摄包含标定点的图像。在拍摄过程中,应确保相机的位置和姿态稳定,以避免引入额外的误差。可以拍摄多幅不同视角或不同位置的标定图像,以提高标定的准确性和鲁棒性。

3. 提取特征点

从拍摄的标定图像中提取标定点的像素坐标,这通常可以通过图像处理算法(如角点检测、边缘检测等)来实现。提取的特征点像素坐标应与实际物理坐标系中的标定点坐标对应。

4. 计算变换关系

根据提取的特征点像素坐标和实际坐标系中的标定点坐标,计算图像坐标系与实际坐标系之间的变换关系。这通常涉及数学模型的建立和求解,如线性变换、仿射变换、透视变换等。在计算过程中,可能需要采用迭代优化算法来提高变换关系的准确性。

5. 验证和优化

对计算得到的变换关系进行验证,确保其在不同视角或不同位置下的准确性和稳定性。如果发现误差较大或不稳定,则可以对标定过程进行优化,如增加标定点数量、提高图像处理精度等。

6. 应用标定结果

在完成 XY 标定后,可以将标定结果应用于后续的图像处理和测量任务。通过将图像中的像素坐标转换为实际坐标系中的坐标,可以实现目标物体的精确定位和测量。

5.2.2 点、线、圆查找的基本原理

1. 点查找的基本原理

在机器视觉中,点查找通常依赖特征检测和匹配算法。这些算法能够在图像中识别出具有独特性质或显著特征的区域,如角点、边缘点或关键点。点查找的基本原理如下。

(1)特征提取:利用图像处理算法,如角点检测算法、边缘检测算法等提取图像中的特征点。这些特征点通常是图像中变化最为剧烈或最具有辨识度的点。

(2)特征匹配:将提取的特征点与预定义的模板或特征库进行匹配,以找到最匹配的特征点。

(3)位置确定:根据匹配结果,确定特征点在图像中的精确位置。这通常通过计算特征点与图像坐标系之间的变换关系来实现。

2. 线查找的基本原理

线查找在机器视觉中通常涉及边缘检测和形状分析。以下是线查找的基本原理。

(1)边缘检测:利用边缘检测算法,如 Canny 边缘检测、Sobel 边缘检测等提取图像中的边缘信息。边缘是图像中亮度或颜色发生显著变化的区域,通常对应物体的轮廓或边界。

(2)边缘连接:将检测到的边缘像素连接起来,形成连续的线条。这可以通过连接相邻的边缘像素或使用霍夫变换等算法来实现。

(3)形状分析:对连接后的线条进行形状分析,以确定其是直线还是曲线,并提取线条的长度、方向等几何参数。

3. 圆查找的基本原理

圆查找在机器视觉中通常涉及形状匹配和轮廓拟合。以下是圆查找的基本原理。

(1)形状匹配:利用形状匹配算法(如霍夫圆变换)在图像中搜索与圆形相似的区域。霍夫圆变换是一种在参数空间搜索圆形的方法,通过累加器中的峰值来确定圆心的位置和圆的半径。

(2)轮廓提取:利用轮廓提取算法(如 Canny 边缘检测结合 findContours 函数)提取图像中的轮廓信息,并对轮廓进行筛选和拟合,以找到符合圆形特征的轮廓。

(3)轮廓拟合:对筛选出的轮廓进行拟合,以得到最符合圆形特征的曲线。拟合过程可以采用最小二乘法,以及 Huber 拟合、Tukey 拟合等方法来提高拟合的精度和鲁棒性。

(4)圆心与半径的确定:根据拟合结果,确定圆心的位置和圆的半径。这通常通过计算拟合曲线的几何中心或质心来实现。

5.2.3 测量方法

机器视觉通过模拟人眼视觉功能,并结合图像处理、模式识别等技术,实现对物体尺寸的高精度、高效率测量。以下是机器视觉实现测量的主要步骤。

1. 图像采集

采用高分辨率的工业相机,配合适当的光源和镜头,拍摄待测物体的清晰图像。根据待测物体的材质、表面反射特性等因素,选择合适的打光方式和曝光参数,以确保图

像质量。

2. 图像预处理

消除图像中的噪声，以提高后续处理的准确性。通过边缘检测算法（如 Canny 边缘检测）提取物体的边缘信息。对图像进行增强处理，如对比度增强、锐化等，以突出物体的特征信息。

3. 边缘特征提取

在预处理后的图像中，利用图像处理技术提取物体的边缘特征，如边缘点、边缘线等。对于具有明显角点的物体，可以提取角点特征作为后续测量的基础。

4. 模式识别与定位

模板匹配：将待测物体的图像与预定义的模板进行匹配，以确定物体的位置和姿态。对提取的物体轮廓进行形状分析，以验证其是否符合预设的形状要求。

5. 尺寸测量

根据提取的特征信息（如边缘、角点等），利用几何测量算法计算物体的尺寸参数，如长度、宽度、高度、半径等。通过相机标定和测量系统校准，确保测量结果的准确性。将测量结果与预设的公差范围进行比较，判断物体是否合格。

机器视觉系统可以精确地计算出待测物体的尺寸。这一过程涉及几何计算或机器学习等方法，需要建立准确的数学模型和算法。尺寸计算的结果可以用于产品质量控制、生产流程优化等多个方面。

5.3 项目分析

5.3.1 任务划分

经过对项目任务的分析，设计出机械零件尺寸测量工作流程，如图 5-3 所示。

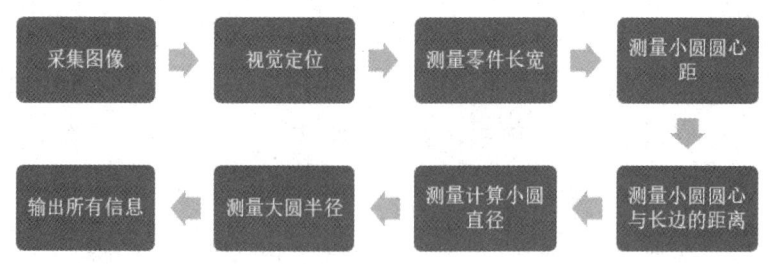

图 5-3 机械零件尺寸测量工作流程

5.3.2 方案设计

根据相机的检测范围和工作距离进行布局规划，视觉平台方案架构如图 5-4 所示。

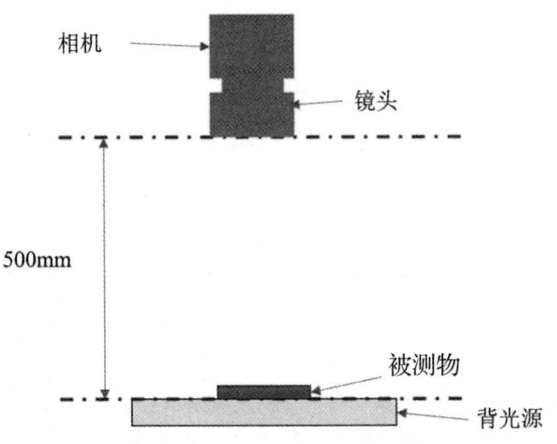

图 5-4 视觉平台方案架构

1. 相机选型

（1）确定相机的类型。

① 确定相机是面阵相机还是线阵相机。

由于线阵相机常应用于一维动态目标的测量，而机械零件的识别需要获取完整的目标图像，因此选择面阵相机。

② 确定相机是黑白相机还是彩色相机。

由于本项目不需要对零件进行颜色识别，因此选择黑白相机。

（2）确定视场。

视场大小估算为 100mm×100mm。

（3）确定相机的分辨率。

根据算法精度（最少 3 像素）和系统精度进行计算。

长边像素数量至少为

$$\frac{视场（长边）}{精度} \times 3 = \frac{100}{0.1} \times 3 = 3000（像素）$$

短边像素数量至少为

$$\frac{视场（短边）}{精度} \times 3 = \frac{100}{0.1} \times 3 = 3000（像素）$$

故相机长边的分辨率应该大于或等于 3000 像素，短边分辨率应该大于 3000 像素。

（4）确定相机的接口类型。

相机与工控机之间的数据传输距离为 10m，因此选择 GigE 接口的相机。

（5）确定相机的型号。

先根据性价比等因素选择使用海康相机，再根据海康选型手册进行参数匹配，确定相机型号的为 MV-CU120-10GM。

相机的技术参数如表 4-1 所示。

2. 镜头选型

（1）确定镜头的类型。

如果没有特殊需求，则在同一工作距离下，不需要改变放大倍率，故选择定焦镜头。

（2）计算焦距。

相机的像元尺寸为 1.85μm，分辨率为 4024 像素×3036 像素，工作距离为 500mm。按照长边进行计算：

$$芯片尺寸（长边）= 像元尺寸 \times 分辨率（长边）$$

$$焦距 f = \frac{芯片尺寸（长边）\times 工作距离}{视场（长边）} = \frac{1.85 \times 4024 \times 500}{100} \mu m = 37.2 mm$$

按照短边进行计算：

$$焦距 f = \frac{芯片尺寸（短边）\times 工作距离}{视场（短边）} = \frac{1.85 \times 3036 \times 500}{100} \mu m \approx 28.1 mm$$

根据计算，镜头的焦距选择 25mm 的。

（3）确定镜头的靶面尺寸。

相机的靶面尺寸为 1/1.7"，镜头的靶面尺寸需要大于相机的靶面尺寸。

（4）确定镜头的型号。

因为相机选择的是海康的，因此镜头也选择海康的。根据海康选型手册进行参数匹配，确定镜头型号为 MVL-MF3528M-8MP。

镜头的技术参数如表 5-1 所示。

表 5-1 镜头的技术参数

型号	靶面尺寸	焦距	畸变	视场角			最近摄距
				DFOV	HFOV	VFOV	
MVL-MF3528M-8MP	2/3"	25mm	0.02%	15.26°	11.65°	9.76°	0.15m

3. 光源选型

（1）确定打光方式和光源形状。

机械零件是不锈钢材质，易反光，边缘不清晰。而背光源则可放置在被测物下方，向镜头方向打光，物体部分由于不透光而在镜头中呈现暗色阴影，边缘会非常清晰。因此选择采用背部打光的方式，即选择背光源。

（2）确定光源颜色。

本项目选用白色光源。

（3）选定光源的型号。

使用光源样品进行实际测试，根据性价比等因素选择波粒光电背光源，型号为 LFQP-100-W。光源参数如表 5-2 所示。

表 5-2 光源参数

外形尺寸	发光面尺寸	功率	电压
135mm×115mm×22mm	100mm×100mm	8.8W	24V DC

搭建完成的机械零件尺寸测量硬件系统如图 5-5 所示。

项目 5 机械零件尺寸测量

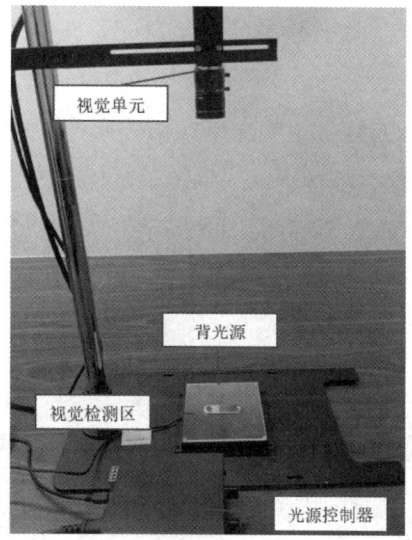

图 5-5 搭建完成的机械零件尺寸测量硬件系统

5.4 项目实施

5.4.1 相机标定

1. 把棋盘格标定板放入视觉检测区,增加"图像源"工具

在工具箱中,将"采集"子工具箱中的"图像源"工具拖曳到流程编辑区域,建立方案流程,如图 5-6 所示。

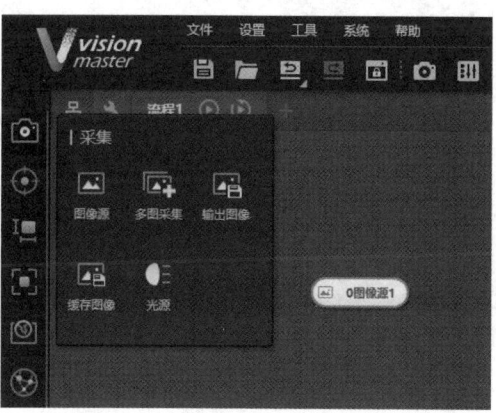

图 5-6 建立方案流程

2. 设置"0 图像源 1"工具的参数,采集棋盘格图像

首先双击"0 图像源 1"工具,对其参数进行设置,包括设置全局相机、相机管理的相机选择、相机触发源(SOFTWARE)、像素格式(Mono8)等参数;接着单击快捷工具条上的"执行"按钮,采集到清晰的图像,如图 5-7 所示。如果图像不清晰,则单击快捷工具条上的"连续执行"按钮,在连续执行的情况下,调整光源的亮度、镜头的光圈和对焦环、相机管理的曝光时间。

3. 增加"标定板标定"工具

在工具箱中,将"标定"子工具箱中的"标定板标定"工具拖曳到流程编辑区域,并与"0图像源1"工具相连,如图5-8所示。

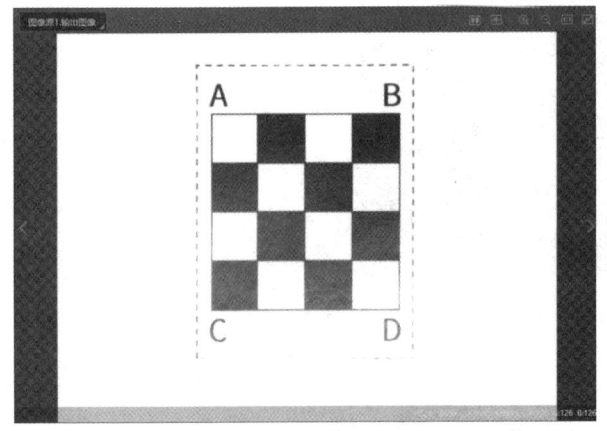

图5-7 图像采集结果　　　　图5-8 增加"标定板标定"工具

4. 设置"2标定板标定1"工具的参数

(1)双击"2标定板标定1"工具,进入参数设置对话框,在"运行参数"选项卡中,修改"物理尺寸"为"10.00"(棋盘格标定板单个小格子的边长,单位为mm),其余参数保持默认设置。单击"执行"按钮,图像显示区域便会显示出9个绿色标定点,如图5-9所示。

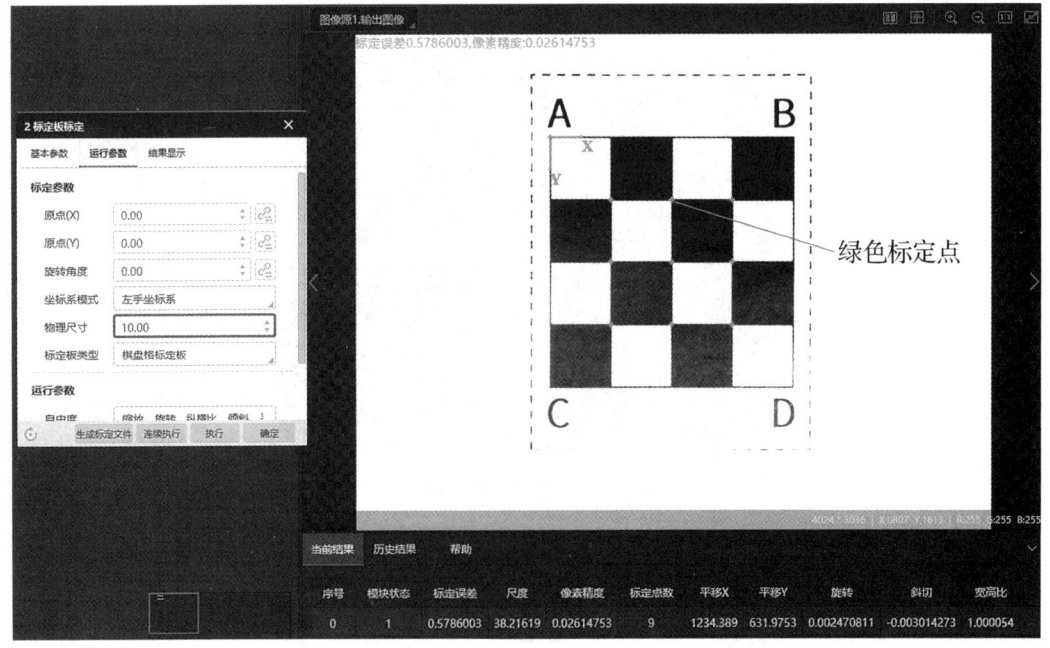

图5-9 "2标定板标定1"工具的运行参数设置及执行结果

（2）单击"运行参数"选项卡中的"生成标定文件"按钮，保存标定文件。此处将文件命名为"物理尺寸标定文件"，存储到计算机的指定位置，如图 5-10 所示。

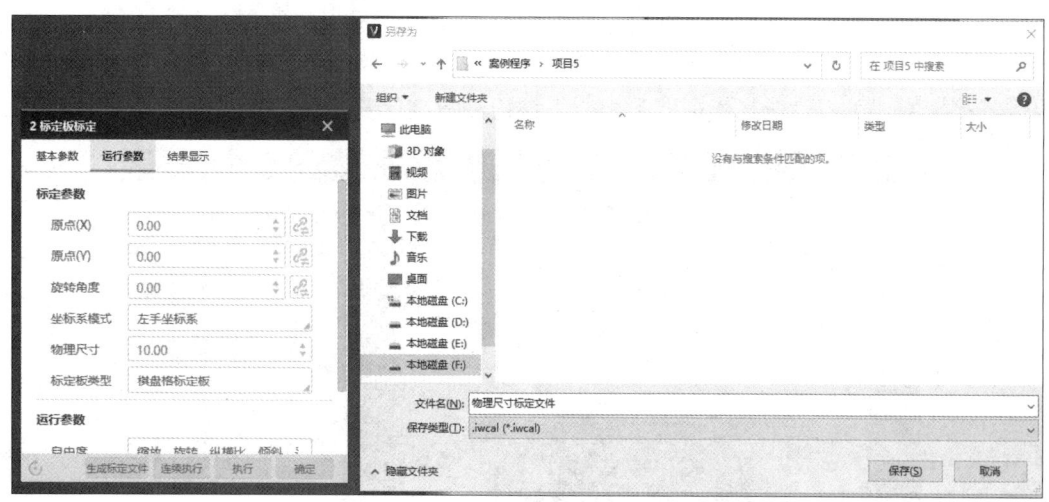

图 5-10　生成并保存标定文件

5.4.2　零件识别定位

1. 机械零件图像采集

把机械零件放到背光源上，采集一幅机械零件图像，如图 5-11 所示。

2. 增加"快速匹配"工具

在工具箱的"定位"子工具箱中选择"快速匹配"工具，将其拖曳到流程编辑区域，并与"0 图像源 1"工具相连，如图 5-12 所示。

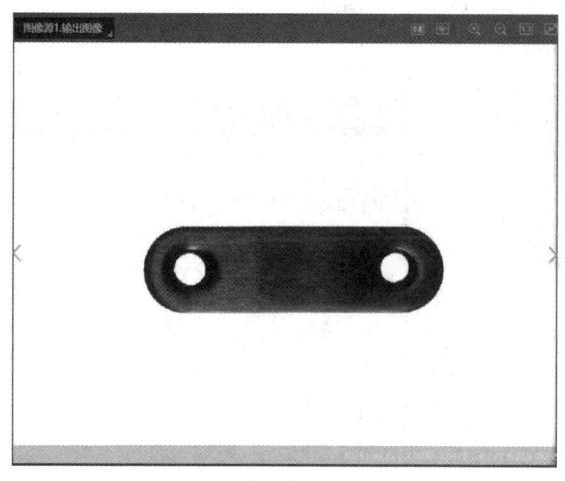

图 5-11　图像采集结果　　　　图 5-12　增加"快速匹配"工具

3. 设置"2 快速匹配 1"工具的参数

（1）双击"2 快速匹配 1"工具，进入参数设置对话框，单击"特征模板"按钮，创建特征模板。单击"创建"按钮,进入"模板配置"对话框,单击"选择当前图像"按钮(见图 5-13 中的 1),并单击"创建矩形掩膜"按钮(见图 5-13 中的 2),按住鼠标左键并拖动,生成矩形掩膜以覆盖机械零件(见图 5-13 中的 3)。在右下角的"配置参数"选区中,根据实际情况设置适当的特征尺度和对比度阈值,单击"生成模型"按钮(见图 5-13 中的 4),生成特征模型。单击"选择模型匹配中心"按钮,把零件的几何中心定为模型匹配中心。

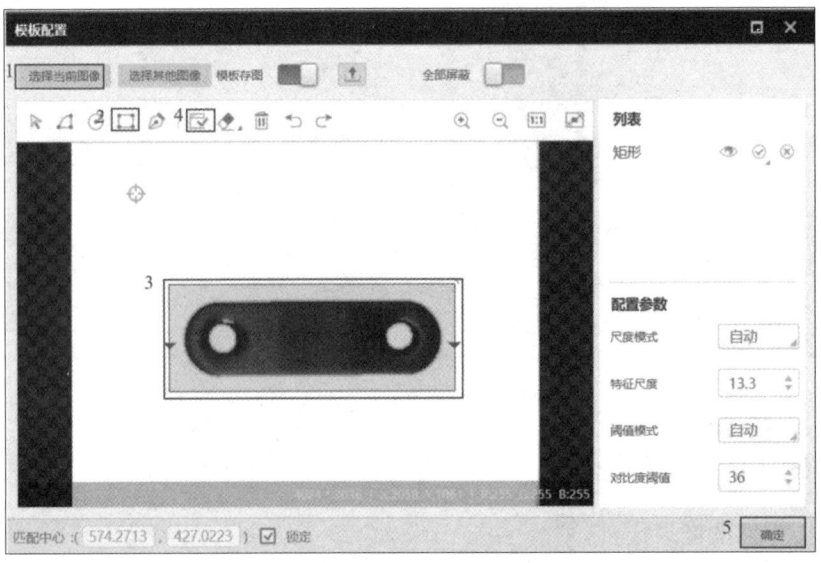

图 5-13 创建特征模板

(2)单击"确定"按钮(见图 5-13 中的 5),保存特征模板。创建好的特征模板如图 5-14 所示。

(3)运行参数设置。最小匹配分数和最大匹配个数可根据实际情况进行设置,角度范围改为-180°~180°,这样就能保证零件无论旋转的角度是多少,均能被匹配到,如图 5-15 所示。

图 5-14 创建好的特征模板

图 5-15 运行参数设置

(4) 单击"执行"按钮,图像显示区域显示模板匹配结果,如图 5-16 所示。

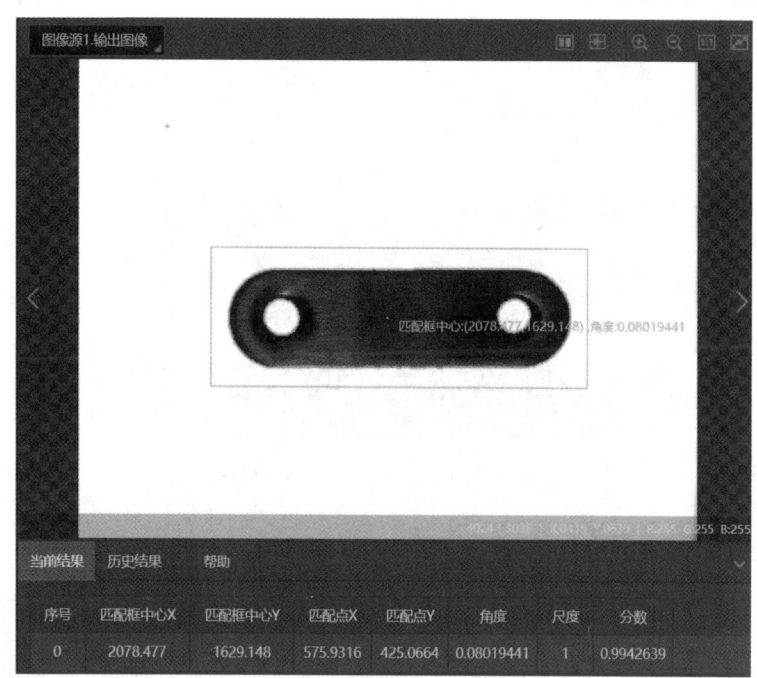

图 5-16　模板匹配结果

4. 增加"仿射变换"工具

在工具箱的"图像处理"子工具箱中选择"仿射变换"工具,将其拖曳到流程编辑区域,并与"2 快速匹配 1"工具相连,如图 5-17 所示。

5. 设置"3 仿射变换 1"工具的参数

(1) 双击"3 仿射变换 1"工具,进入参数设置对话框。在"基本参数"选项卡的"ROI 区域"选区的"ROI 创建"栏中选中"继承"单选按钮,在"继承方式"栏中选中"按区域"单选按钮,"区域"选择"2 快速匹配 1.匹配框[]",如图 5-18 所示。

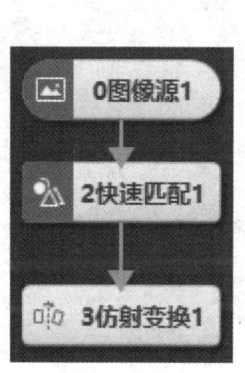

图 5-17　增加"仿射变换"工具

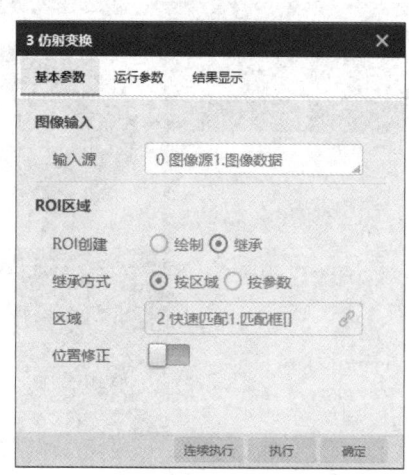

图 5-18　基本参数设置

（2）单击"执行"按钮，可以看到机械零件的图就被抠出来了，如图 5-19 所示。

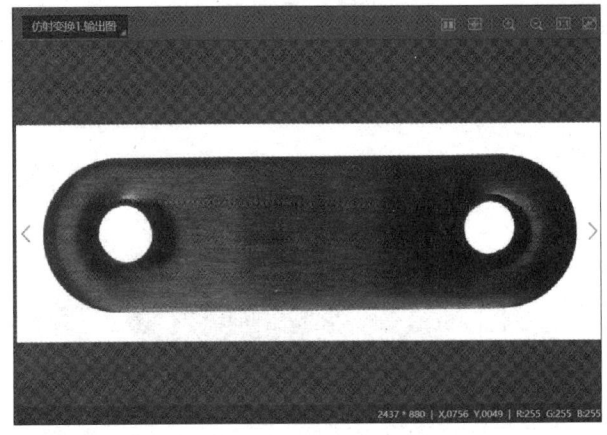

图 5-19 "3 仿射变换 1"工具的执行结果

5.4.3 零件长宽测量

1. 增加"线线测量"工具

在工具箱的"测量"子工具箱中选择"线线测量"工具，将其拖曳到流程编辑区域，并与"3 仿射变换 1"工具相连，如图 5-20 所示。

2. 设置"4 线线测量 1"工具的参数

双击"4 线线测量 1"工具，进入参数设置对话框。在"基本参数"选项卡中，"输入源"选择"3 仿射变换 1.输出图像"，"来源选择"为"绘制"，在图像显示区域调整两个直线卡尺，使其框选住零件的两条长边。单击"执行"按钮便可查看长边间的距离，即矩形的宽度，该结果是图像像素尺寸距离，如图 5-21 所示。

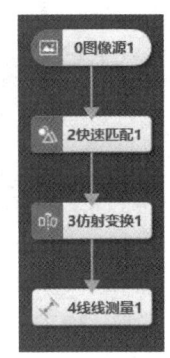

图 5-20 增加"线线测量"工具

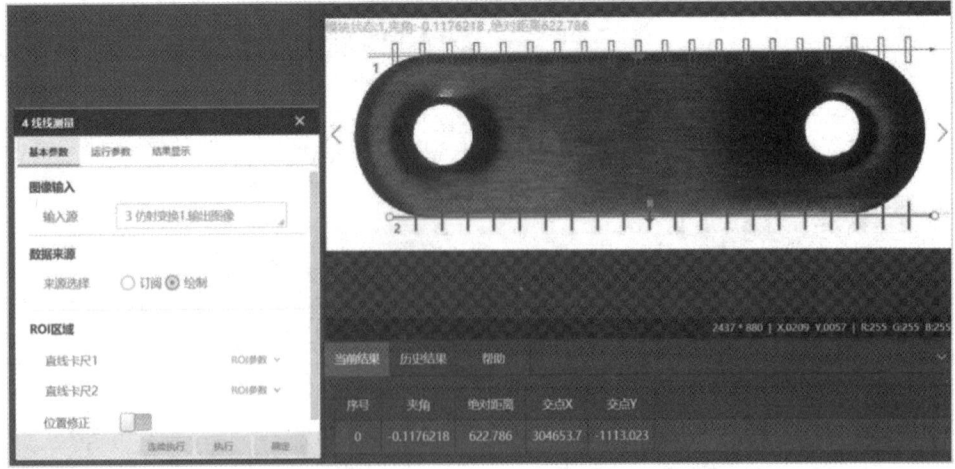

图 5-21 "4 线线测量 1"工具的基本参数设置及执行结果

3. 增加"单位转换"工具

将"运算"子工具箱中的"单位转换"工具拖曳到流程编辑区域，并与"4 线线测量 1"工具相连，如图 5-22 所示。

4. 设置"5 单位转换 1"工具的基本参数

双击"5 单位转换 1"工具，进入参数设置对话框。"像素间距"选择"4 线线测量 1.绝对距离[]"，加载相机标定生成的标定文件；"刷新信号"选择"4 线线测量 1.模块状态[]"；"像素当量修正"选择"1"。单击"执行"按钮，即可在结果显示区域查看零件的宽度，如图 5-23 所示。

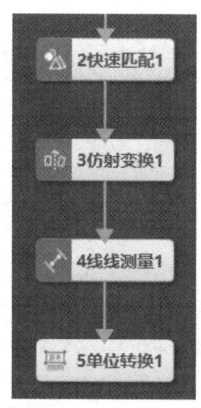

图 5-22 增加"单位转换"工具

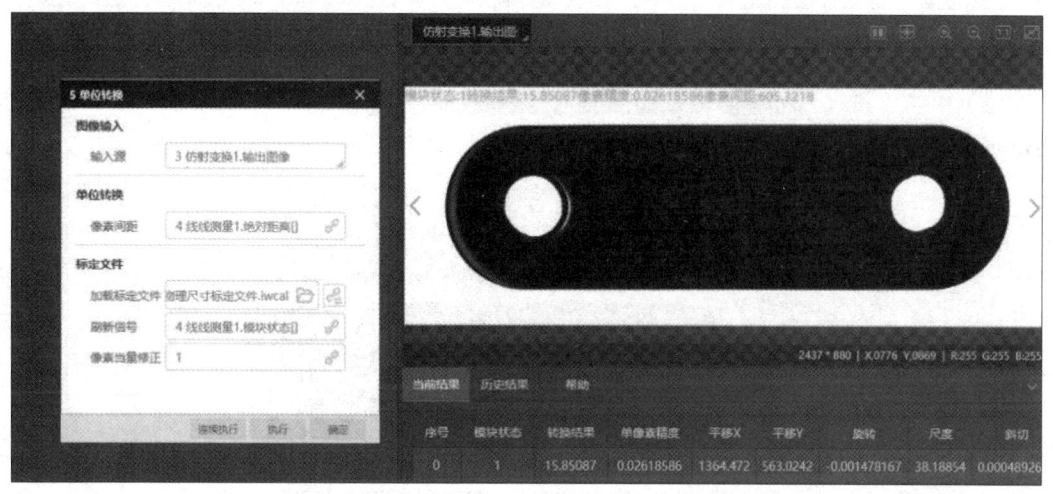

图 5-23 "5 单位转换 1"工具的基本参数设置及执行结果

5. 增加"顶点检测"工具（一）

在工具箱的"定位"子工具箱中选择"顶点检测"工具，将其拖曳到流程编辑区域，并与"5 单位转换 1"工具相连，如图 5-24 所示。

6. 设置"6 顶点检测 1"工具的参数

（1）双击"6 顶点检测 1"工具，进入参数设置对话框。在"基本参数"选项卡中，设置"输入源"为"3 仿射变换 1.输出图像"，"ROI 区域类型"为"图形类型"，"ROI 创建"为"绘制"，"形状"为□，在图像显示区域框选住零件的左圆弧边，并调整选择框，使线上的箭头从左到右，如图 5-25 所示。

图 5-24 增加"顶点检测"工具

（2）在"运行参数"选项卡中，将"边缘极性"设置为"从白到黑"，与箭头方向一致，如图 5-26 所示。

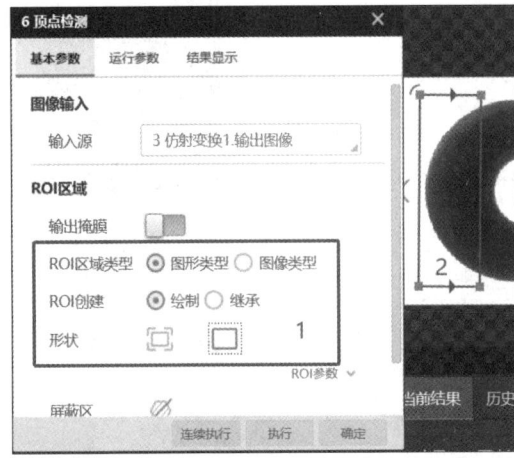
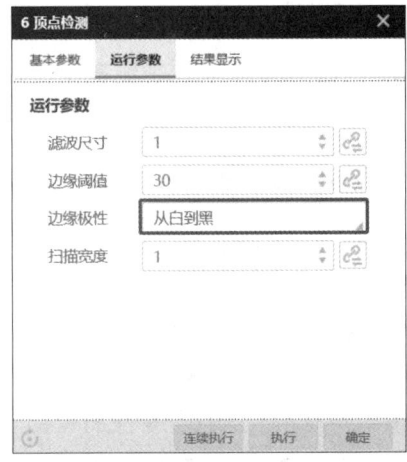

图 5-25　基本参数设置　　　　　　图 5-26　运行参数设置

（3）单击"执行"按钮便可在图像显示区域看到检测出的顶点（绿色的十字符号），结果显示区域给出的是顶点的相关信息，如图 5-27 所示。

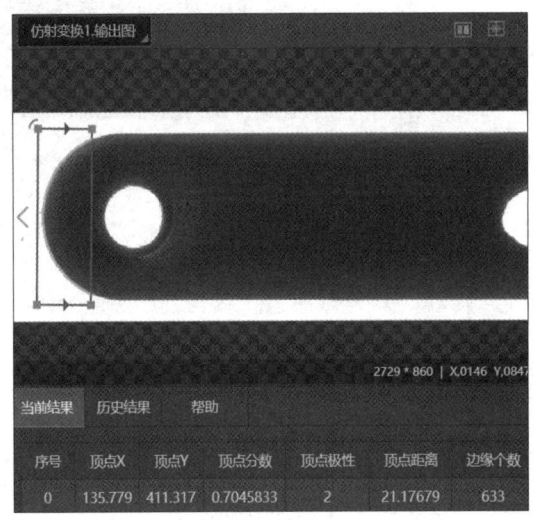

图 5-27　"6 顶点检测 1"工具的执行结果

7．增加"顶点检测"工具（二）

在工具箱的"定位"子工具箱中选择"顶点检测"工具，将其拖曳到流程编辑区域，并与"6 顶点检测 1"工具相连，如图 5-28 所示。

8．设置"7 顶点检测 2"工具的参数

（1）双击"7 顶点检测 2"工具，进入参数设置对话框。在"基本参数"选项卡中，设置"输入源"为"3 仿射变换 1.输出图像"，"ROI 区域类型"为"图形类型"，"ROI 创建"为"绘制"，"形状"为□。在图像显示区域框选住零件的右圆弧边，并调整选择框，使线上的箭头从右到左，如图 5-29 所示。

项目 5　机械零件尺寸测量

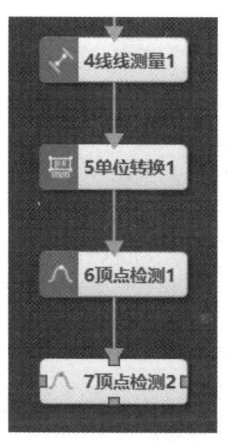

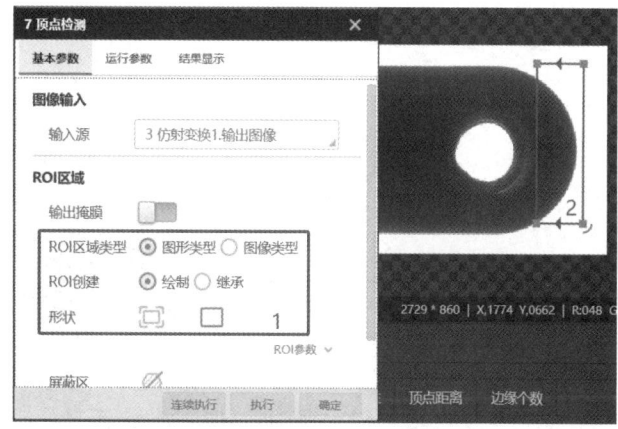

图 5-28　增加"顶点检测"工具

图 5-29　基本参数设置

（2）在"运行参数"选项卡中，设置"边缘极性"为"从白到黑"，即与箭头方向一致，如图 5-30 所示。

（3）单击"执行"按钮便可在结果显示区域看到顶点的坐标值，如图 5-31 所示。

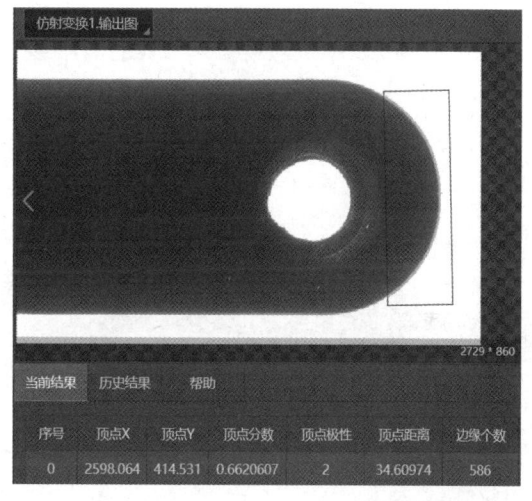

图 5-30　运行参数设置

图 5-31　"7 顶点检测 2"工具的执行结果

9. 增加"点点测量"工具

在工具箱的"测量"子工具箱中选择"点点测量"工具，将其拖曳到流程编辑区域，并与"7 顶点检测 2"工具相连，如图 5-32 所示。

10. 设置"8 点点测量 1"工具的基本参数

（1）双击"8 点点测量 1"工具，进入参数设置对话框。在"基本参数"选项卡中，设置"起点输入"选区中的"输入方式"为"按点"，"起点"为"6 顶点检测 1.顶点[]"；设置"终点输入"选区中的"输入方式"为"按点"，"终点"为"7 顶点检测 2.顶点[]"，如图 5-33 所示。

（2）单击"执行"按钮，在图像显示区域和结果显示区域就会显示出两点间的距离，即零件的长度，如图 5-34 所示。

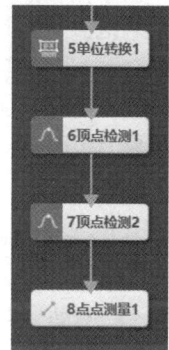

图 5-32　增加"点点测量"工具

101

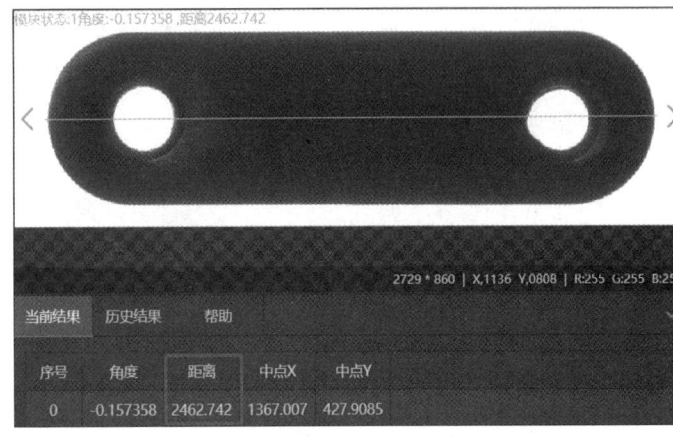

图 5-33　基本参数设置　　　图 5-34　"8 点点测量 1"工具的执行结果

11. 增加"单位转换"工具

将"运算"子工具箱中的"单位转换"工具拖曳到流程编辑区域,并与"8 点点测量 1"工具相连,如图 5-35 所示。

12. 设置"9 单位转换 2"工具的基本参数

双击"9 单位转换 2"工具,进入参数设置对话框。"像素间距"选择"8 点点测量 1.距离[]",加载相机标定生成的标定文件;"刷新信号"选择"8 点点测量 1.模块状态[]";"像素当量修正"选择"1"。单击"执行"按钮,即可在结果显示区域查看零件的整体长度,如图 5-36 所示。

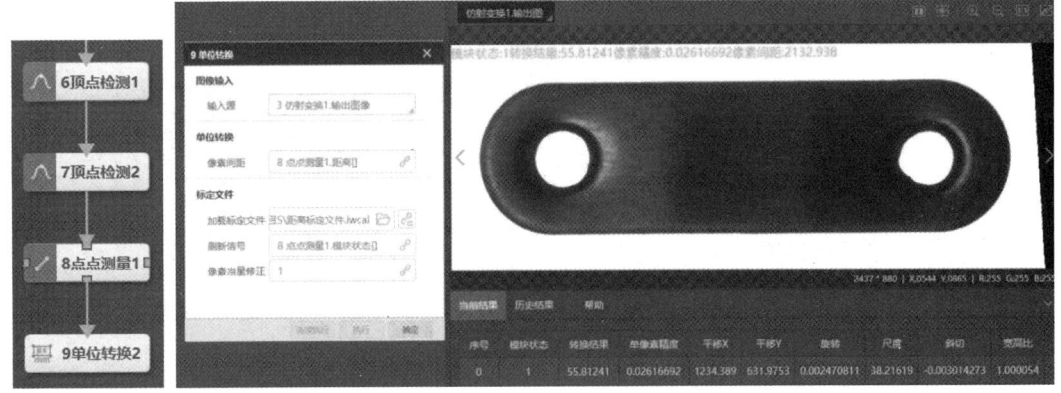

图 5-35　增加"单　　　图 5-36　"9 单位转换 2"工具的基本参数设置及执行结果
位转换"工具

5.4.4　零件圆形尺寸测量

1. 增加"圆圆测量"工具

在工具箱的"测量"子工具箱中选择"圆圆测量"工具,将其拖曳到流程编辑区域,并与"9 单位转换 2"工具相连,如图 5-37 所示。

机械工件视觉程序设计-线圆测量与圆测量

2. 设置"10 圆圆测量 1"工具的基本参数

(1) 双击"10 圆圆测量 1"工具,进入参数设置对话框。在"基本参数"选项卡中,在"数据来源"选区的"来源选择"栏中选中"绘制"单选按钮,在图像显示区域调整好两个圆的卡尺,使其分别框选住零件的两个小圆,如图 5-38 所示。

图 5-37 增加"圆圆测量"工具

图 5-38 基本参数设置

(2) 单击"执行"按钮便可查看小圆圆心距,该结果是图像像素尺寸距离,如图 5-39 所示。

3. 增加"单位转换"工具(一)

将"运算"子工具箱中的"单位转换"工具拖曳到流程编辑区域,并与"10 圆圆测量 1"工具相连,如图 5-40 所示。

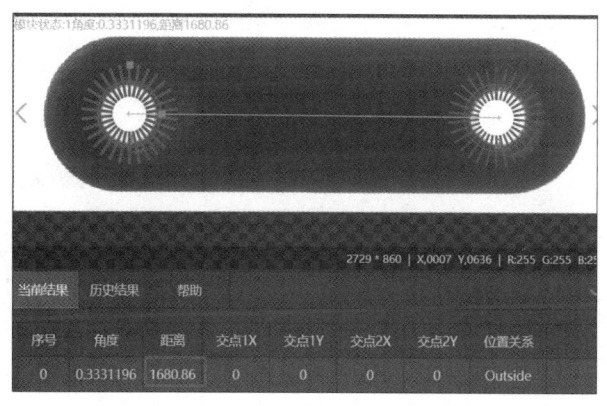

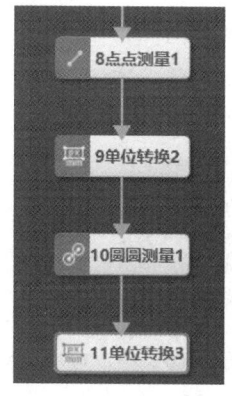

图 5-39 "10 圆圆测量 1"工具的执行结果

图 5-40 增加"单位转换"工具

4. 设置"11 单位转换 3"工具的参数

双击"11 单位转换 3"工具,进入参数设置对话框。"像素间距"选择"10 圆圆测量 1.距离[]",加载相机标定生成的标定文件;"刷新信号"选择"10 圆圆测量 1.模块状态[]";"像素当量修正"选择"1"。单击"执行"按钮,即可在结果显示区域查看零件的小圆圆心距,如图 5-41 所示。

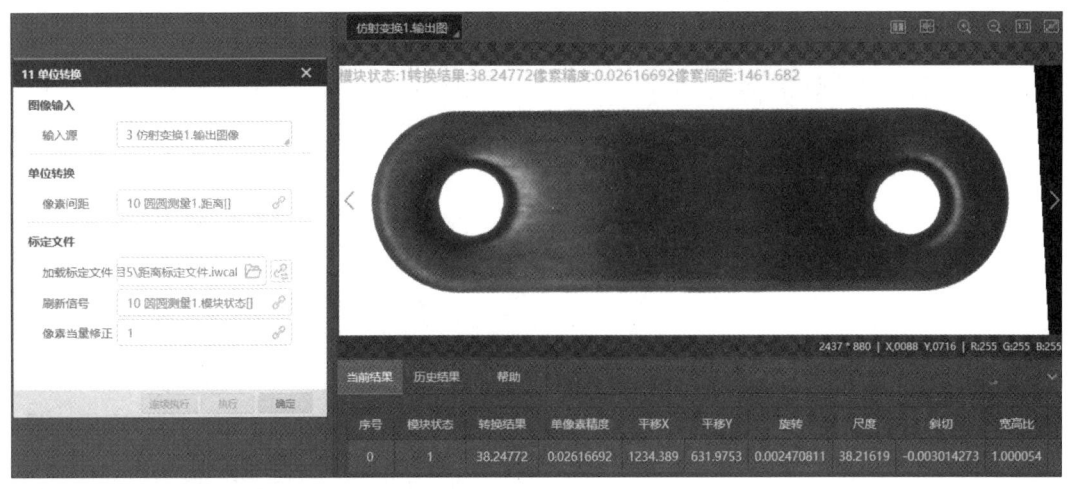

图 5-41 "11 单位转换 3"工具的参数设置及执行结果

5. 增加"线圆测量"工具

在工具箱的"测量"子工具箱中选择"线圆测量"工具,将其拖曳到流程编辑区域,并与"11 单位转换 3"工具相连,如图 5-42 所示。

6. 设置"12 线圆测量 1"工具的基本参数

双击"12 线圆测量 1"工具,进入参数设置对话框。在"基本参数"选项卡中,在"数据来源"选区的"来源选择"栏中选中"绘制"单选按钮,在图像显示区域调整好圆卡尺和直线卡尺,使其分别框选住小圆和直线。单击"执行"按钮便可查看小圆圆心到直线的距离,该结果是图像像素尺寸距离,如图 5-43 所示。

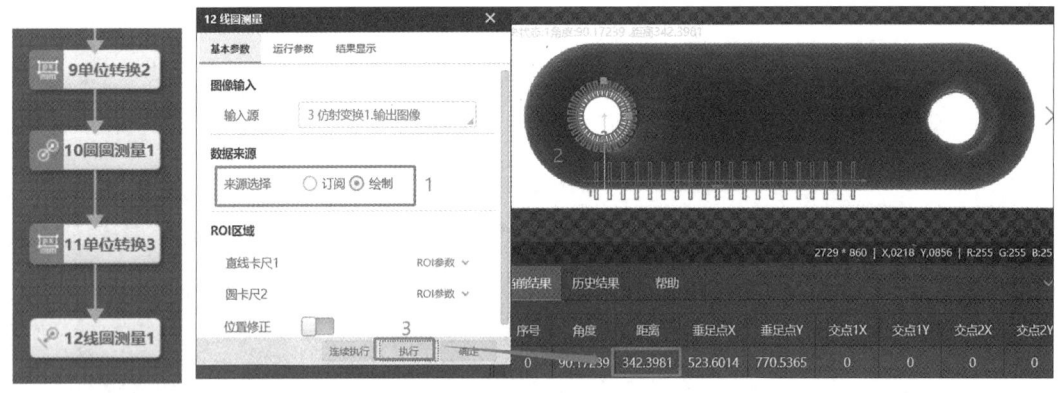

图 5-42 增加"线圆测量"工具

图 5-43 "12 线圆测量 1"工具的基本参数设置及执行结果

7. 增加"单位转换"工具(二)

将"运算"子工具箱中的"单位转换"工具拖曳到流程编辑区域,并与"12 线圆测量 1"工具相连,如图 5-44 所示。

项目5 机械零件尺寸测量

8. 设置"13 单位转换 4"工具的参数

双击"13 单位转换 4"工具，进入参数设置对话框。"像素间距"选择"12 线圆测量 1.距离[]"，加载相机标定生成的标定文件；"刷新信号"选择"12 线圆测量 1.模块状态[]"；"像素当量修正"选择"1"。单击"执行"按钮，即可在结果显示区域查看小圆圆心到长边的距离，如图 5-45 所示。

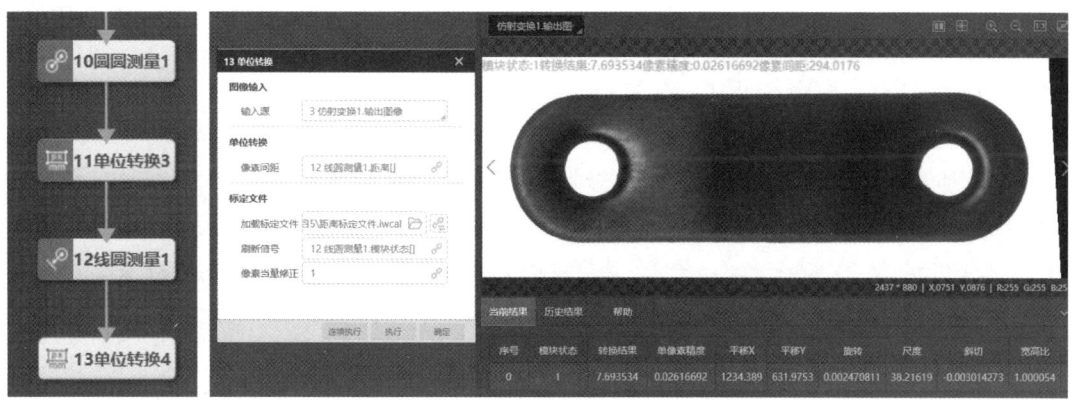

图 5-44 增加"单位转换"工具　　图 5-45 "13 单位转换 4"工具的参数设置及执行结果

9. 增加"圆查找"工具

将"定位"子工具箱中的"圆查找"工具拖曳到流程编辑区域，并与"13 单位转换 4"工具相连，如图 5-46 所示。

10. 设置"14 圆查找 1"工具的基本参数

双击"14 圆查找 1"工具，进入参数设置对话框。在"基本参数"选项卡中，选中"ROI 区域"选区的"ROI 创建"栏中的"绘制"单选按钮，形状选择 ✥。在图像显示区域，于第一个小圆上拖曳出一个圆形区域，覆盖整个圆，单击"执行"按钮，结果如图 5-47 所示。

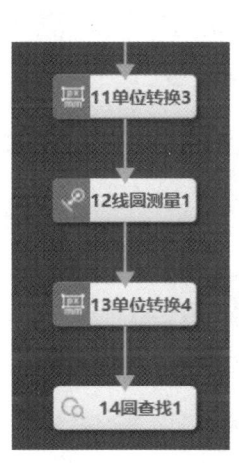
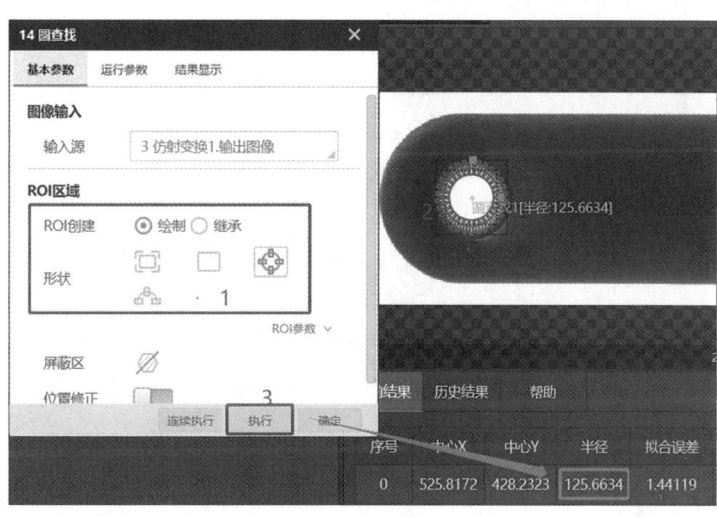

图 5-46 增加"圆查找"工具　　图 5-47 "14 圆查找 1"工具的基本参数设置及执行结果

105

11. 增加"变量计算"工具

将"运算"子工具箱中的"变量计算"工具拖曳到流程编辑区域,并与"14 圆查找 1"工具相连,如图 5-48 所示。

12. 设置"15 变量计算 1"工具的基本参数

(1)双击"15 变量计算 1"工具,进入参数设置对话框。在"基本参数"选项卡中,对半径进行计算。输入名称为"直径"(见图 5-49 中的 1),单击 按钮(见图 5-49 中的 2),选择"14 圆查找 1.圆半径>[0]"选项。单击 按钮(见图 5-49 中的 3),进入公式编辑器,创建表达式"<14 圆查找 1.圆半径>[0]*2"(见图 5-49 中的 4。)单击"校验公式"按钮(见图 5-49 中的 5),校验设置的公式是否合理,校验无误即可单击"保存"按钮(见图 5-49 中的 6)。

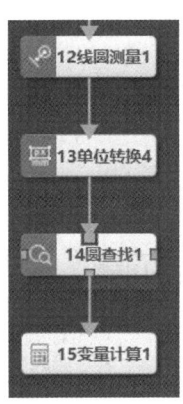

图 5-48 增加"变量计算"工具

图 5-49 基本参数设置

(2)单击"执行"按钮(见图 5-49 中的 7),结果如图 5-50 所示。

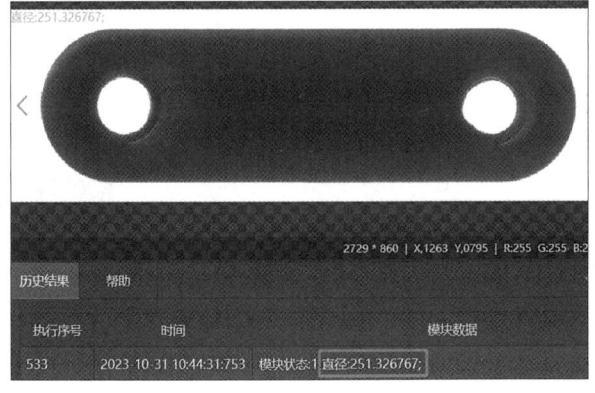

图 5-50 "15 变量计算 1"工具的执行结果

13. 增加"单位转换"工具（三）

将"运算"子工具箱中的"单位转换"工具拖曳到流程编辑区域，并与"15 变量计算 1"工具相连，如图 5-51 所示。

14. 设置"16 单位转换 5"工具的参数

双击"16 单位转换 5"工具，进入参数设置对话框。"像素间距"选择"15 变量计算 1.直径[]"，加载相机标定生成的标定文件；"刷新信号"选择"15 变量计算 1.模块状态[]"；"像素当量修正"选择"1"。单击"执行"按钮，即可在结果显示区域查看小圆的直径，如图 5-52 所示。

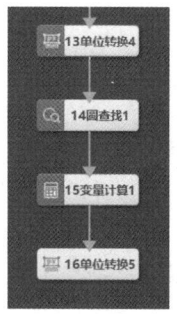

图 5-51 增加"单位转换"工具

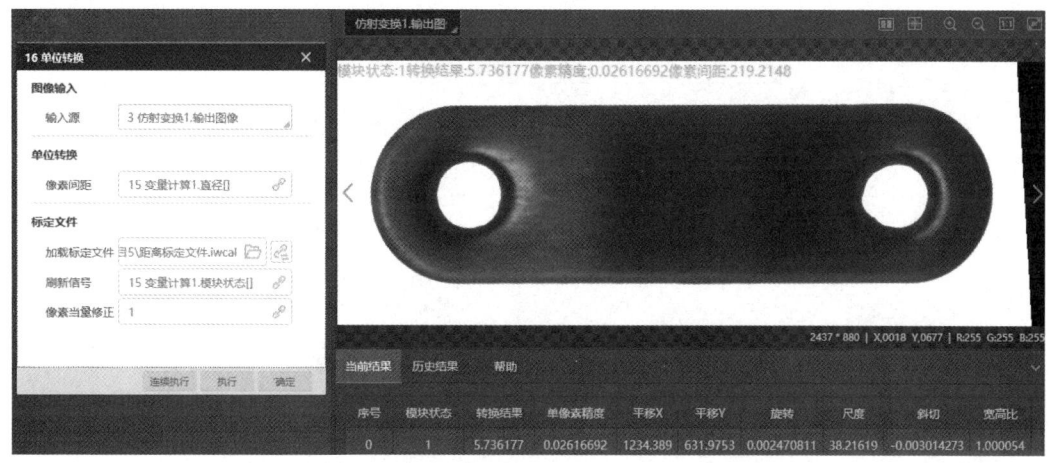

图 5-52 "16 单位转换 5"工具的参数设置及执行结果

定义输出数据的内容与格式的步骤可参考如下二维码。

机械工件视觉程序设计-按格式输出与保存文件

15. 保存程序

单击 按钮，选择程序存储位置，对文件进行命名，并单击"保存"按钮，把机械零件尺寸测量的视觉程序保存在计算机中。

5.5 项目总结

5.5.1 项目核验

项目实施完成后，可以依据如表 5-3 所示的评分表，为本项目的实施情况打分。

表 5-3　评分表

项目评分细则及分数	自评分
1. 能讲解 XY 标定的基本原理，10 分	
2. 能讲解点、线、圆查找的基本原理，10 分	
3. 能理解和应用测量方法，10 分	
4. 能根据项目要求进行硬件选型，10 分	
5. 能撰写项目解决方案，10 分	
6. 能实现零件的识别和定位，10 分	
7. 能进行零件长宽测量，10 分	
8. 能测量零件的圆形尺寸，包括小圆圆心距、点线距离、小圆和大圆的半径，10 分	
9. 能进行数据格式化输出，10 分	
10. 遵守 4S 规范，将实验台工具归位，10 分	
存在的问题	
改进思路	

评分标准：10 分—完全符合；8 分—比较符合；6 分—基本符合；4 分—比较不符合；2 分—完全不符合。

5.5.2　工程师在线

问题：如何提高机械零件尺寸的测量精度？

解决方案：

（1）优化光源。选择合适的光源，确保待测零件表面光照均匀，减少阴影和反光；使用可调节光源，根据零件的材质和颜色调整光照强度，以获得最佳成像效果。

（2）提高图像质量。选择高分辨率的相机，确保图像细节清晰；采用合适的镜头和焦距，以减少图像畸变和失真；对图像进行预处理，如去噪、增强对比度等，以提高图像质量。

（3）精确标定。使用高精度的标定板和标定方法，确保相机和镜头的参数准确；定期对标定结果进行验证和调整，以应对设备老化或环境变化问题。

项目 6　彩色物块定位识别

🎓 知识目标

- 掌握颜色识别的基本原理。
- 掌握目标识别的基本原理和方法。

📝 能力目标

- 能够独立分析和解决机器视觉相关技术问题。
- 能够针对识别与定位参数进行合理的设置，提高识别准确率

🧠 素质目标

- 具备运用逻辑思维解决复杂问题的能力。
- 具备持续学习新技术的能力。

6.1　项目领取

6.1.1　项目背景

　　现代工业生产和质量控制对自动化与精确度的要求日益提高。物块颜色识别作为机器视觉领域的一个重要应用，对于提高生产效率、降低人工成本及提升产品质量具有重要意义。传统的颜色检测方法依赖人工目检，不仅效率低下，还容易受到主观判断的影响，导致检测结果具有不稳定性和不准确性。

　　随着计算机视觉和人工智能技术的发展，机器视觉系统能够通过图像处理和模式识别算法自动检测与识别物体的颜色。这种技术的应用不仅可以实现对颜色的快速、准确的识别，还可以在复杂或动态环境中进行稳定的颜色检测。

　　本项目旨在开发一套基于机器视觉的颜色识别系统，该系统能够对生产线上的物块进行实时颜色检测，以确保产品颜色符合预定的标准。通过使用高分辨率的摄像头捕获物块图像，结合先进的图像处理算法和深度学习模型，系统能够识别和分类不同的颜色，甚至在物块表面存在污渍或反光的情况下也能保持高准确率。

6.1.2 项目要求

对不同颜色的物块进行定位和颜色识别，获取每个物块的物理位置信息，对物块颜色进行准确分类。系统检测精度为 0.1mm，检测范围为 200mm×100mm，工作距离为 500mm。

6.2 项目调研

颜色识别的基本原理主要基于物体对光的反射和吸收特性，以及颜色空间的转换和处理技术。在机器视觉领域，颜色通常通过颜色空间来表示。颜色空间是一种用于描述颜色的数学模型，它定义了颜色的3个基本属性：色调、饱和度和亮度（在 HSV 颜色空间中），或者红、绿、蓝3个通道的值（在 RGB 颜色空间中）。颜色空间模型如图 6-1 所示，其中，M（Magenta）表示品红色，C（Cyan）表示青色，Y 表示（Yellow）黄色。

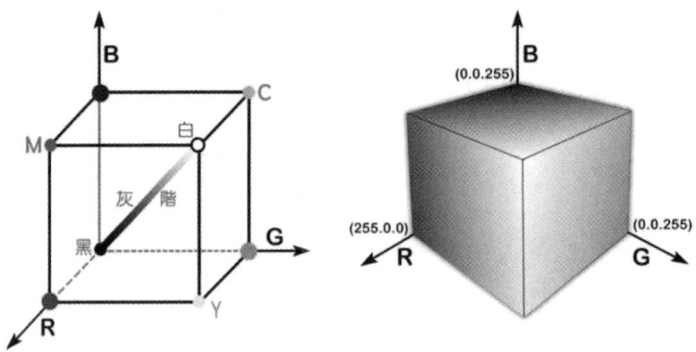

图 6-1 颜色空间模型

颜色识别的技术实现通常涉及图像处理算法和机器学习算法。图像处理算法用于对图像进行预处理、颜色空间转换和颜色分割等。机器学习算法用于对提取的颜色特征进行分类和识别。通过结合这两种算法，可以实现高效、准确的颜色识别。

颜色识别的基本原理是，通过颜色空间的转换、颜色分割与提取、颜色识别与分类等技术手段，实现对图像中特定颜色的检测和定位。这一原理在机器视觉、自动驾驶、图像处理等领域具有广阔的应用前景。颜色识别技术还可以用于目标跟踪与定位。通过检测目标颜色的位置和分布，系统可以实现对目标的实时跟踪和定位，为机器人导航、运动捕捉等提供技术支持。

6.3 项目分析

6.3.1 任务划分

经过对项目任务的分析，设计彩色物块定位识别工作流程，如图 6-2 所示。

图 6-2 彩色物块定位识别工作流程

6.3.2 方案设计

根据相机的检测范围和工作距离进行布局规划,视觉平台方案架构如图 6-3 所示。

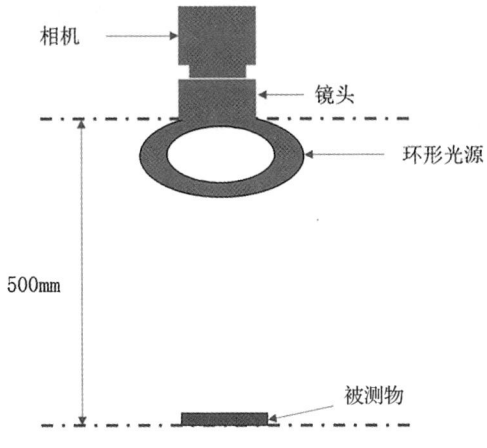

图 6-3 视觉平台方案架构

1. 相机选型

(1)确定相机的类型。

① 确定相机是面阵相机还是线阵相机。

由于线阵相机常应用于一维动态目标的测量,而彩色物块的识别需要获取完整的目标图像,因此选择面阵相机。

② 确定相机是黑白相机还是彩色相机。

本项目需要对彩色物块进行颜色识别,因此选择彩色相机。

(2)确定视场。

视场大小估算为 220mm×110mm。

(3)确定相机的分辨率。

长边像素数量至少为

$$\frac{视场(长边)}{精度} = \frac{220}{0.1} = 2200(像素)$$

短边像素数量至少为

$$\frac{视场(短边)}{精度} = \frac{110}{0.1} = 1100(像素)$$

故相机长边的分辨率应该大于或等于 2100 像素,短边的分辨率应该大于 1100 像素。

(4)确定相机的接口类型。

本项目是视觉单元与机器人单元的通信,通信距离较短,对传输速度要求不高,因此选择 USB 接口的相机。

（5）确定相机的型号。

先根据性价比等因素选择使用海康相机，再根据海康选型手册进行参数匹配，确定相机的型号为 MV-CE050-30UC。

相机的技术参数如表 6-1 所示。

表 6-1 相机的技术参数

产品型号	传感器型号	传感器类型	靶面尺寸	像元尺寸	快门类型	分辨率	最大帧率	接口	彩色
MV-CE050-30UC	AR0521	CMOS	1/2.5"	2.2μm	卷帘	2592 像素×1944 像素	44.7fps	USB 3.0	√

2. 镜头选型

（1）确定镜头的类型。

如果没有特殊需求，则在同一工作距离下，不需要改变放大倍率，故选择定焦镜头。

（2）计算焦距。

相机的像元尺寸为 2.2μm，分辨率为 2592 像素×1944 像素，工作距离为 500mm。

按照长边进行计算：

$$靶面尺寸（长边）= 像元尺寸 \times 分辨率（长边）$$

$$焦距 f = \frac{靶面尺寸（长边）\times 工作距离}{视场（长边）} = \frac{2.2 \times 2592 \times 500}{220} \mu m = 12.96 mm$$

按照短边进行计算：

$$焦距 f = \frac{靶面尺寸（短边）\times 工作距离}{视场（短边）} = \frac{2.2 \times 1944 \times 500}{110} \mu m = 19.44 mm$$

根据计算，镜头的焦距选择 12mm。

（3）确定镜头的靶面尺寸。

相机的靶面尺寸为 1/2.5"，镜头的靶面尺寸需要大于相机的靶面尺寸，因此镜头的靶面尺寸选择 1/1.8"。

（4）确定镜头的型号。

因为相机选择的是海康的，因此镜头也选择海康的。根据海康选型手册进行参数匹配，确定镜头型号为 MVL-HF1228M-6MPE。

镜头的技术参数如表 2-3 所示。

3. 光源选型

（1）确定打光方式和光源形状。

彩色物块是泡沫材质，不易反光，因此选择高角度打光的环形光源。

（2）确定光源的颜色。

彩色物块的颜色有多种，考虑到兼容性，因为白色光源对照射对象的红色、绿色、蓝色 3 种对象的反射光亮度相同，所以选用白色光源。

（3）确定光源的型号。

使用光源样品进行实际测试，根据性价比等因素选择海康光源，并根据光源选型手册选定型号为 MV-LRDS-73-90-W。

6.4 项目实施

彩色物块定位引导-
视觉程序设计

6.4.1 相机标定和图像采集

1. 打开 VisionMaster，采集一幅标定板图像，设置"标定板标定"工具的参数

双击"2 标定板标定 1"工具，进入参数设置对话框。在"运行参数"选项卡中，修改"物理尺寸"为"25.00"，即标定板每个格子的边长尺寸，其他参数保持默认设置。单击"执行"按钮，图像显示区域便会显示出 9 个标定点，如图 6-4 所示。

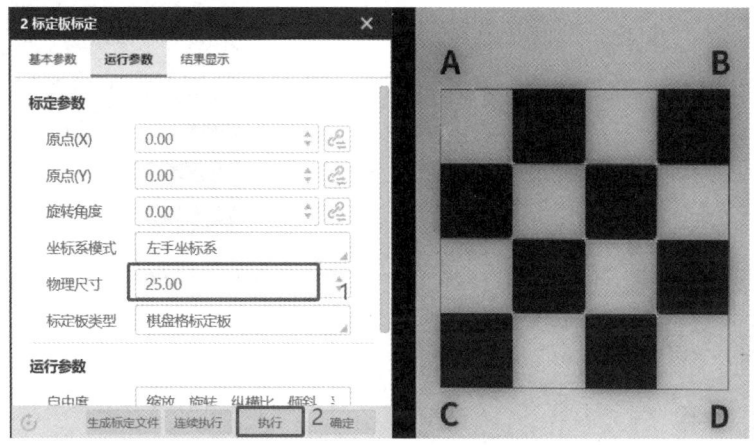

图 6-4 "标定板标定 1"工具的运行参数设置及执行结果

2. 增加"图像源"工具，设置"0 图像源 1"工具的参数

双击"0 图像源 1"工具，对其参数进行设置，包括设置全局相机、相机管理的相机选择、相机触发源（SOFTWARE）、像素格式（RGB8）等参数；单击快捷工具条上的"执行"按钮，采集到清晰的图像，如图 6-5 所示。如果图像不清晰，则单击快捷工具条上的"连续执行"按钮，在连续执行的情况下，调整镜头的光圈、对焦环、相机管理中的曝光时间。

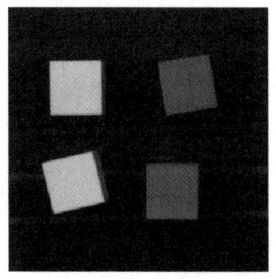

图 6-5 图像采集结果

备注：只要相机没被触碰，在以前的任务中已调整过光圈和对焦环的，就不用再调整了。

3. 增加"颜色转换"工具

（1）在工具箱的"颜色处理"子工具箱中选择"颜色转换"工具，将其拖曳到流程编辑区域，并与"0 图像源 1"工具相连。

（2）双击"2 颜色转换 1"工具，进入参数设置对话框，将"转换类型"设置为"RGB转灰度"，如图 6-6 所示。

单击"执行"按钮 ⏵，结果如图 6-7 所示。

图 6-6 设置"2 颜色转换 1"工具的参数

图 6-7 "2 颜色转换 1"工具的执行结果

6.4.2 彩色物块定位

1. 增加"快速匹配"工具

在工具箱的"定位"子工具箱中选择"快速匹配"工具，将其拖曳到流程编辑区域，并与"2 颜色转换 1"工具相连，如图 6-8 所示。

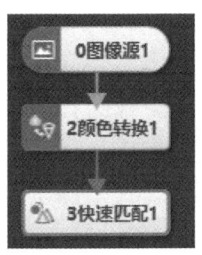

图 6-8 增加"快速匹配"工具

2. 设置"3 快速匹配 1"工具的参数

（1）双击"3 快速匹配 1"工具，进入参数设置对话框。单击"特征模板"按钮，创建特征模板。单击"创建"按钮，进入"模板配置"对话框，单击"创建矩形掩膜"按钮，按住鼠标左键并拖动，生成矩形掩膜以覆盖方块。在右下角的"配置参数"选区中，根据实际情况设置适当的特征尺度和对比度阈值，单击"生成模型"按钮，生成特征模板。单击"选择模型匹配中心"按钮，把方块的几何中心定为模型匹配中心，如图 6-9 所示。单击"确定"按钮，保存特征模板。创建好的特征模板如图 6-10 所示。

（2）验证快速匹配模板。在"运行参数"选项卡中，将"最小匹配分数"设置为"0.80"，"最大匹配个数"设置为"4"，其他参数保持默认设置，单击"执行"按钮，验证是否能匹配到全部方块，如图 6-11 所示。验证完成后，把"最大匹配个数"改为"1"。

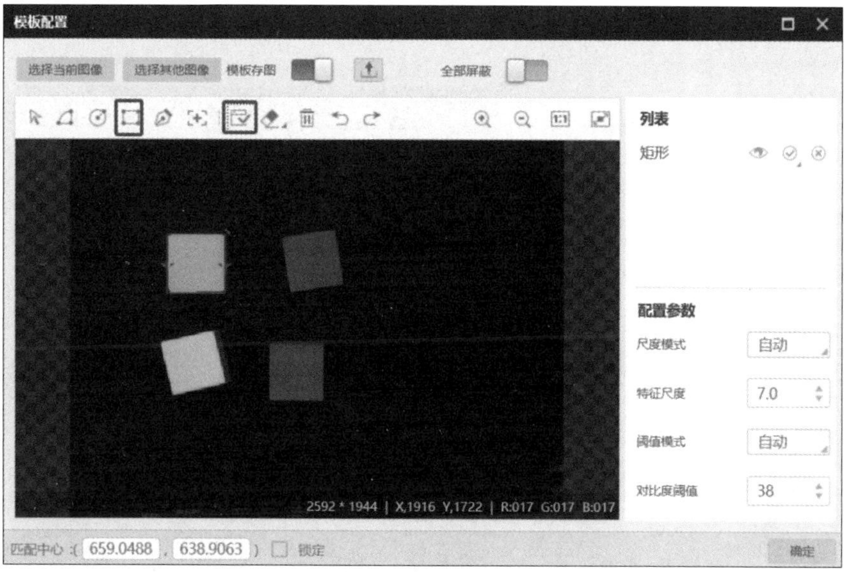

图 6-9 创建特征模板

图 6-10 创建好的特征模板

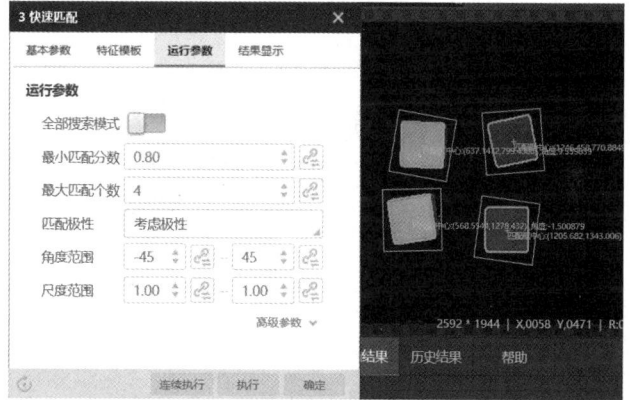

图 6-11 验证快速匹配模板

3. 增加"标定转换"工具

在工具箱的"运算"子工具箱中选择"标定转换"工具，将其拖曳到流程编辑区域，并与"3 快速匹配 1"工具相连，如图 6-12 所示。

4. 设置"4 标定转换 1"工具的参数

（1）双击"4 标定转换 1"工具，进入参数设置对话框。在"基本参数"选项卡中，"输入源"选择"0 图像源 1.图像"，"坐标点"选择"3 快速匹配 1.匹配框中心

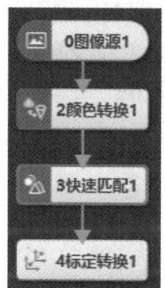

图 6-12 增加"标定转换"工具

[]","加载标定文件"选择"方案流程\九点标定.xml",即九点标定生成的标定文件,如图 6-13 所示。

(2)单击"执行"按钮,结果显示区域就显示出方块的物理坐标值,如图 6-14 所示。

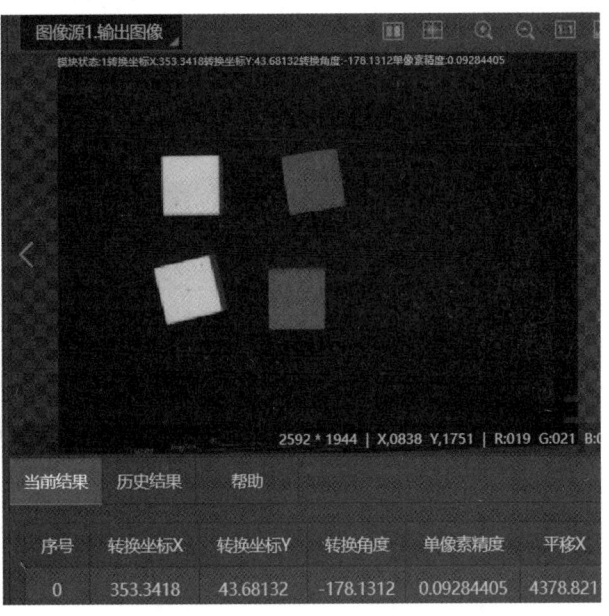

图 6-13　"4 标定转换 1"工具的基本参数设置　　图 6-14　"4 标定转换 1"工具的执行结果

6.4.3　彩色物块识别

1. 增加"颜色识别"工具

在工具箱的"颜色处理"子工具箱中选择"颜色识别"工具,将其拖曳到流程编辑区域,并与"4 标定转换 1"工具相连,如图 6-15 所示。

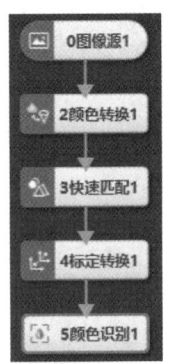

2. 设置"5 颜色识别 1"工具的参数

(1)双击"5 颜色识别 1"工具,进入参数设置对话框。在"基本参数"选项卡中,"输入源"选择"0 图像源 1.图像","ROI 创建"选择"继承","继承方式"选择"按区域","区域"选择"3 快速匹配 1.匹配框[]",如图 6-16 所示。

(2)创建颜色模型。在"颜色模型"选项卡中,单击"创建"按钮 ,创建颜色模型。在"模板配置"对话框中,首先单击"添加当前图像"按钮 ,把当前图像添加进来;其次单击"标签类列表"栏右侧的 按钮,创建颜

图 6-15　增加"颜色识别"工具

色标签;接着单击 按钮,将标签名称修改为"green";然后单击工具栏中的"矩形"按钮 ,在图像显示区域的绿色方块上拖曳出一个矩形,矩形边框不能超出方块范围;最后单击 按钮,并再次单击"矩形"按钮 ,在图像显示区域的另一个绿色方块上拖曳出一

个矩形，再次单击 添加至标签 按钮。创建完成的绿色模型如图 6-17 所示。

图 6-16 "5 颜色识别 1"工具的基本参数设置

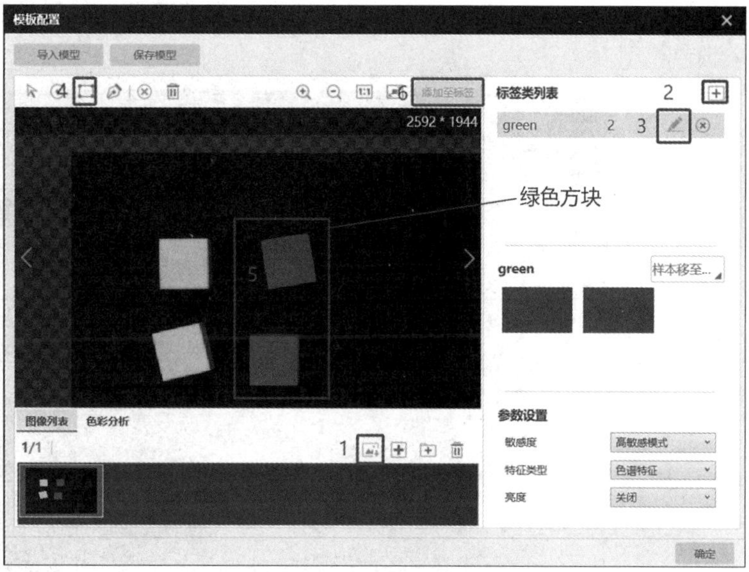

图 6-17 创建完成的绿色模型

备注：由于光照原因，相同颜色的方块颜色有所区别，因此为了能准确识别出方块，在同种颜色的模型中，可以创建多个颜色模型。

（3）单击"标签类列表"栏右侧的 ⊞ 按钮，创建黄色颜色标签，按照同样的方法创建黄色模型。创建好的颜色模型如图 6-18 所示。

图 6-18 创建好的颜色模型

3. 颜色识别结果

单击"执行"按钮，图像显示区域显示出识别结果"green"，结果显示区域显示所创建的所有颜色模型的分数，分数最高的为识别结果，如图 6-19 所示。拿走识别出的方块，采用相同的操作，对其他 3 个方块进行颜色识别的验证，如果没有识别出来，就再多创建几个颜色模型。

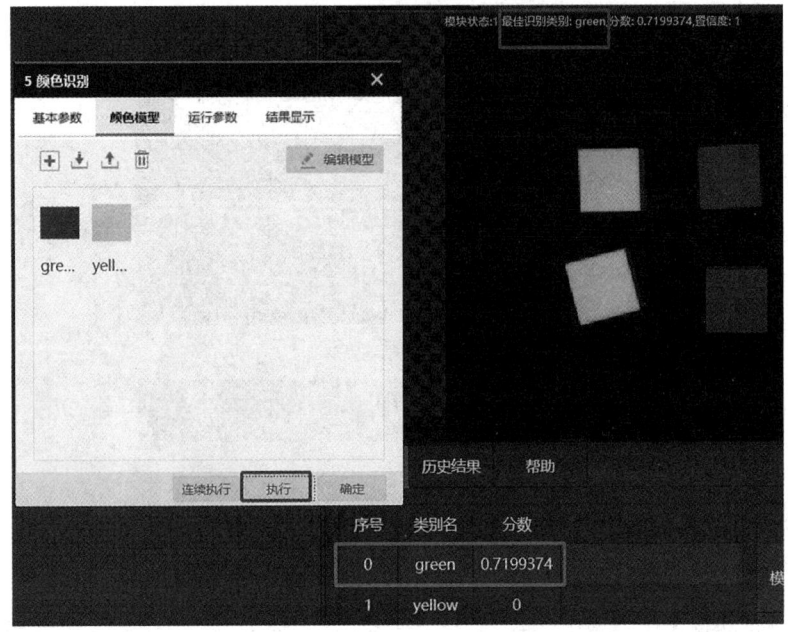

图 6-19　颜色识别结果

4．保存程序

单击 按钮，选择程序存储位置，对文件进行命名，单击"保存"按钮，把彩色物块定位识别的视觉程序保存在计算机中。

6.5　项目总结

6.5.1　项目核验

项目实施完成后，可以依据如表 6-2 所示的评分表，为本项目的实施情况打分。

表 6-2　评分表

项目评分细则及分数	自评分
1．能讲解颜色识别的基本原理，10 分	
2．能对相机进行精准标定，10 分	
3．能对物块颜色进行识别，10 分	
4．能输出物块的物理坐标，10 分	
5．能对物块颜色进行准确识别，10 分	
6．能进行项目问题的主动探索和解决，10 分	

续表

项目评分细则及分数	自评分
7. 能清晰表达技术概念和项目实施结果,10 分	
8. 能进行参数的合理设置,提高识别准确率,10 分	
9. 能对数据结果进行格式化输出,10 分	
10. 能对项目功能进行创新拓展,10 分	
存在的问题	
改进思路	

评分标准:10 分—完全符合;8 分—比较符合;6 分—基本符合;4 分—比较不符合;2 分—完全不符合。

6.5.2 工程师在线

问题 1:对于颜色相近的物体,区分它们可能会有困难,应如何解决?

解决方案:可以通过使用更精细的颜色阈值或结合形状和纹理特征来提高识别准确率。

问题 2:图像中的噪声可能会干扰颜色识别,应如何避免?

解决方案:可以采用图像滤波技术,如高斯模糊或中值滤波来减小噪声的影响。

项目 7　饮料瓶盖识别

知识目标

- 理解深度学习的基本原理。
- 掌握图像分割方法。

能力目标

- 能通过深度学习方法进行图像训练。
- 能搭建软/硬件环境,对饮料瓶盖进行识别。

素质目标

- 通过项目实践,掌握机器视觉和深度学习技术,提升复合型技术能力。
- 理解质量控制的重要性,并在实际应用中培养对产品质量的敏感性。
- 在项目开发过程中,遵守行业标准和道德规范。

7.1　项目领取

7.1.1　项目背景

随着物联网、计算机视觉及人工智能技术的飞速发展,自动化与智能化技术在饮料的生产、包装、物流及销售环节的应用越来越广泛,其中,饮料瓶盖识别技术作为连接产品信息与消费者体验的重要桥梁,正逐渐成为研究的热点。

然而,饮料瓶盖识别面临着诸多挑战:不同材质、形状、颜色及印刷图案的多样性导致识别难度增加,瓶盖在生产、运输过程中可能产生的变形、污渍或磨损影响识别精度如何在高速生产线上实现实时、无接触的高效识别等。因此,开发一种能够适应多种复杂环境、具备高识别率与稳定性的饮料瓶盖识别系统,对于推动饮料行业的智能化转型、提升产品附加值、提升消费者互动体验具有重要意义。饮料瓶盖如图 7-1 所示。

图 7-1　饮料瓶盖

7.1.2 项目要求

对饮料瓶盖进行识别,要求识别出各种瓶盖的品牌类别,系统检测精度为 0.1mm,检测范围为 230mm×130mm,工作距离为 400mm。瓶盖类别和图示如表 7-1 所示。

表 7-1 瓶盖类别和图示

类别名称	图示	类别名称	图示
A		B	
C		D	
E		F	

7.2 项目调研

7.2.1 深度学习的基本原理

深度学习(Deep Learning,DL)特指基于深层神经网络模型和方法的机器学习。它是在统计机器学习、人工神经网络等算法模型的基础上,结合当代大数据和大算力发展而来的。深度学习最重要的技术特征是具有自动提取特征的能力。深度学习学习样本数据的内在规律和表示层次,学习过程中获得的信息对诸如文字、图像和声音等数据的解释有很大的帮助。它的最终目标是让机器能够像人一样具有分析、学习能力,能够识别文字、图像和声音等数据。

在深度学习中,训练是指用数据训练一个神经网络,使其能够学习到数据的内在规律和特征,从而具备预测和分类能力。这种能力是通过不断调整神经网络的参数来实现的,而参数调整的过程就是模型训练的过程。

深度学习技术在各个领域的应用已经非常广泛,包括图像识别、自然语言处理、自动驾驶、医疗健康等。例如,在图像识别中,深度学习模型可以通过学习不同层次的特征,将输入的图像分为不同的类别;在自然语言处理领域,深度学习模型能够理解用户输入的文本并生成响应,从而被应用于机器翻译、语音识别、情感分析等任务;在自动驾驶技术中,深度学习模型能够实时感知道路环境并做出驾驶决策;在医疗健康领域,深度学习模型可以辅助医生进行医学影像分析、基因数据处理和药物发现等工作。

7.2.2 图像分割方法

图像分割就是把图像分成若干特定的、具有独特性质的区域并提出感兴趣目标的技术和过程。它是由图像处理到图像分析的关键步骤。现有的图像分割方法主要分以下几类：基于阈值的分割方法、基于边缘的分割方法、基于区域的分割方法及基于图论的分割方法。

1. 基于阈值的分割方法

基于阈值的分割方法是一种简单、有效的图像分割方法。该方法根据图像的灰度特征计算一个或多个灰度阈值，并将图像中每个像素的灰度值与这些阈值做比较，从而将像素分到不同的类别中。常用的阈值选择方法包括全局阈值法、自适应阈值法和迭代阈值法等。全局阈值法选择一个固定的阈值对整个图像进行分割，适用于背景和前景对比度较高的图像。自适应阈值法根据图像的局部特征分别采用不同的阈值进行分割，适用于对比度不均匀的图像。迭代阈值法通过迭代计算逐步逼近最佳阈值，适用于需要精确分割的图像。

2. 基于边缘的分割方法

基于边缘的分割方法主要利用图像中的边缘信息进行分割。边缘是图像中两个不同区域的边界线，通常表现为灰度、颜色或纹理等特性的突变。常用的边缘检测算法包括 Sobel 算子、Canny 算子、Prewitt 算子等。这些算法通过计算图像的一阶导数或二阶导数来检测边缘，并根据边缘信息将图像分割成不同的区域。基于边缘的分割方法对于边缘明显的图像效果较好，但对于具有噪声和复杂背景的图像效果较差。

3. 基于区域的分割方法

基于区域的分割方法是根据图像中像素的相似性进行分割的，常用的算法包括区域生长法、区域分裂合并法和分水岭算法等。区域生长法从初始的种子点或种子区域开始，逐步将周围相似的像素加入其中，形成更大的区域。区域分裂合并法先将图像划分为若干小区域，然后根据相邻区域之间的相似性进行合并或分裂，直到满足一定的条件。分水岭算法将图像看作测地学上的拓扑地貌，通过模拟洪水淹没的过程找到分水岭，从而实现图像的分割。基于区域的分割方法对于具有复杂背景和噪声较多的图像效果较好，但对于分割结果的评估和优化比较困难。

4. 基于图论的分割方法

基于图论的分割方法将图像分割问题与图的最小割问题相关联。首先，将图像映射为带权无向图，其中每个节点对应图像中的一个像素，每条边连接着一对相邻的像素，边的权值表示相邻像素在灰度、颜色或纹理方面的非负相似度；然后，通过求解图的最小割问题找到最佳分割方案。这种方法能够考虑图像的全局信息，对于处理复杂的图像分割问题具有较好的效果。

综上所述，图像分割方法多种多样，每种方法都有其适用的场景和优/缺点。在实际应用中，需要根据具体的图像特点和需求选择合适的图像分割方法，以达到最佳的分割效果。

7.3 项目分析

7.3.1 任务划分

经过对项目任务的分析,设计饮料瓶盖识别工作流程,如图 7-2 所示。

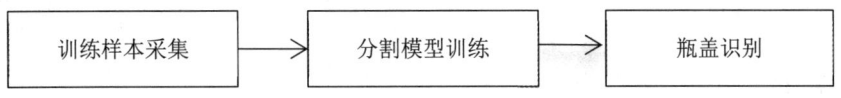

图 7-2 饮料瓶盖识别工作流程

7.3.2 方案设计

根据相机的检测范围和工作距离进行布局规划,视觉平台方案架构如图 7-3 所示。

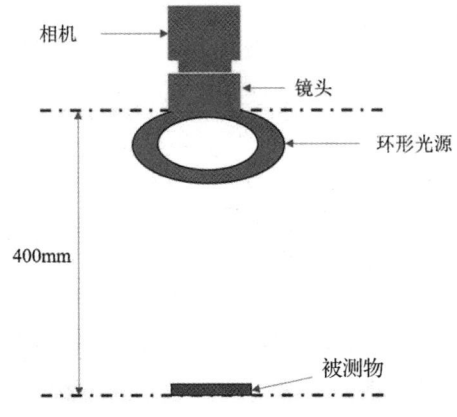

图 7-3 视觉平台方案架构

1. 相机选型

(1)确定相机的类型。

① 确定相机是面阵相机还是线阵相机。

由于线阵相机常应用于一维动态目标的测量,而饮料瓶盖识别则需要获取完整的目标图像,因此选择面阵相机。

② 确定相机是黑白相机还是彩色相机。

本项目需要对多种瓶盖进行检测,需要对颜色进行区分,因此选择彩色相机。

(2)确定视场。

视场大小估算为 250mm×150mm。

(3)确定相机的分辨率。

长边像素数量至少为

$$\frac{视场(长边)}{精度} = \frac{250}{0.1} = 2500 (像素)$$

短边像素数量至少为

$$\frac{视场（短边）}{精度} = \frac{150}{0.1} = 1500（像素）$$

故相机长边的分辨率应该大于或等于 2500 像素，短边的分辨率应该大于 1500 像素。

（4）确定相机的接口类型。

系统平台不需要与其他设备进行通信，对传输速度要求不高，因此选择 USB 接口的相机。

（5）确定相机的型号。

先根据性价比等因素选择使用海康相机，再根据海康选型手册进行参数匹配，确定相机的型号为 MV-CE050-30UC。

相机的技术参数如表 6-1 所示。

2. 镜头选型

（1）确定镜头的类型。

如果没有特殊需求，则在同一工作距离下，不需要改变放大倍率，故选择定焦镜头。

（2）计算焦距。

按照长边进行计算：

$$芯片尺寸（长边）= 像元尺寸 \times 分辨率（长边）$$

$$焦距 f = \frac{芯片尺寸（长边） \times 工作距离}{视场（长边）} = \frac{2.2 \times 2592 \times 400}{250} \mu m \approx 9.12 mm$$

按照短边进行计算：

$$焦距 f = \frac{芯片尺寸（短边） \times 工作距离}{视场（短边）} = \frac{2.2 \times 1944 \times 400}{150} \mu m \approx 11.40 mm$$

根据计算，镜头的焦距选择 8mm。

（3）确定镜头的靶面尺寸。

相机的靶面尺寸为 1/2.5"，镜头的靶面尺寸需要大于相机的靶面尺寸。因此，镜头的靶面尺寸选择 1/1.8"。

（4）确定镜头的型号。

因为相机选择的是海康的，所以镜头也选择海康的。根据海康选型手册进行参数匹配，确定镜头型号为 MVL-HF0828M-6MPE。

镜头的技术参数如表 7-2 所示。

表 7-2 镜头的技术参数

型号	靶面尺寸	焦距	畸变	视场角			最近摄距
				DFOV	HFOV	VFOV	
MVL-HF0828M-6MPE	1/1.8"	8mm	0.049%	58.50°	49.46°	34.19°	0.1m

3. 光源选型

（1）确定打光方式和光源形状。

瓶盖都是圆形的，不同品牌的瓶盖大小不一、颜色不一，瓶盖表面印刷的图案也是不一样的，瓶盖都是塑料材质，不易反光，因此选择高角度打光的环形光源。

（2）确定光源颜色。

瓶盖的颜色有多种，考虑到兼容性，选用白色光源。

（3）使用光源样品进行实际测试，选定光源型号。

先根据性价比等因素选择海康光源，再根据光源选型手册选定光源型号为 MV-LRDS-73-90-W。

7.4 项目实施

饮料瓶盖识别-
采集图像与标定

7.4.1 训练样本采集

1. 进入 VisionMaster 软件界面，采集图像

打开光源开关，单击快捷工具条中的"连续执行"按钮，在连续执行的情况下，调整相机的曝光时间，并根据实际情况调整镜头的光圈大小、对焦环位置，最终采集到清晰的图像，如图 7-4 所示。

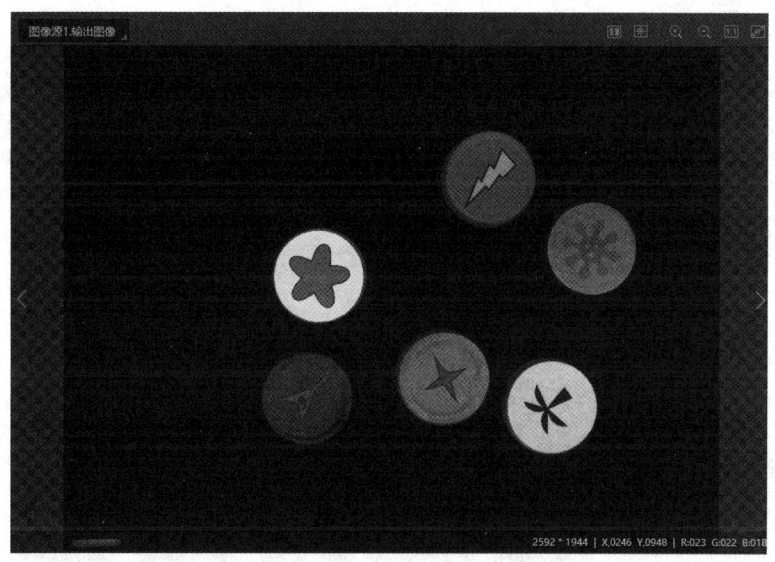

图 7-4 图像采集结果

2. 增加"输出图像"工具

（1）将工具箱的"采集"子工具箱中的"输出图像"工具拖曳到流程编辑区域，并与"0 图像源 1"工具相连。

（2）设置"2 输出图像 1"工具的参数。双击"2 输出图像 1"工具，进入参数设置对话框。在"基本参数"选项卡中，打开"存图使能"功能，"渲染图路径"选择"D:\Vision\样本图像"，"渲染图命名"设置为"cap"，其他参数保持默认设置，单击"确定"按钮，如图 7-5 所示。

图 7-5 "2 输出图像 1"工具的参数设置

3. 采集图像样本

将各类瓶盖放到视觉检测区，单击快捷工具条中的"执行"按钮，这样，相机采集的图像就存储到 D:\Vision\样本图像文件夹中了。变换各种瓶盖的位置，采集 20 幅样本图像，如图 7-6 所示。

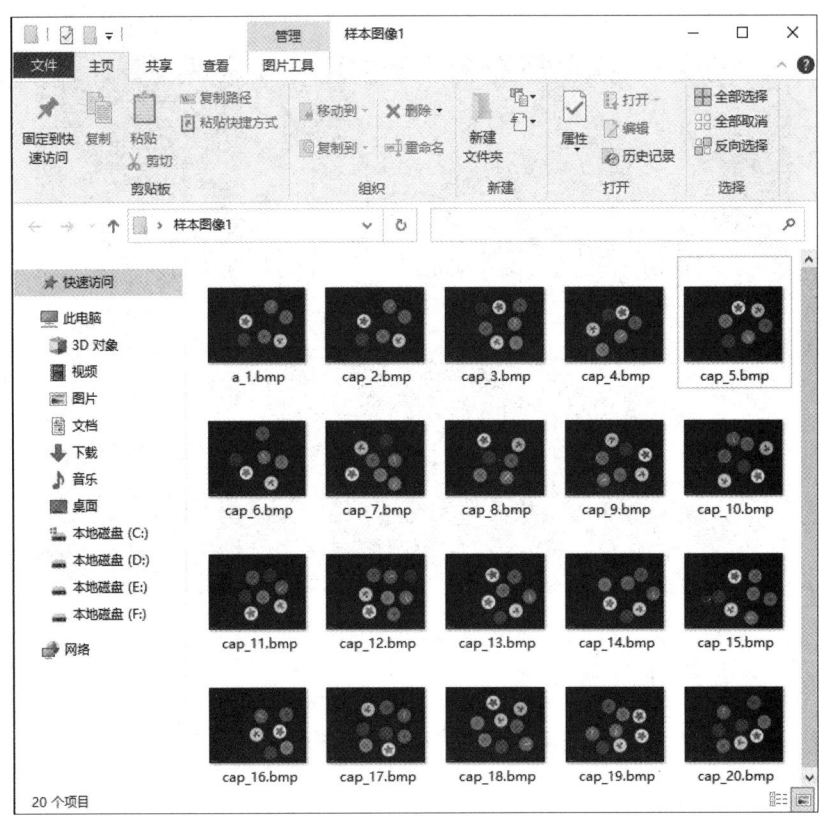

图 7-6 样本图像

备注：训练集图像数量以在 200 以上为佳；样本图像需要具有代表性，尽可能包含各种形态；至少需要采集 11 个样本，样本数量越多，训练出来的模型越准确。

7.4.2 分割模型训练

1. 进入 VisionTrain 1.4.2 软件引导界面

双击 VisionTrain 1.4.2 软件图标,进入引导界面。在引导界面选择目标平台为 VM 平台,训练类型为实例分割,如图 7-7 所示。单击"下一步"按钮,进入训练界面。

饮料瓶盖识别–深度学习训练与测试

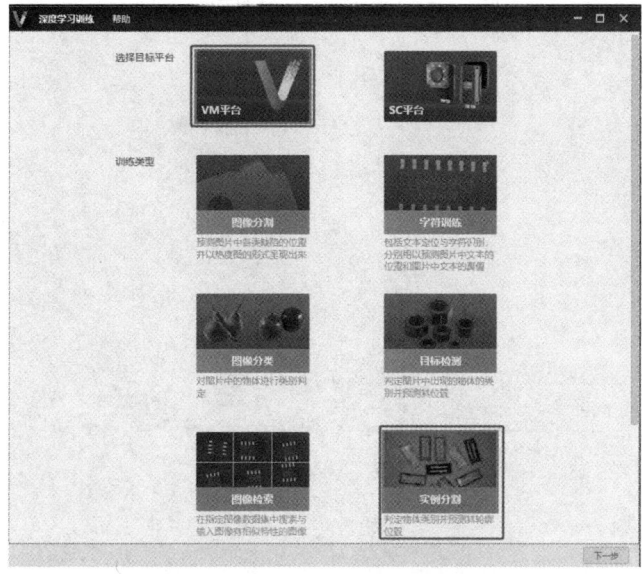

图 7-7 VisionTrain 1.4.2 软件引导界面

2. 新建训练集

首先在本地计算机中新建一个训练集文件夹,然后在 VisionTrain 1.4.2 软件训练界面单击"新建训练集"按钮,选择训练集文件夹后单击"选择文件夹"按钮,如图 7-8 所示。

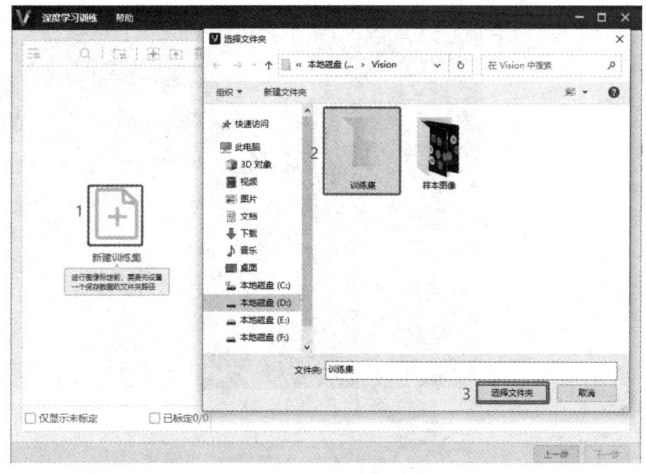

图 7-8 新建训练集

注意:创建或选择训练样本时,训练样本的绝对路径应当不包含空格。

3. 导入样本图像

首先单击快捷工具条中的"添加文件夹"按钮，然后选择存储图像的"样本图像"文件夹，最后单击"选择文件夹"按钮，如图 7-9 所示。这样，相机采集的样本图像就全部导入训练集中了。

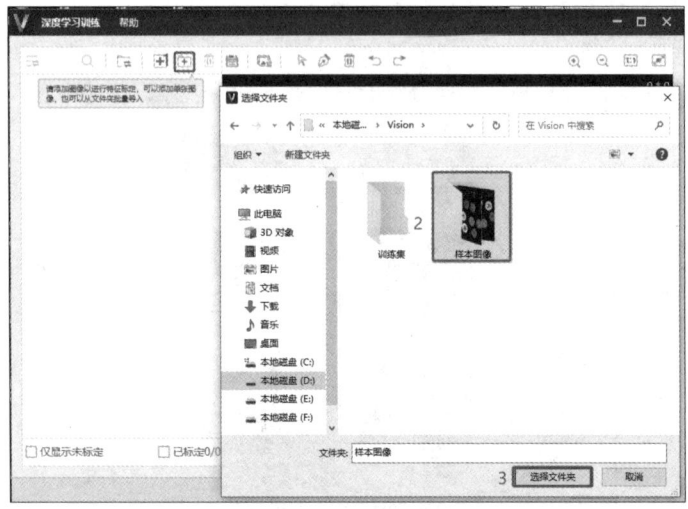

图 7-9　导入样本图像

4. 标定图像

在 VisionTrain 1.4.2 软件训练界面的左侧选中第一幅图像，在快捷工具条中单击"多边形"按钮，在图像显示区域绘制第一个瓶盖的轮廓，在"操作"列填入对应的名称；按照相同的操作方法对其他几个瓶盖进行标定，结果如图 7-10 所示。按照上述方法将训练集中的所有的图像都标定好。

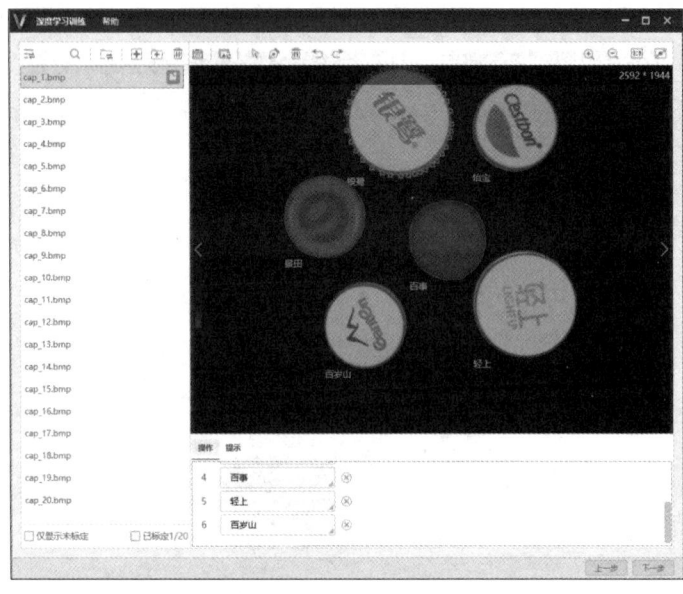

图 7-10　图像标定

5. 图像训练

单击"下一步"按钮,进入模型训练参数设置界面。将"选择类型"设置为"本地训练""迭代轮次"设置为"1000","模型标识"设置为"ObjectSplit","模型生成位置"设置为"D:\Vision","模型名称"设置为"ObjectSplit",如图 7-11 所示。单击"开始训练"按钮,进行模型训练,如图 7-12 所示。训练结束后,单击"结束训练"按钮,在弹出的提示框中单击"是"按钮,如图 7-13 所示,这样训练就完成了。单击"退出训练"按钮,结束模型训练。

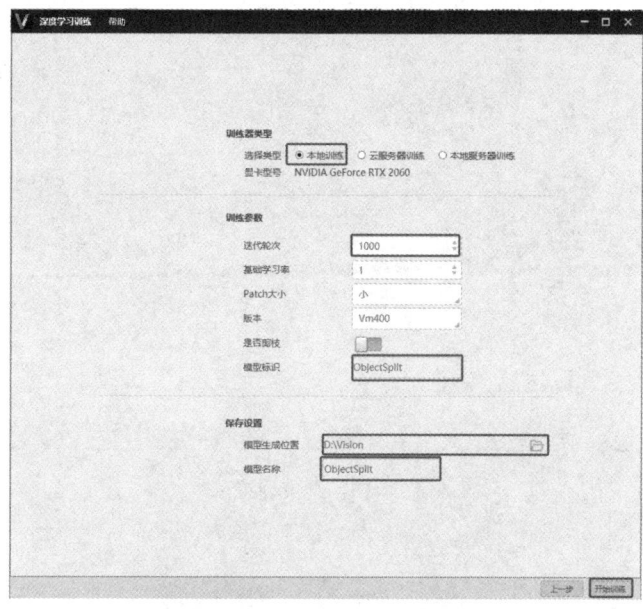

图 7-11 模型训练参数设置

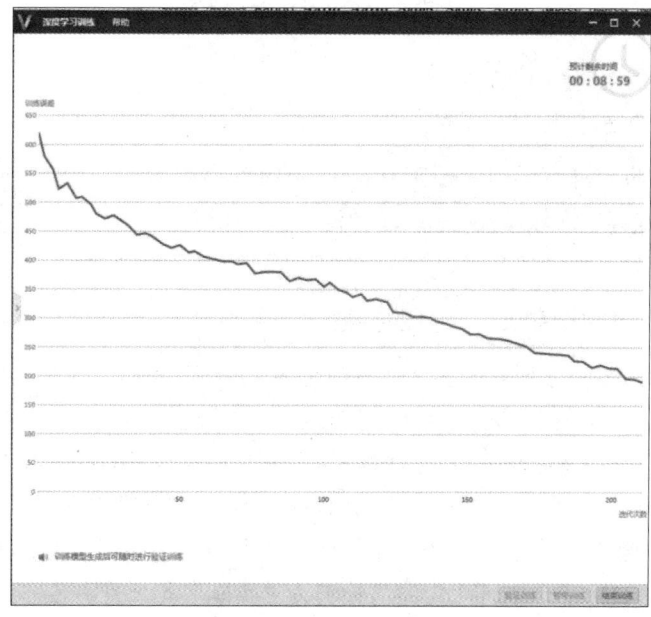

图 7-12 模型训练中

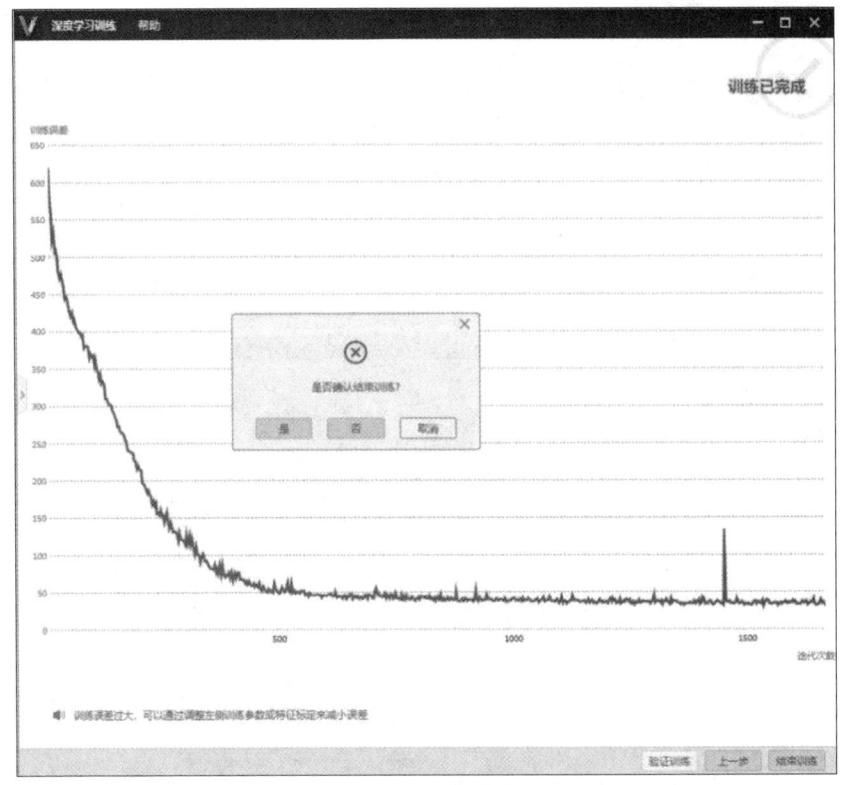

图 7-13　结束训练

7.4.3　瓶盖识别

1. 进入 VisionMaster 软件界面，增加"图像源"工具

在工具箱中，将"采集"子工具箱中的"图像源"工具拖曳到流程编辑区域，建立方案流程，对图像源进行参数设置。

2. 增加"DL 实例分割 C"工具

在工具箱中，将"深度学习"子工具箱中的"DL 实例分割 C"工具拖曳到流程编辑区域，并与"0 图像源 1"工具相连，如图 7-14 所示。

3. 设置"2DL 实例分割 C"工具的参数

图 7-14　增加"DL 实例分割 C"工具

（1）双击"2DL 实例分割 C1"工具，进入参数设置对话框，基本参数保持默认设置。在"运行参数"选项卡中，"模型文件路径"选择"D:\Vision\ObjectSplit.bin"，将"最大查找个数"设置为"60"（只需大于需要检测的瓶盖个数即可），"目标框置信度""目标框重叠率""掩膜置信度""掩膜重叠率"均设置为"0.70"，如图 7-15 所示。在"结果显示"选项卡中，将目标框、多边形轮廓设置为不可视状态，"文本显示"选区的"内容"设置为"类别名称:{类别名称},"，其他参数保持默认设置，如图 7-16 所示。

项目 7 饮料瓶盖识别

图 7-15 运行参数设置

图 7-16 结果显示设置

（2）将需要识别的瓶盖放到视觉检测区，打开光源开关。单击"执行"按钮，查看识别结果，如图 7-17 和图 7-18 所示。

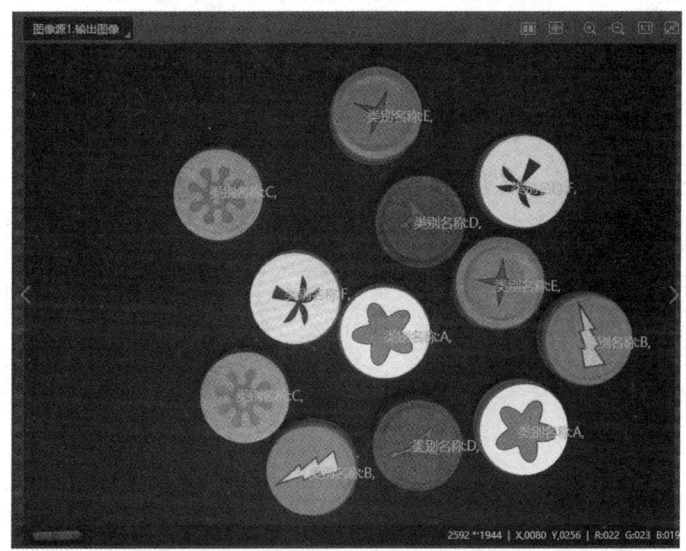
图 7-17 瓶盖识别结果（图像显示区域）

序号	类别名称	目标置信度	目标信息中心X	目标信息中心Y	目标信息矩形宽度	目标信息矩形高度	目标信息矩形角度
0	C	0.9991061	844	1329.5	343	330	-90
1	E	0.9988724	1869	906	342	336	-90
2	A	0.9984131	1962	1473	342	336	-90
3	C	0.9982269	738	541.5	337	330	-90
4	E	0.9979974	1361	249	330	324	0
5	F	0.9977656	1934.5	526	318	305	-90
6	F	0.9976936	1037	937	318	292	-90
7	D	0.9942158	1545	660	336	336	0
8	A	0.9895967	1429.5	1102.5	349	331	-90
9	B	0.9764606	1130.5	1632	362	343	-90
10	D	0.9716042	1539	1526.5	349	324	-90
11	B	0.9479423	2230.5	1124	368	349	-90

图 7-18 瓶盖识别结果（结果显示区域）

131

4. 保存程序

单击"文件"菜单中的"保存方案"按钮,确定保存地址和输入方案名称,保存当前编写的方案。

7.5 项目总结

7.5.1 项目核验

项目实施完成后,可以依据如表 7-3 所示的评分表,为本项目的实施情况打分。

表 7-3 评分表

项目评分细则及分数	自评分
1. 能讲解深度学习的基本原理,10 分	
2. 能理解图像分割方法,10 分	
3. 能进行硬件的选型和安装,10 分	
4. 能采集合适的样本图像,10 分	
5. 能对训练图像进行合理的标定,10 分	
6. 能训练深度学习模型,10 分	
7. 能进行瓶盖的准确识别,10 分	
8. 能对模型进行优化,提高识别准确率,10 分	
9. 能对项目实施中遇到的问题及关键点进行总结;10 分	
10. 遵守 4S 规范,将实验台工具归位,10 分	
存在的问题	
改进思路	

评分标准:10 分—完全符合;8 分—比较符合;6 分—基本符合;4 分—比较不符合;2 分—完全不符合。

7.5.2 工程师在线

问题 1:饮料瓶盖材质背景反光导致图像模糊应如何解决?

解决方案:采用高质量的工业相机和镜头,确保图像清晰;调整打光方式,如使用环形光源或条形光源,以减少反光和阴影;对图像进行预处理,如去噪、增强对比度等,以提高识别准确率。

问题 2:识别速度难以满足生产线要求,难以保障系统长期稳定运行,应如何解决?

解决方案:优化识别算法,提高识别速度和准确率;采用高性能的计算机和硬件设备,确保系统稳定运行;对系统进行定期维护和升级,以提高系统性能。

项目 8　乳制品字符缺陷检测

🎓 知识目标

- 了解图像分类、目标检测的应用。
- 掌握图像分类算法的原理、开发流程。
- 掌握目标检测算法的原理、开发流程。

📝 能力目标

- 能完成分类、检测模型的数据标注。
- 能进行分类、检测模型的训练和评测。

🧠 素质目标

- 了解产品检测需求,体会职业行为和职业精神。
- 跟踪深度学习新技术应用,培养创新意识和创新思维。

8.1　项目领取

8.1.1　项目背景

随着中国乳制品行业的快速发展,该领域在生产规模、产品质量和技术装备方面均有显著提升。然而,行业的发展速度超过了质量控制体系的完善速度,尤其在质量检测技术方面存在明显短板。这导致了一系列乳制品安全问题的发生,不仅损害了消费者的身体健康,还严重影响了行业的声誉和发展前景。在乳制品的生产过程中,每个环节都需要进行严格的质量控制。其中,生产日期和保质期的正确标注尤为重要,它们不仅是法律规定的必要信息,更是消费者判断产品新鲜度和安全性的重要依据。因此,利用先进的机器视觉技术对乳制品进行高效、精准的字符检测成为提升产品质量和保障消费者安全的关键措施。

乳制品行业的字符检测项目应用一般集中在乳制品的生产工厂,以把控生产过程的各个环节。以牛奶生产为例,其基本工序如图 8-1 所示。

图 8-1 牛奶生产的基本工序

灌装线、包装线、出厂环节都涉及字符检测,其中,灌装线主要的检测对象是牛奶盒和牛奶桶,产品的形态如图 8-2 所示。由于生产线上喷墨打印机的频繁更换、设备运行时振动的影响,字符打印往往会出现变形、模糊等问题,而灌装线上乳制品的包装形态多样,字符背景差异很大,这对检测系统的识别能力提出了很高的要求。此外,为了满足每小时超过 25000 包的小包装高速检测需求,同时达到 99.98%以上的超高识别精度,必须开发出具备强大适应性和稳定性的字符检测解决方案。

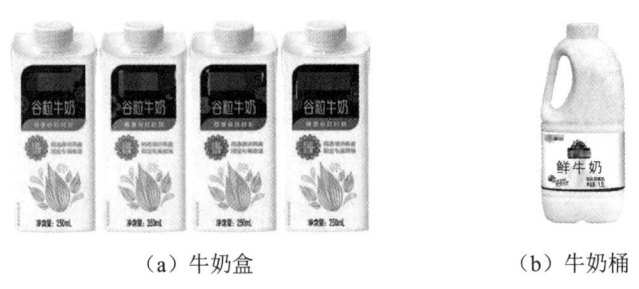

(a) 牛奶盒　　　　　　　　　(b) 牛奶桶

图 8-2 灌装线主要的检测对象

针对乳制品行业的上述特点和应用需求,建立一套基于深度学习技术的字符识别与检测解决方案显得尤为迫切。基于深度学习的系统不仅能够适应多变的生产环境,还具备强大的数据处理能力和智能化分析功能,以确保即使在复杂条件下也能准确无误地完成字符识别任务。此外,通过集成物联网技术和大数据分析,可以进一步优化乳制品的质量追溯体系,实现从原料采购到成品销售的全程监控,从而为消费者提供更加安全、可靠的产品。长远来看,这不仅有助于提升企业的市场竞争力,还将促进整个乳制品行业的健康可持续发展。

8.1.2　项目要求

某公司需要对牛奶包装生产日期打印质量进行检测,具体内容为检测牛奶包装(牛奶桶、牛奶盒)上的生产日期打印质量,判断是否有打花、缺码、污点的情况,设备根据检测结果将打印质量不良的包装剔除。系统检测精度为 0.2mm,检测范围为 75mm×60mm,工作距离为 350mm,最终按照牛奶盒/牛奶桶的类别给出相应的字符缺陷检测结果。

8.2　项目调研

8.2.1　图像分类模型

图像分类是深度学习中最基础且重要的任务之一,其目标是为给定的图像赋予一个特定的类别标签。在图像分类任务中，图像中应有一个明确的主体作为识别对象。例如，给定一幅猫或狗的图像，模型需要判断这幅图像属于"猫"还是"狗"。分类模型通过学习每个目标类别的图像特征，能够准确地区分各个目标的类别。使用时，待分类物体之间需要有明确的分类标准，从而可以进行数据标注。

基于深度学习的图像分类技术本质上是利用神经网络提取图像特征，并根据其特征分布情况给出类别信息。基于深度学习的图像分类模型通常由两大部分组成：特征提取模块和分类器。

（1）特征提取模块通常由多组卷积层、池化层、激活层组合而成，负责从图像中提取底层和深层特征，并将这些特征编码为一个特征向量。其中，卷积操作可以提取图像不同层级的特征，随着卷积层数的增加，所提取的特征从最开始的轮廓、灰度、角点等表层特征，逐步转化为结构、关系等高层级的语义特征；池化层用于实现图像的降采样，一方面可以降低网络的计算量，另一方面可以增加卷积的感受野，使得卷积可以感知到更大区域的特征分布；激活层（如 ReLU）增加了网络的非线性，使得网络能够更好地拟合不同的图像特征。

（2）分类器是模型中专门用于将学习到的特征表示映射到类别预测上的部分。它通常位于网络的末端，紧跟在特征提取模块之后。分类器通常结构简单，包含少量的层，如全连接层（Linear Layer）、激活函数（如 Softmax）等。对于一幅输入图像，分类器会输出预测的类别信息及该图像属于该类别的可能性，即置信度。最终，模型根据这些分数确定图像的类别。

评价分类模型的优劣时主要关注以下几个指标。

- **准确率**（Accuracy）：分类正确的图像数量占总图像数量的比例。
- **精确率**（Precision）：在被模型预测为正例的样本中，实际上为正例的样本的比例。
- **召回率**（Recall）：真正正例中被正确识别出来的比例。
- F1_Score：综合考虑准确率和召回率的指标。

以猫狗分类任务为例，假设有 100 幅图像的测试集，以猫作为正例，狗作为负例，可以基于其真值和预测值得到如表 8-1 所示的混淆矩阵。

表 8-1 分类模型混淆矩阵

真实	预测	
	猫（正例）	狗（负例）
猫（正例）	20	5
狗（负例）	18	57

各个指标如下：

准确率 = 分类正确的图像数量/总图像数量 =(20+57)/ 100 = 77%
精确率 = 真正例/(真正例 + 假正例) = 20 / (20 + 18) ≈ 53%
召回率 = 真正例/(真正例 + 假负例) = 20 /(20 + 5) = 80%
F1_Score = 2(精确度×召回率) / (精确度 + 召回率) ≈ 64%

精确率体现了模型对负样本的区分能力，精确率越高，模型对负样本的区分能力越强。召回率体现了模型对正样本的识别能力，召回率越高，模型对正样本的识别能力越强。F1_Score

是精确率和召回率的综合,F1_Score 越高,模型越稳健。通过这些指标,可以全面评估模型在不同应用场景中的性能表现,从而指导模型的优化和改进。但值得注意的是,在实际任务中,通常未明确定义正例和负例,因此每个类别都可以计算除准确率之外的各项指标。

图像分类模型在物体识别、分拣等领域有广泛的应用,可以通过图像分类模型对不同类型的物品进行分类,并完成自动分拣和包装,提高生产效率。在这些应用场景中,建议使图像中的目标物体在全局视场中占比较大,以便模型能够更准确地捕捉到目标特征。

8.2.2 目标检测模型

目标检测是机器视觉中的一项重要任务,它不仅需要识别图像中的目标类别,还需要精确定位目标的具体位置。与图像分类任务不同,目标检测需要在整幅图像中找到特定目标,并用矩形框(Bounding Box)标注出来。

基于深度学习的目标检测模型通常由两个主要模块组成:特征提取模块和检测模块。特征提取模块类似于图像分类任务中的卷积神经网络,用于从图像中提取多层次的特征信息。这些特征信息包括边缘、纹理、形状等低层级特征,以及物体的结构和语义等高层级特征。检测模块负责在提取的特征图上生成候选区域,并对这些区域进行分类和定位。

要评价目标检测模型的优劣,首先需要明确检测正确的判断标准。在分类任务中,判断正确与否的标准是预测类别是否等于真实类别。而在检测任务中,判断一个检测框是否正确则依赖预测框与真实框的交叠率,即交并比(Intersection over Union, IoU)。IoU 的计算示意图如图 8-3 所示。

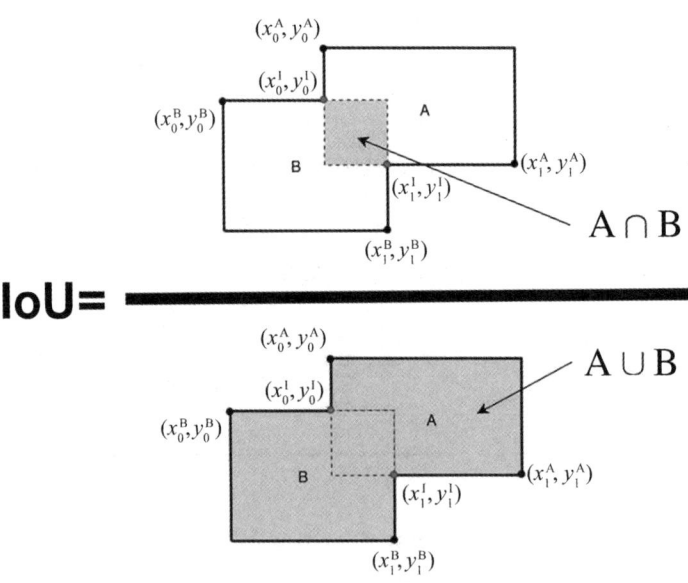

图 8-3 IoU 的计算示意图

基本的 IoU 计算公式如下:

$$\text{IoU} = \frac{\text{交集面积}}{\text{并集面积}} = \frac{A \cap B}{A \cup B}$$

其中，A 是预测框；B 是真实框。在理想情况下，IoU=1，表示预测框与真实框完全重叠。通常，当预测框与真实框的 IoU 大于设定的阈值（如 0.5）时，认为预测框预测正确。

除了 IoU，目标检测任务的评价指标还包括以下几个。

精确率：用于衡量预测框的正确程度，即预测框中正确预测的比例。

召回率：用于衡量真实框被召回的比例，即真实框中有多少是被正确预测的。

计算指标时，首先设定真实框数量为 N，预测框数量为 M，阈值为 0.5；然后创建一个 $[N,M]$ 大小的矩阵，叫作 IouMat，在 IouMat 中，统计 IoU 大于阈值的个数，将这个值除以真实框数量 N 得到召回率，将这个值除以预测框数量 M 得到精确率。

此外，还有以下两个重要的综合评价指标。

平均精度（Average Precision，AP）：在固定 IoU 阈值下，不同召回率下的精度均值。

均值平均精度（Mean Average Precision，mAP）：多个类别 AP 的平均值，是目标检测算法中最重要的指标之一。

字符定位是目标检测的一个特例，其主要任务是识别和定位图像中的文字位置。与一般的目标检测任务不同，字符定位的主要任务是识别文本的位置，而不需要判断其类别。然而，其面临的挑战不亚于目标检测，主要体现在文字在图像中的表现形式多样，背景复杂且存在多种干扰因素，如图像失真、模糊、低分辨率、阴影和亮度变化等。传统的字符定位方法主要包括模板匹配和 Blob 分析等，适用于具有固定特征且特征一致性较好的场景，尤其在特征与背景对比度高且背景简单的环境中表现出色。然而，对于背景复杂和字符形态多样的场景，传统方法的局限性明显，难以达到高精度的字符定位。基于深度学习的字符定位方法通过学习标注好的字符区域，提取其形态、轮廓等低层级信息及高层级语义信息，能够显著提高字符定位的精度。这种方法适用于无固定定位特征、字符形态多样、对比度低、背景略带干扰的场景，尤其在支持多行、任意角度（0～180°）字符定位方面表现出色。

目标检测和字符定位在机器视觉任务中有着广泛的应用，尤其在工业领域。目标检测技术可以用于自动检测生产线上产品的位置，也可以用于检测产品上的缺陷，如裂纹、污渍等。字符定位可以找到产品标签上的文字信息，从而帮助确保标签内容的准确性和完整性，以及产品安全合规，提高生产过程的可追溯性和管理效率。总之，目标检测和字符定位技术显著改善了生产过程的效率与质量，为企业带来了巨大的经济效益和管理优势。

8.3 项目分析

8.3.1 任务划分

经过对项目任务的分析，设计出乳制品字符缺陷检测工作流程，如图 8-4 所示。

图 8-4 乳制品字符缺陷检测工作流程

8.3.2 方案设计

根据相机的检测范围和工作距离进行布局规划,视觉平台方案架构如图 8-5 所示。

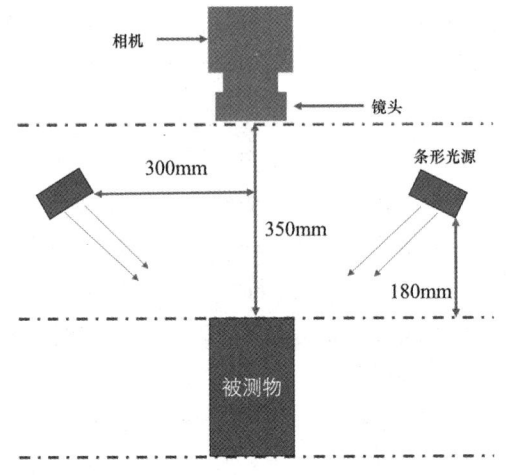

图 8-5 视觉平台方案架构

1. 相机选型

(1)确定相机的类型。

由于乳制品字符缺陷检测需要获取完整的乳制品外包装图像,且无须区分颜色,因此选择黑白面阵相机。

(2)确定视场。

视场大小估算为 83mm×66mm。

(3)确定相机的分辨率。

根据算法精度(最少 2 像素)和系统精度进行计算。

长边像素数量至少为

$$\frac{视场(长边)}{精度} \times 2 = \frac{83}{0.2} \times 2 = 830(像素)$$

短边像素数量至少为

$$\frac{视场(短边)}{精度} \times 2 = \frac{66}{0.2} \times 2 = 660(像素)$$

故相机长边的分辨率应该大于或等于 830 像素,短边分辨率应该大于或等于 660 像素。

(4)确定相机的接口类型。

相机与工控机之间的数据传输距离比较远,因此选择 GigE 接口的相机。

(5)确定相机的型号。

先根据性价比等因素选择使用海康相机,再根据海康选型手册进行参数匹配,确定相机的型号为 MV-CA013-20GM。

相机的技术参数如表 8-2 所示。

表 8-2 相机的技术参数

产品型号	传感器型号	传感器类型	靶面尺寸	像元尺寸	快门类型	分辨率	最大帧率	接口	黑白
MV-CA013-20GM	OnSemi PYTHON1300	CMOS	1/2"	4.8μm	全局曝光	1280 像素×1024 像素	90fps	GigE	√

2. 镜头选型

（1）确定镜头的类型。

如果没有特殊需求，则在同一工作距离下，不需要改变放大倍率，故选择定焦镜头。

（2）计算焦距。

相机的像元尺寸为 4.8μm，分辨率为 1280 像素×1024 像素，工作距离为 350mm。

按照长边进行计算：

$$芯片尺寸（长边）=像元尺寸×分辨率（长边）$$

$$焦距 f = \frac{芯片尺寸（长边）×工作距离}{视场（长边）} = \frac{4.8×1280×350}{83} \mu m \approx 25.91 mm$$

按照短边进行计算：

$$焦距 f = \frac{芯片尺寸（短边）×工作距离}{视场（短边）} = \frac{4.8×1024×350}{66} \mu m \approx 26.07 mm$$

根据计算，镜头的焦距选择 25mm。

（3）确定镜头的靶面尺寸。

相机的靶面尺寸为1/2"，镜头的靶面尺寸需要大于相机的靶面尺寸。

（4）确定镜头的型号。

因为相机选择的是海康的，所以镜头也选择海康的。根据海康选型手册进行参数匹配，确定镜头型号为 MVL-HF2528M-6MPE。

镜头的技术参数如表 8-3 所示。

表 8-3 镜头的技术参数

型号	靶面尺寸	焦距	畸变	视场角			最近摄距
				DFOV	HFOV	VFOV	
MVL-HF2528M-6MPE	1/1.8"	25mm	-0.028%	20.32°	16.77°	11.24°	0.2m

3. 光源选型

此项目为乳制品字符缺陷检测，被检测样品尺寸较大，因此采用低角度打光方式，选择白色光源。使用光源样品进行实际测试，根据性价比等因素选择条形光源，型号为 MV-LLES-175-30-W。

8.4 项目实施

8.4.1 外包装分类

1. 图像采集

参考项目 7，完成开机等准备工作，把待检测样品放入视觉检测区，调整相机、镜头和软件中的图像源参数。变换样品的角度和位置，分别完成多幅牛奶盒、牛奶桶的无缺陷、有缺陷的图像采集。训练集的每个类别采集 200 幅以上图像可以保证基本的检测效果，采集 20 幅图像可以打通任务流程。

2. 分类模型数据标注

打开云端模型训练工具，完成账号注册和登录。模型训练工具首页如图 8-6 所示。

图 8-6 模型训练工具首页

单击"新建项目"按钮，在"新建项目"对话框中选中"方案管理模式"单选按钮，输入项目名称，如牛奶外包装缺陷检测，如图 8-7 所示。

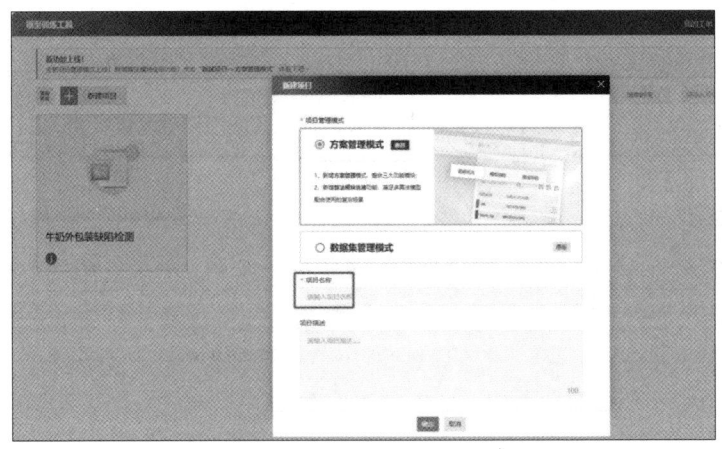

图 8-7 新建牛奶外包装缺陷检测项目

单击项目图标进入项目界面,在右侧"图库管理"区域,单击"新建"按钮,输入图库名称,完成图库的建立,如图 8-8 所示。

单击图库图标,进入图库界面。单击左上角的"导入图像"按钮,在"导入图片"对话框中,按照图 8-9 所示进行参数设置。单击"上传图片"按钮,选择所要上传的本地图片数据,单击"打开"按钮即可完成图片的导入,导入完成的效果如图 8-10 所示。

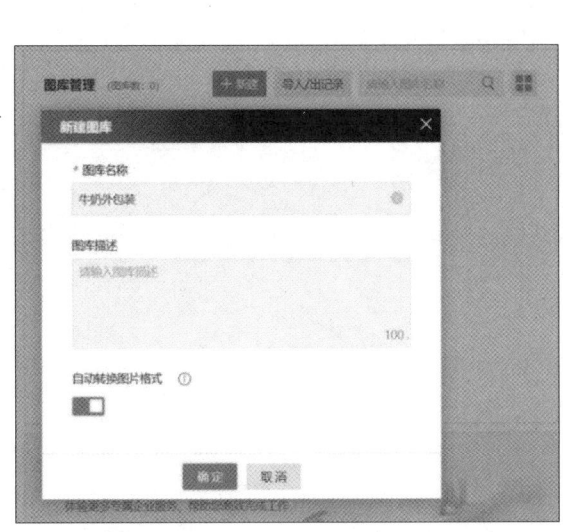

图 8-8 新建图库

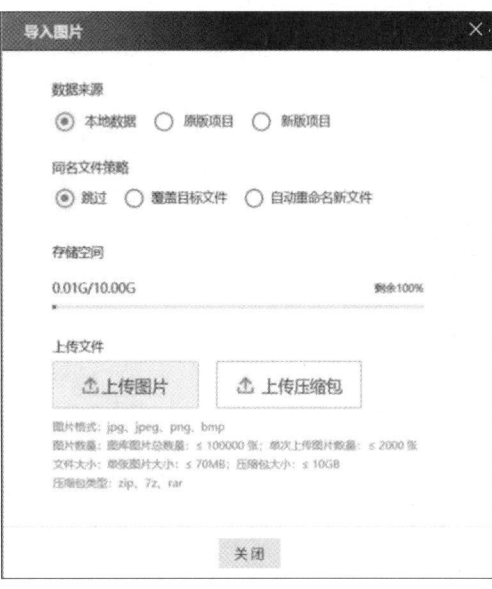

图 8-9 上传图片

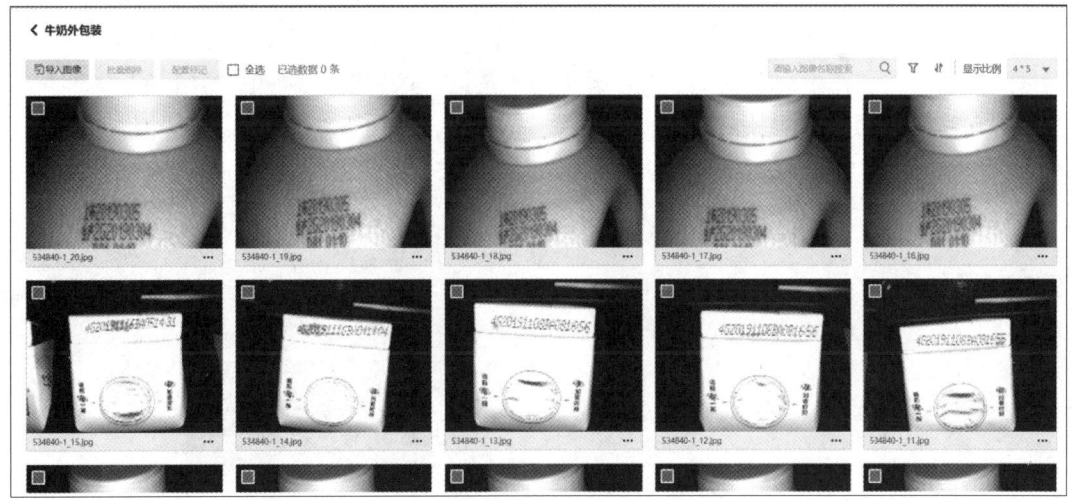

图 8-10 导入完成的效果

返回项目界面,在左侧"方案管理"区域,单击"新建"按钮,输入方案名称,完成方案的建立,如图 8-11 所示。

进入方案界面,在下方"可关联图库"区域,勾选之前建立的"牛奶外包装"图库,单击"关联图库(1)"按钮,如图 8-12 所示。

图 8-11 新建方案

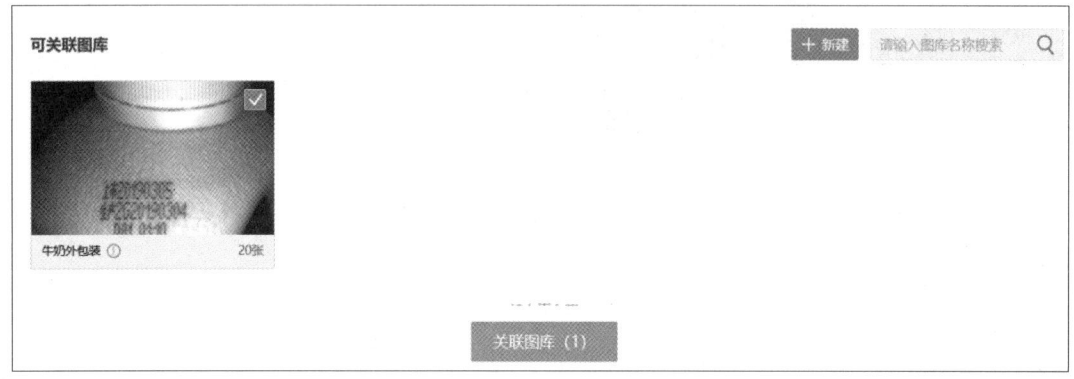

图 8-12 关联图库

如图 8-13 所示,在上方的"图库配置"后方单击"+"按钮,添加首个算法模块,选择"DL 分类"选项,新建 DL 分类模块。DL 分类模块建立完成的效果如图 8-14 所示。

在左侧的"图像列表"区域,选择"导入/出"→"导入"选项,弹出"数据导入"对话框,默认全选图库中的数据,单击右下角的"数据导入"按钮,如图 8-15 所示,即可将数据导入当前的 DL 分类模块。

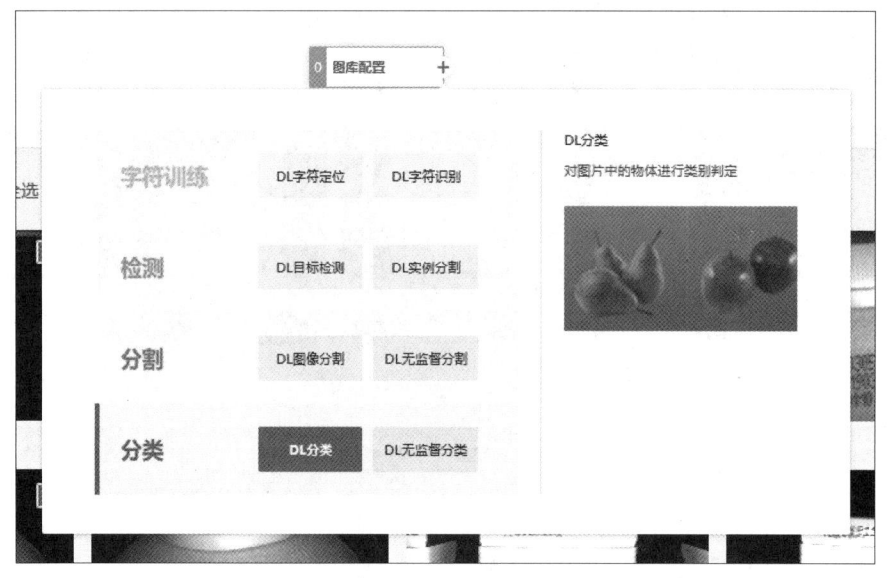

图 8-13 新建 DL 分类模块

图 8-14　DL 分类模块建立完成的效果

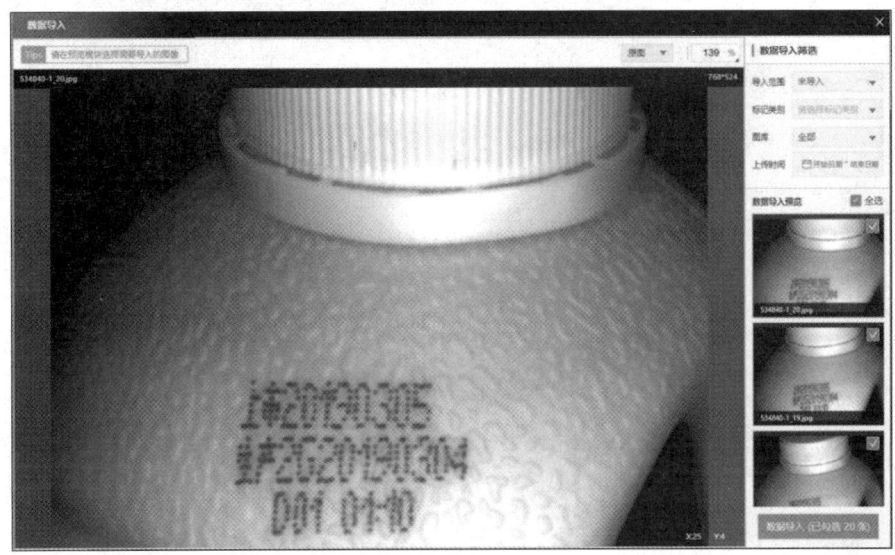

图 8-15　DL 分类模块数据导入

在 DL 分类模块界面右侧的"标签管理"区域，单击"新建标签"按钮，新建"牛奶盒"和"牛奶桶"两个标签，标签颜色可以自定义，便于区分即可。依次单击左侧的图像，对于每幅图像，单击右侧的一个标签，或者通过按下对应的快捷键赋予其相应的标签，直到所有的图像均标注完成，如图 8-16 所示。注意：每幅图像有且仅有一个分类标签。

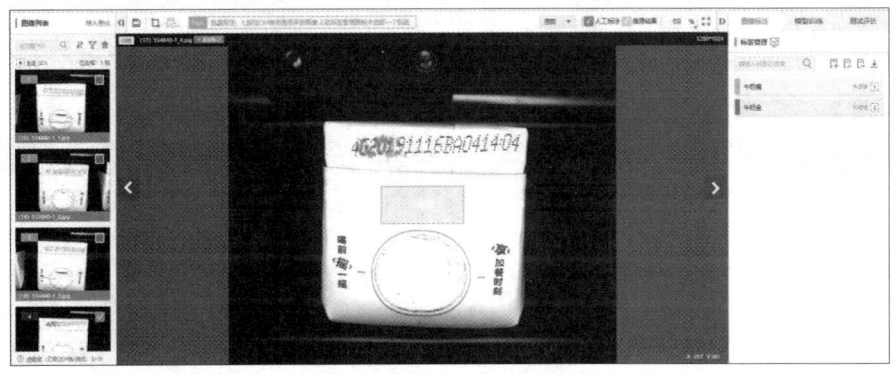

图 8-16　DL 分类模型数据标注

3. 分类模型训练和评测

如图 8-17 所示，单击界面右侧的"模型训练"选项卡，可以进行训练参数的设置，包括目标平台、版本、分辨率、模型能力和模型标识。单击"自动划分"按钮，设置测试集比例为 20%。若希望选择特定图像数据作为测试数据，则需要在数据标注界面选择特定图像，在图像显示区域左上角可以设置当前图像的用途为训练或测试。完成参数设置和数据集划分后，单击"开始训练"按钮，会提示是否需要排队及预期训练结束时间，等待模型训练完成即可。

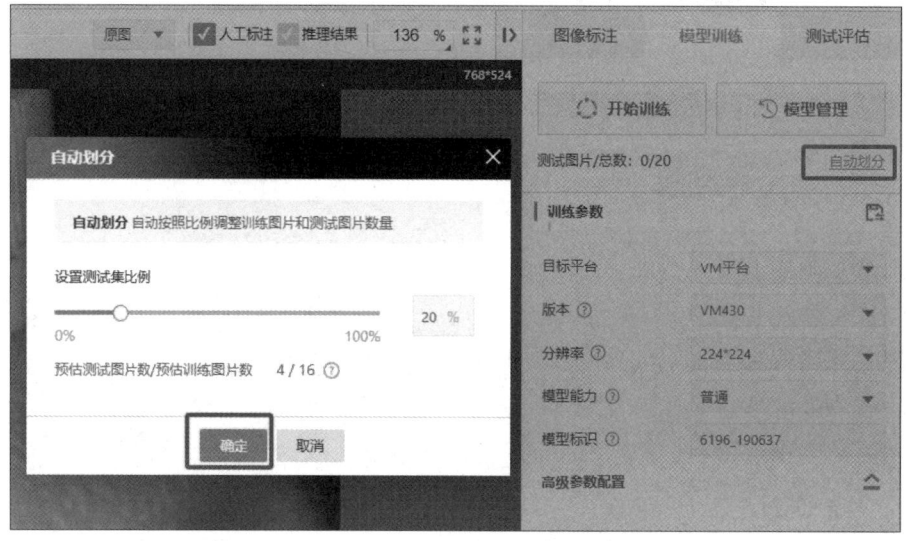

图 8-17　DL 分类模型训练

模型训练完成后，会出现训练成功的提示，如图 8-18 所示。

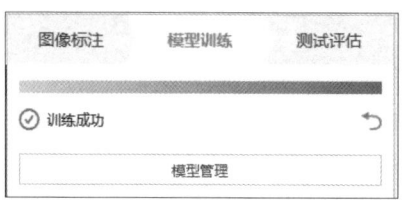

图 8-18　DL 分类模型训练完成

训练成功后，可以单击"模型管理"按钮，在弹出的对话框中可以看到各个历史模型训练任务的信息，如图 8-19 所示。

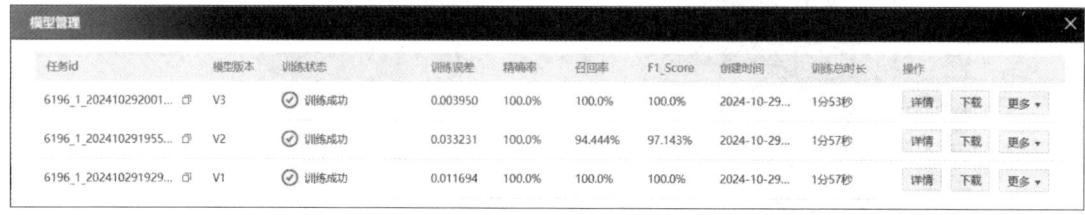

图 8-19　DL 分类模型管理

单击其中某个版本的模型，如 V3 版本，单击其后的"详情"按钮，可以看到更多训练细节，包括训练时长和训练参数等，如图 8-20 所示。在"模型详情"对话框末尾，可以看到本次训练的 loss 曲线变化情况，它是观察模型训练情况、了解模型训练存在的问题的重要工具，如图 8-21 所示。由于本任务相对简单，因此 loss 曲线随着迭代次数的增加呈现由高到低、快速收敛到零附近的趋势，中间存在轻微振荡，但不影响最终收敛的整体趋势。

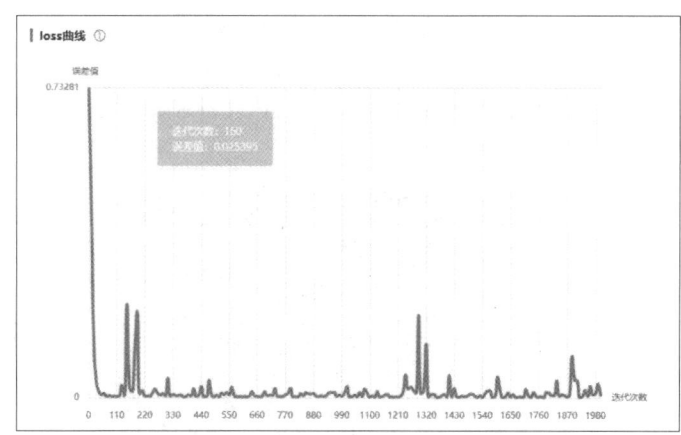

图 8-20 DL 分类模型详情

如图 8-22 所示，单击"测试评估"选项卡，可以进行模型测试参数的设置，包括模型版本、置信度和设备类型，重点需要设置置信度，该参数表示预测结果所需达到的最低可信度。

图 8-21 DL 分类模型训练的 loss 曲线　　　图 8-22 DL 分类模型测试参数

DL 分类模型测试结果如图 8-23，包含 4 部分的内容，分别是基础指标、性能指标、混淆矩阵和推理标签统计。其中，基础指标是对算法识别能力的整体评价，包括测试集上整体的精确率、召回率和 F1_Score，其具体含义参见项目调研部分的介绍，本次测试结果均为 100%；混淆矩阵和推理标签统计是对算法识别能力的精细化评价，从混淆矩阵可以看出，10 幅标注为牛奶桶的图像均被识别为牛奶桶，牛奶盒同理，利用混淆矩阵可以看出各个类别之间混淆的情况，方便找出具体的错误样例，分析模型当前存在的问题；性能指标显示模型的显存占用和推理耗时，代表了模型运行时所要消耗的时间、空间资源，是关乎模型能否实际落地运行的重要指标。确认模型测试结果正常后，可以回到 DL 分类模型管理界面，单击"下载"按钮，下载模型 bin 文件。

图 8-23 DL 分类模型测试结果

4. 分类模型加载

在工具箱中，将"采集"子工具箱中的"图像源"工具拖曳到流程编辑区域，建立方案流程，对图像源进行参数设置，加载预先采集的本地图像。将"深度学习"子工具箱中的"DL 分类 C"工具拖曳到流程编辑区域，并与"0 图像源 1"相连，如图 8-24 所示。

双击"1DL 分类 C1"工具，进入参数设置对话框，基本参数保持默认设置。在"运行参数"选项卡中，模型文件路径选择前述步骤中训练得到的模型"D:\项目 8\模型\cls_模块 1572_V3_VM 平台_66148.bin"，如图 8-25 所示。

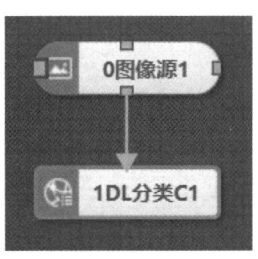

图 8-24 增加"DL 分类 C"工具

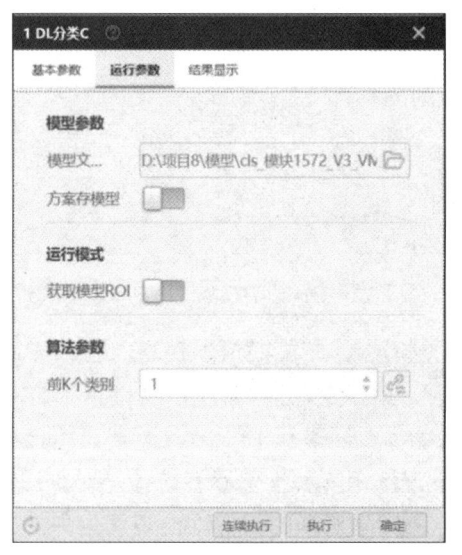

图 8-25 运行参数设置

单击"执行"按钮 ▶，查看检测结果，如图 8-26 和图 8-27 所示。

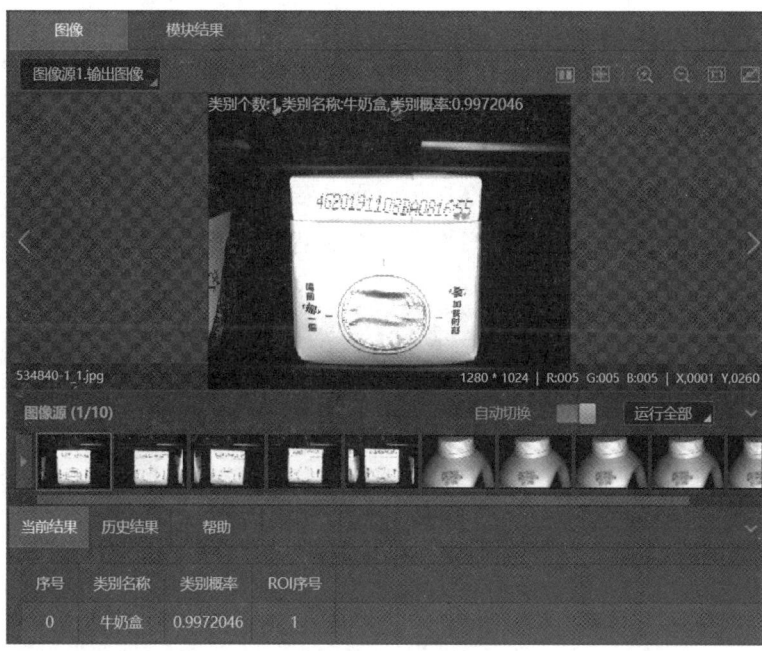

图 8-26 DL 分类结果（牛奶盒）

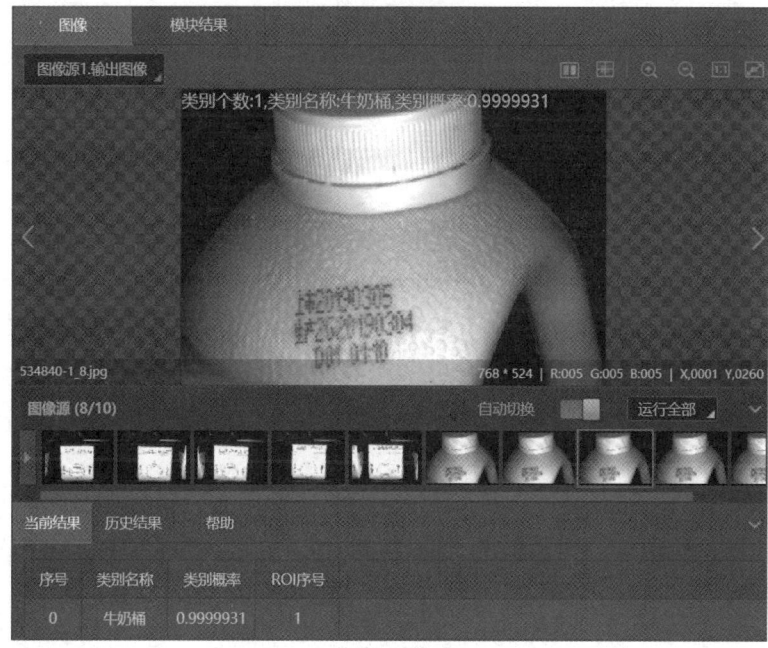

图 8-27 DL 分类结果（牛奶桶）

8.4.2 字符定位

1. 字符定位模型开发

同理，添加第二个算法模块，选择"DL 字符定位"选项。与分类模型标注步骤类似，在左上角区域选择"导入导出"→"导入"选项，在弹出的对话框右下角单击"数据导入"按钮，完成导入。

单击左侧的某幅图像，并单击"旋转矩形 ROI"按钮，参考工具说明，首先沿着特征识别方向在字符区域的左上方、右上方分别单击可以确定字符区域的上边缘，然后按住鼠标左键向下拖动即可得到一个完整的矩形框。继续拖动矩形框的 4 个角可以进行矩形框长度、宽度的调整，将鼠标指针放置在矩形框正上方的方块区域会出现一个旋转箭头，此时，按住鼠标左键并左右拖动可以调整矩形框的倾斜角度，如图 8-28 所示。

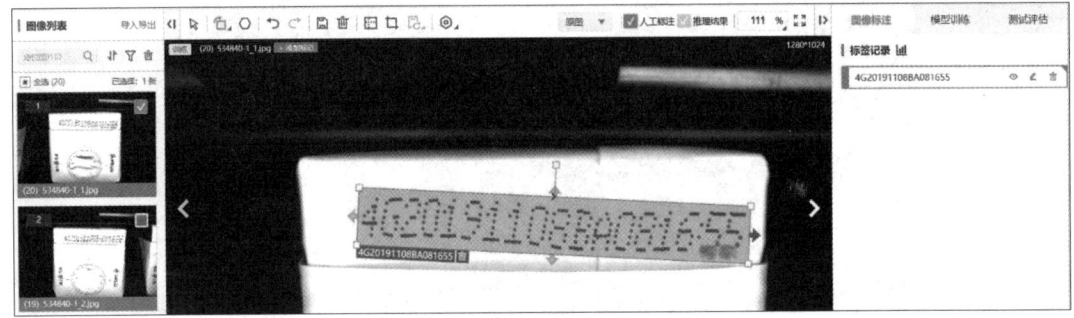

图 8-28　字符定位模型数据标注

依次完成所有训练图像的标注后，可以切换至"模型训练"选项卡。如图 8-29 所示，配置训练参数，等待训练完成。

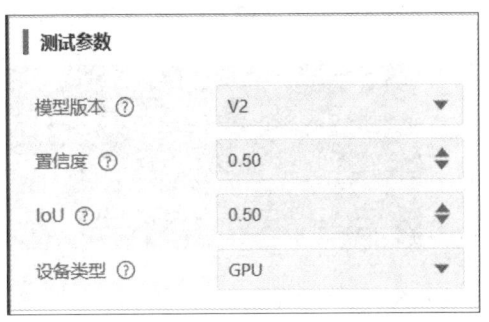

图 8-29　字符定位模型训练和测试参数

训练完成后，在"模型管理"对话框中进行模型的下载。切换到"测试评估"选项卡，将 IoU 的阈值从默认的 0.1 改为 0.5，当预测框和真实框的 IoU 大于设定阈值时，表示预测框预测正确。

DL 字符定位模型测试结果如图 8-30 所示。可以看到，字符定位的精确率、召回率和 F1_Score 指标均为 100%。由混淆矩阵可以看出，字符均能被正确检出，无背景误检的情况。

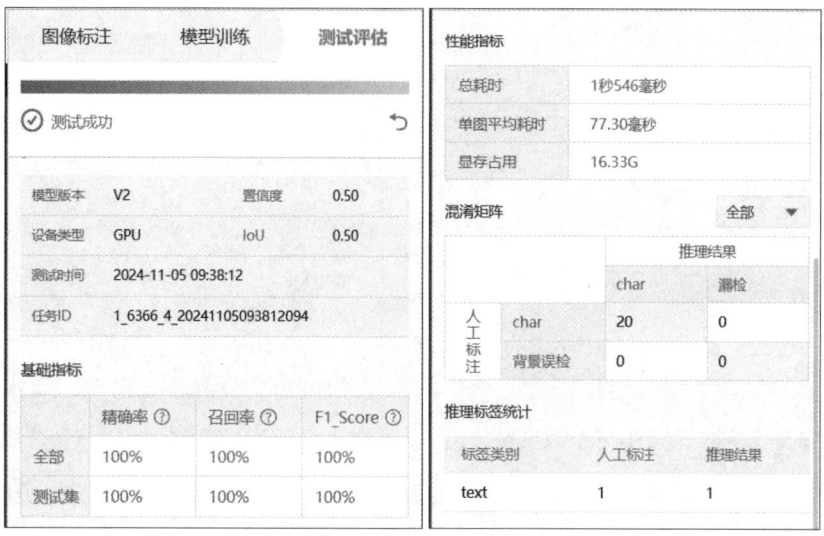

图 8-30 DL 字符定位模型测试结果

2. 字符定位模型加载

首先将"逻辑"子工具箱中的"分支字符"工具拖曳到流程编辑区域，并与"1DL 分类 C1"工具相连；然后将"识别"子工具箱中的"DL 字符定位 C"工具拖曳到流程编辑区域，增加两个"DL 字符定位"工具，并分别与"2 分支字符 1"工具相连，如图 8-31 所示。

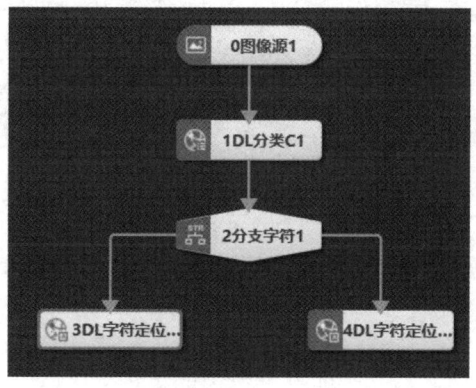

图 8-31 增加两个"DL 字符定位"工具

双击"2 分支字符 1"工具，进行参数设置，如图 8-32 所示，将分类模型输出的类别名称作为该模块的输入文本。当条件输入值为牛奶盒时，继续执行分支模块 3；当条件输入值为牛奶桶时，继续执行分支模块 4。

双击"3DL 字符定位 C1"工具，进行参数设置（基本参数保持默认设置）。在"运行参数"选项卡中，模型参数配置为训练得到的字符定位模型路径，其余参数设置如图 8-33

所示。类似地,完成"4DL 字符定位 C2"工具的参数设置。

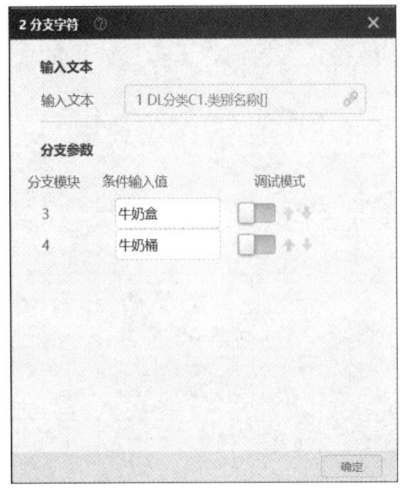

图 8-32 "2 分支字符 1"工具的参数设置

图 8-33 "3DL 字符定位 C1"工具的参数设置

单击"执行"按钮 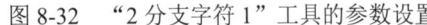,查看结果,如图 8-34 所示,模型正确检测出了牛奶桶上的生产日期字符区域。

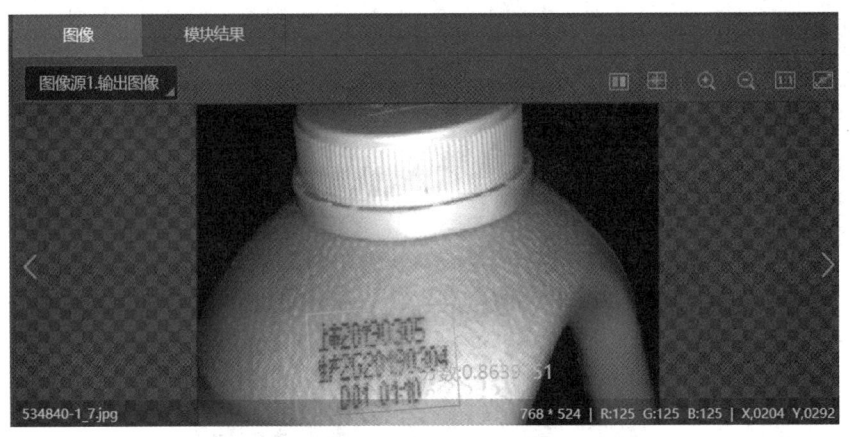

图 8-34 字符定位结果

8.4.3 字符缺陷检测

1. 缺陷分割模型开发

缺陷分割模型的输入图像为乳制品外包装上的字符定位区域,为了训练缺陷分割模型,首先需要生成训练图像,具体步骤如下。

(1) 将"图像处理"子工具箱中的"仿射变换"工具拖曳到流程编辑区域,并与"3DL 字符定位 C1"工具相连,其基本参数"ROI 创建"设置为"继承","继承方式"设置为"按区域","区域"设置为"3DL 字符定位 C1.目标信息矩形[]"。

(2) 将"采集"子工具箱中的"输出图像"工具拖曳到流程编辑区域,并与"5 仿射变换 1"工具相连,双击它进行参数设置,打开"存图使能"开关,设置"渲染图路径"和"渲染图命名"两个选型,将"保存格式"设置为"JPEG","像素格式"设置为"MONO8"。

(3)另一侧的牛奶桶分支也增加同样的工具,如图 8-34 所示,并进行类似的参数设置。单击"全部运行"按钮,得到所有的字符定位小图。

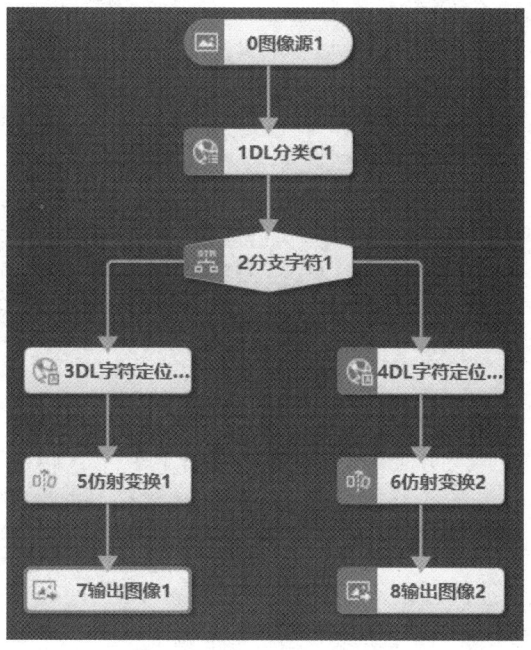

图 8-34　缺陷分割模型训练数据生成

在模型训练平台新建"生产日期"图库,将生成的字符定位小图导入图库。单击"图库配置"按钮,并单击左侧的"关联图库"按钮,将"生产日期"图库关联到当前方案中。单击"图库配置"后的"+"按钮,新增"DL 图像分割"算法模块,如图 8-35 所示。

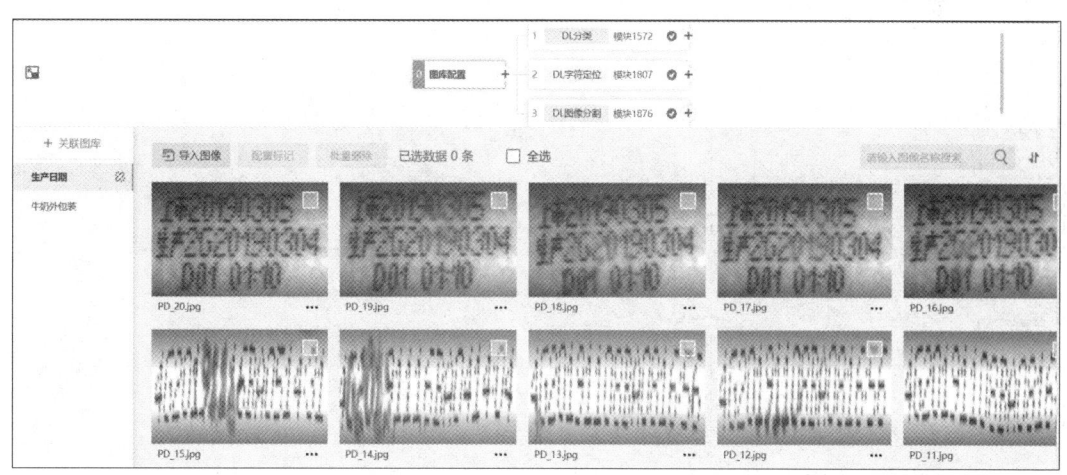

图 8-35　"生产日期"图库

单击"DL 图像分割"算法模块,进入对应模块的图像标注界面。单击左侧图像,可以使用图像显示区域左上方的"多边形"或"画笔"工具将字符模糊、污损的缺陷区域标注出来,标记为 blank 类型,如图 8-36 所示。

图 8-36 缺陷分割模型数据标注

完成所有图像的标注后,类似图像分类和字符定位模型,将数据自动划分为训练集和测试集,如图 8-37 所示,进行训练参数配置,单击"开始训练"按钮,进行模型训练。

模型训练完成后,在"模型管理"对话框中进行模型的下载。切换到"测试评估"选项卡,测试参数保持默认设置,设备类型参数设置为 CPU,单击"模型测试"按钮,测试结果如图 8-38 所示。可以看到,精确率和召回率分别为 68.97%、62.5%,这主要是由于人工标注时可能会将多个区域分别标注为多个字符缺陷,而预测框可能将其预测为一个整体,抑或反之,这些都会影响最终测试的统计指标,可以引入新的统计指标计算方式,对上述情况加入考量。

图 8-37 缺陷分割模型训练

图 8-38 缺陷分割模型测试结果

出现漏检问题的单幅图像的人工标注和推理结果如图 8-39 所示。可以看到,人工标注了 4 个缺陷,但是推理结果中仅有 3 个缺陷,6BA04 前面的数字 1 右下角区域没有被识别为缺陷。

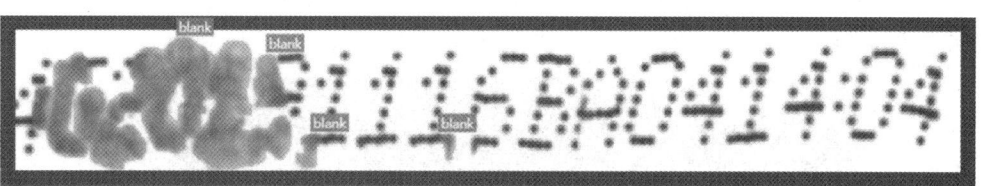

(a) 人工标注

(b) 推理结果

图 8-39 人工标注和推理结果

2. 缺陷分割模型加载

首先将"深度学习"子工具箱中的"DL 图像分割 C"工具拖曳到流程编辑区域,并与"仿射变换"工具相连;然后将"定位"子工具箱中的"Blob 分析"工具拖曳到流程编辑区域,并与"DL 图像分割 C"工具相连,如图 8-40 所示。

双击"7DL 图像分割 C1"工具,设置模型文件路径("8DL 图像分割 C2"工具的参数设置同"7DL 图像分割 C1"工具的参数设置);双击"9Blob 分析 1"工具,将"输入源"设置为图像分割模块输出的缺陷概率图("10Blob 分析 2"工具的参数设置同"9Blob 分析 1"工具的参数设置),如图 8-41 所示。

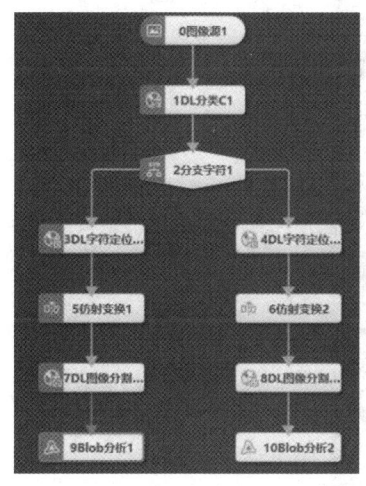

图 8-40 增加"DL 图像分割 C"和 "Blob 分析"工具

(a) "DL 图像分割 C"工具　　(b) "Blob 分析"工具

图 8-41 参数设置

DL 图像分割与 Blob 分析结果如图 8-42 所示,将图像显示区域的左上角设置为显示"DL 缺陷分割 C.概率密度图",可以看到,概率密度图上的缺陷区域为白色,背景区域为黑色,Blob 分析后得到了缺陷区域的面积,当面积数值大于 1000 时,认为存在明显的缺陷,需要将样品剔除。

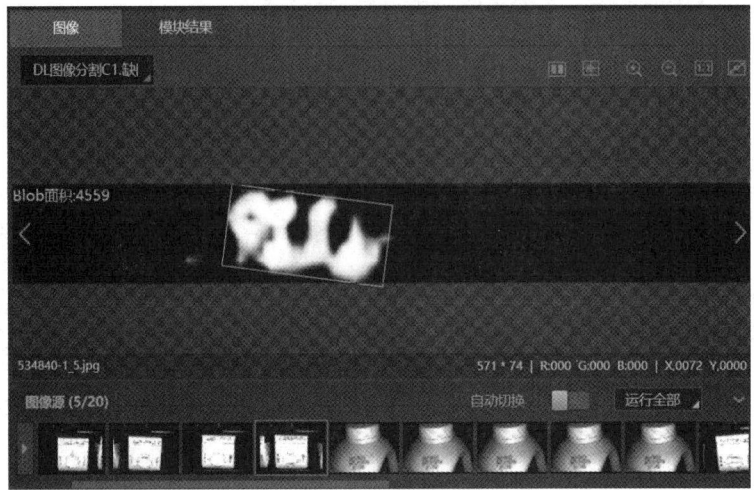

图 8-42　DL 图像分割与 Blob 分析结果

8.4.4　输出合格性信息

在工具箱的"逻辑工具"子工具箱中选择"条件检测"工具，将其拖曳到流程编辑区域，并与"Blob 分析"工具相连，如图 8-43 所示。

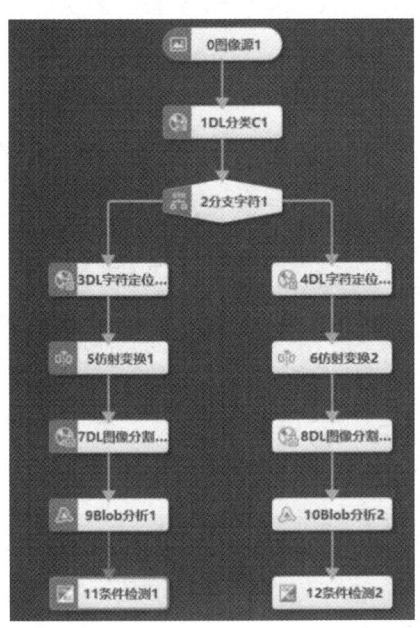

图 8-43　增加"条件检测"工具

双击"条件检测"工具进入基本参数设置对话框。"判断方式"设置为"全部"，"条件"选择"Blob 分析.Blob 个数"，"有效值范围"设置为"0—0"。进入结果显示界面，修改文本显示的内容和字号，注意文本内容和分支需要对应，牛奶盒分支要显示"牛奶盒字符缺陷检测结果:{条件项结果}"，如图 8-44 所示。

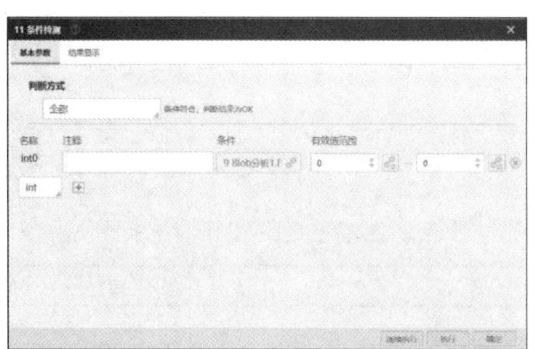 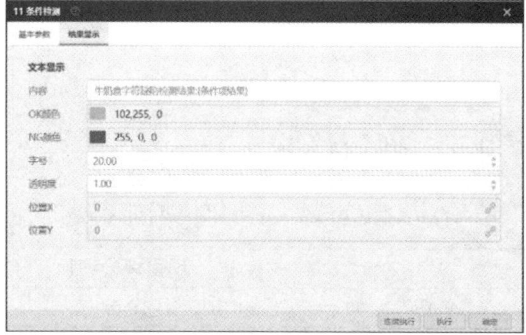

图 8-44 "条件检测"工具的参数设置

分别选择有字符缺陷和无缺陷的牛奶外包装图像,单击"执行"按钮,图像显示区域显示"条件检测"工具的执行结果,如图 8-45 和图 8-46 所示。

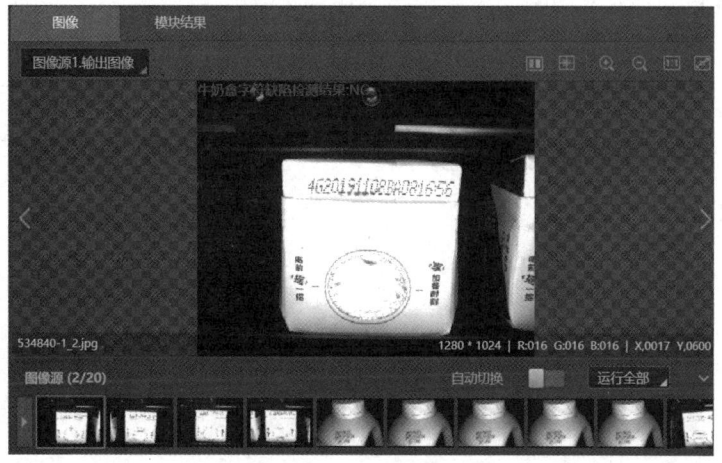

图 8-45 "条件检测"工具的执行结果(1)

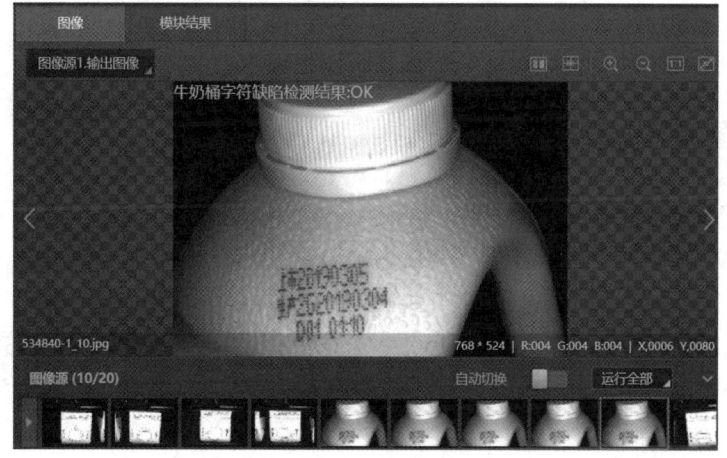

图 8-46 "条件检测"工具的执行结果(2)

单击"文件"菜单中的"保存方案"按钮,确定保存地址和输入方案名称,保存当前编写的方案。

8.5 项目总结

8.5.1 项目核验

项目实施完成后,可以依据如表 8-1 所示的评分表,为本项目的实施情况打分。

项目评分细则及分数	自评分
1. 了解图像分类、目标检测的应用,10 分	
2. 掌握图像分类算法的原理,10 分	
3. 掌握目标检测算法的原理,10 分	
4. 能完成分类、检测模型的数据标注,10 分	
5. 能进行分类、检测模型的训练和评测,10 分	
6. 能够正确加载所训练的模型,10 分	
7. 能识别乳制品字符缺陷情况,10 分	
8. 能够格式化输出并保存程序,10 分	
9. 熟悉视觉算法开发流程,体会职业行为,10 分	
10. 坚定"求精创新,不忘初心"的理想信念,10 分	
存在的问题	
改进思路	

评分标准:10 分—完全符合;8 分—比较符合;6 分—基本符合;4 分—比较不符合;2 分—完全不符合。

8.5.2 工程师在线

问题 1:分类模型评测结果不理想。

解决方案:首先,检查训练数据每个类别图像的数量,在单个类别下,至少添加 20 幅图像;其次,检查模型在训练集上的性能,如果准确率和召回率不及预期,则可检查模型训练参数是否合理,如学习率过大、迭代轮次较小等;最后,若模型性能在训练集上表现良好但测试结果不理想,则可检查测试集的标注是否正确,以及测试集的数据类别分布和训练集的数据类别分布是否接近。

问题 2:被测样品类别不断增加,重复训练分类模型费时费力。

解决方案:若存在类内差异较小且类间差异较大的特点,则推荐使用注册分类模块或 DL 图像检索模块。

问题 3：外包装背景差异过大，字符定位模型效果不佳。

解决方案：可以针对不同的背景训练不同的字符定位模型，两个分支采用不同的字符定位模型。

问题 4：对于未知类型的字符缺陷，无法检出。

解决方案：需要补充一定数量的相应类型的缺陷图像，可以人工制造该类别的数据，若很难获取到一定数量的图像，则可以在已有图像的基础上进行数据扩增，或者结合一些生成模型生成相应的缺陷类别数据。

项目 9 物流包裹测量

知识目标

- 掌握 3D 相机的基本参数。
- 理解 3D 视觉测量技术的基本原理。

能力目标

- 能根据项目要求进行 3D 相机的合理选型。
- 能搭建软/硬件环境,对物流包裹进行测量。

素质目标

- 具备自主学习能力,能理解常见 3D 视觉测量技术方案,并进行方案选型和设计。
- 具备安全第一、效率至上的职业品质。

9.1 项目领取

9.1.1 项目背景

随着全球电子商务的蓬勃发展,物流行业面临着前所未有的挑战。一方面,消费者对快递服务的速度和质量要求越来越高,他们期望商品能够快速、准确地送达;另一方面,物流企业需要处理的包裹数量急剧增加,传统的人工操作方式已经难以满足市场需求。此外,人工测量和分拣过程中的错误率较高,且效率低下,这不仅影响了物流企业的服务质量,还增加了运营成本。传统物流包裹分拣如图 9-1 所示。

为了解决这些问题,物流企业开始寻求技术革新,机器视觉技术应运而生。在物流包裹测量领域,机器视觉技术可以通过快速获取包裹的尺寸、形状和体积等信息,实现自动化的包裹分类和分拣,从而大大提高物流作业的效率和准确率,如图 9-2 所示。

项目 9　物流包裹测量

图 9-1　传统物流包裹分拣

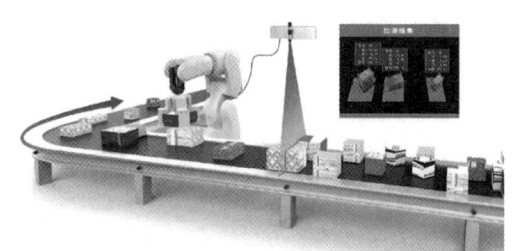

图 9-2　机器视觉物流包裹分拣

9.1.2　项目要求

选择合适的 3D 相机，并搭建平台对包裹进行测量。系统设计与检测要求如下：3D 相机的工作距离不小于 500mm，不大于 800mm；能够检测的包裹的最大尺寸为 300mm×200mm×150mm；测量精度为 0.1mm。

9.2　项目调研

9.2.1　3D 视觉方案

随着机器视觉在工业领域的应用逐渐深入，传统的 2D 视觉方案已经趋于成熟，应用局限性也已经显现出来。2D 视觉方案易受照明条件影响，一致性和稳定性难以保证，且无法实现三维高精度测量和定位，因此 3D 视觉方案应运而生，目的是解决工业自动化场景中的 3D 测量和定位难题。相对于 2D 视觉方案，3D 视觉方案具备如下优势。

（1）3D 视觉方案可以输出 $X/Y/Z$ 三维数据，2D 视觉方案只能输出 X/Y 二维数据。

（2）3D 视觉方案不依赖被测物表面的颜色和对比度，而 2D 视觉方案则通常需要转码的打光方式以提升特征对比度。

（3）3D 视觉方案不需要高精度的工装夹具辅助定位。

（4）3D 视觉方案可以从复杂场景中准确提取目标物，2D 视觉方案的成功率相对较低。

（5）3D 视觉方案可以实现高速在线扫描；2D 视觉方案受传感器机理、图像亮度等因素的限制，较难实现高速扫描。

（6）2D 视觉方案无法彻底实现机器自动化，必须依赖 3D 视觉方案。

9.2.2　3D 相机的原理

3D 相机可以获取物体或场景的三维空间信息，包括对象的长、宽、高尺寸及外形结构等，3D 相机提供的三维数据信息在需要对象立体结构的应用中具有独特优势。随着光学和计算机视觉的发展，人们发明了大量将光学成像和计算机技术结合起来的数字化扫描技术，根据运行原理，3D 相机主要分为结构光相机、立体视觉相机和飞行时间相机。

1. 结构光相机

结构光是计算机立体视觉技术中的一个重要分支。结构光相机（Structured Light Camera）通过投射结构光图案，根据结构光图案的变形来计算场景和目标的三维结构。如图 9-3 所示，结构光投射器将结构光投射到目标物体表面，相机拍摄到被结构光图案变形后在物体表面形成的图像，通过解码这些结构光图案的变形，就可以恢复三维空间信息。

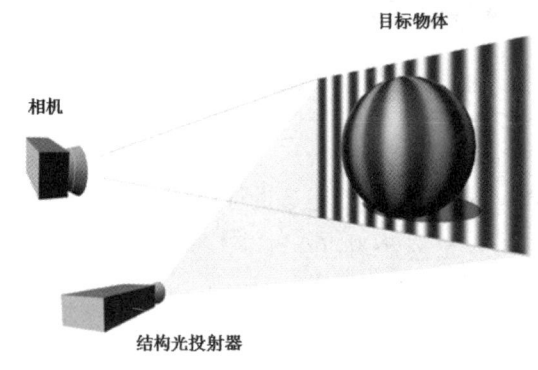

图 9-3 结构光相机的原理

常用的结构光图案包括点矩阵光栅、条纹光栅等各向异性图案。点矩阵光栅利用每个点的位置变换获取三维数据，条纹光栅利用相位变化重建深度信息。还有一些其他编码方式，如时间和颜色编码等。

结构光投射器投射出的图案称为结构光系统的编码（Codification）或模式编码（Pattern Codification）。结构光投射器投射出一个特定的图案，在相机拍摄的图像中识别出这个图案，如图 9-4 所示，通过计算这个编码图案变形的程度和位置推断出物体的位置与深度信息。

 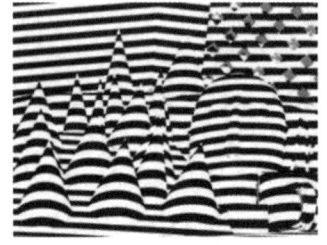 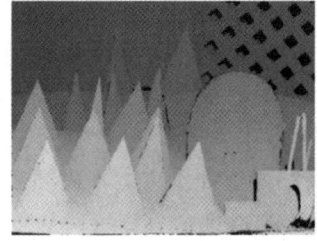

图 9-4 结构光相机的运行过程

结构光相机通过单次拍摄即可获取整个三维场景数据，并可以通过移动扫描获取物体全方位的三维结构。它采集速度快，是实时三维重建的有效工具之一。结构光相机具有成本低且对静态场景扫描精度高，适合固定的工业生产线的优势，但存在对移动目标效果稍差的问题。

2. 立体视觉相机

立体视觉相机（Stereo Vision 3D Camera）是机器 3D 视觉中的一种重要形式，它基于视差原理，通过使用两个摄像头来模拟人眼立体视觉，利用双目视差来计算距离，如图 9-5 所示。所谓视差，就是指观测者或相机在不同位置看同一个物体的产生的方向差。例如，当你在面前放置一个物体后,先后进行左眼闭合、右眼睁开,左眼睁开、右眼闭合的行为后,你就会发现物体的位置发生了变化,这是人眼从不同的角度查看一个相同的物体产生的视差。人类的大脑在经过处理后对两只眼睛获取的图像进行配准合并,从而感受到真实世界中的三维信息。

图 9-5 立体视觉相机

立体视觉相机由于仅依靠两个摄像头即可获取画面三维信息,具有对设备的要求程度低、适用于有移动物体的工厂场景的特点,但是对无纹理的物体或表面影响较大,如纯色墙。因为立体视觉相机依据视觉特征进行图像匹配,因此单一问题会引起匹配失效;此外,还要求立体视觉相机的两个摄像头的标定必须精准。

3. 飞行时间相机

飞行时间相机(Time-of-Flight 3D Camera)发送一束光到目标物体,当光线被目标物体表面反射回来时,相机的光电二极管阵列接收反射光,并测量光的飞行时间(ToF)。基于飞行时间的测量技术可以计算光从相机到目标物体后返回相机的时间,从而确定目标物体与相机之间的距离。图 9-6 所示为飞行时间相机。

图 9-6 飞行时间相机

飞行时间相机测量光信号从相机发射到目标物体后反射回来的时间,优点在于依靠相机本身的光源投射,无须依靠外部光源;此外,它还不受目标物体表面灰度和特征的影响,具有精度很高、可扫描运动物体等优势,但价格昂贵。

3 种 3D 相机的对比如表 9-1 所示。

表 9-1 3 种 3D 相机的对比

比较项目	结构光相机	立体视觉相机	时间飞行相机
工作原理	通过投射结构光图案计算三维信息	使用双目视差计算三维信息	通过测量光信号的飞行时间计算距离
精度	高	中	高
适用场景	固定场景扫描	动态场景	高速移动目标
成本	低	低	高

续表

比较项目	结构光相机	立体视觉相机	时间飞行相机
光照要求	需要控制场景光线	无特殊要求	较高的环境光照
数据量	中	大	小
处理速度	中	快	快
噪声抵抗	弱	强	强

9.2.3 3D相机的性能参数

与2D相机不同，3D相机除可以采集图像外，设备本身已经集成了算法，因此其性能参数与2D相机的性能参数有区别，下面对3D相机的性能参数进行详细介绍。

1. 摄像指标

测量范围、净距离、视场、扫描帧率等是3D相机的基本摄像指标，了解它们有助于相机的选型和架设。

（1）测量范围（Measurement Range，MR）：传感器在深度方向的测量范围。如果目标物体超出了该区域，则将无法获得有效三维数据。

（2）净距离（Clearance Distance，CD）：传感器的最近工作距离，如果目标物体与传感器之间的距离小于该值，则将无法获得三维数据。

（3）视场（Field View，FOV）：包括近端视场、远端视场。其中，近端视场是净距离对应的可视空间范围大小，远端视场是传感器的最远工作距离（CD+MR）对应的可视空间范围大小。

（4）扫描帧率（Frame Rate，FR）：传感器在单位时间内获取的三维数据数量，单位为fps。

2. 性能指标

（1）分辨率。

分辨率表示能够通过成像系统分辨的物体的最小特征尺寸，如图9-7所示。

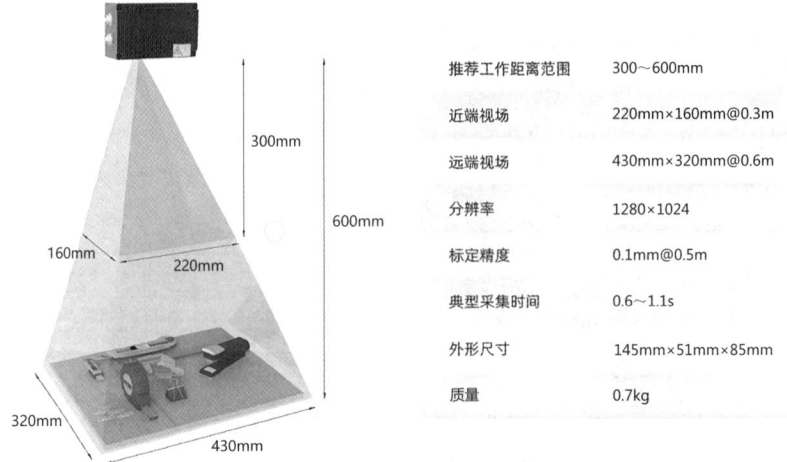

图9-7 分辨率

结构光相机、立体视觉相机、时间飞行相机的 X/Y 方向分辨率是指位于视场范围内某一确定高度位置,各数据点沿着 X/Y 方向的水平间距,即 XY 平面的最小横向/纵向测量精度。X/Y 方向分辨率取决于该高度位置的视场大小和所使用的相机传感器像素数。

Z 方向分辨率指示各点可检测的最小高度差,该精度由相机架构和图像处理算法决定。视场范围内距离传感器越近的位置,Z 方向分辨率越高。

(2)Z 方向线性度。

立体视觉相机的输出和测量距离成正比,两者的关系表示出来几乎是一条直线,但其与理想的直线相比依然存在微小的偏差,Z 方向线性度指传感器输出和测量距离之比与理想直线的偏差范围。

(3)Z 方向重复精度。

Z 方向重复精度是在整个测量范围内,对同一目标区域进行反复测量,测量结果的最大偏差值。Z 方向重复精度体现了设备的测量稳定性能。

3. 数据类型

(1)点云。

通过立体视觉相机扫描后得出的被测物体表面三维坐标点的集合称为点云(Point Cloud),示意图如图 9-8 所示。

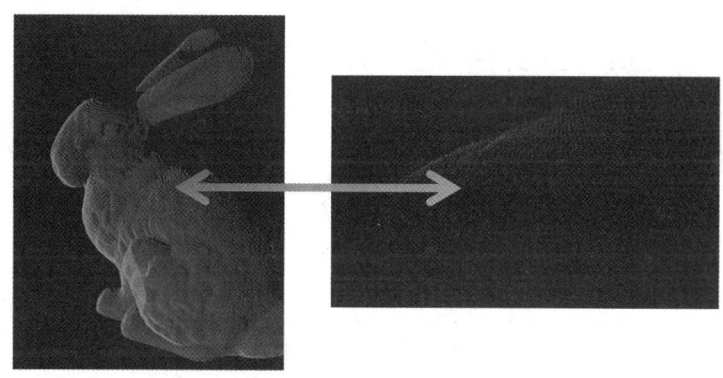

图 9-8 点云示意图

一个完整的点云通常由数百万个坐标点组成,每个坐标点都有 X、Y 和 Z 坐标。此外,坐标点还可以包括诸如颜色信息和强度信息等数据。强度信息是三维激光扫描仪接收装置采集的回波强度,与目标的表面材质、粗糙度、入射角方向,以及仪器的发射能量、激光波长有关。

在工业应用当中,可以使用 3D 相机扫描零件或产品,进而获得相应的点云数据,通过分析点云进行反向工程、质量检测等。例如,在快递包裹分拣场景下,点云提供了包裹的精确三维几何信息。通过对点云进行数据分析,可以计算出物体的表面积、体积、密度等参数,可替代手工测量,有效提高了检测效率。

(2)深度图。

深度图(Depth Map)也被称为距离影像,是指将图像从传感器到场景中各点的距离(深度值)转化为亮度数据,它直接反映了景物可见表面的几何形状。

在已知相机内参的前提下，点云数据和深度图数据可以相互转化。深度图数据经过坐标转换可以计算为点云数据，有规则及必要信息的点云数据也可以转化为深度图数据。

9.3 项目分析

9.3.1 任务划分

经过对项目任务的分析，设计物流包裹测量工作流程，如图9-9所示。

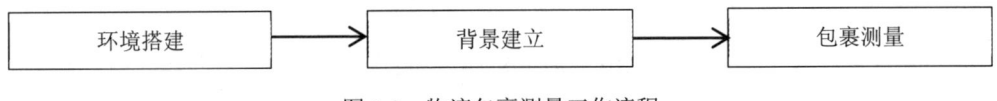

图9-9 物流包裹测量工作流程

9.3.2 方案设计

根据3D相机的检测范围和工作范围对实训平台进行布局规划，3D视觉平台方案架构如图9-10所示。

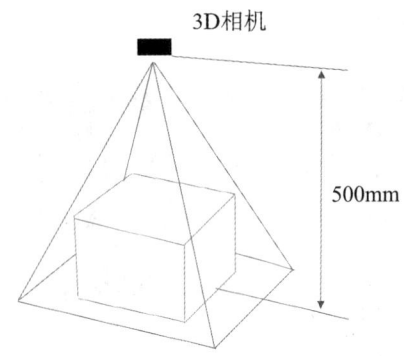

图9-10 3D视觉平台方案架构

1. 确定3D相机的类型

根据相机技术的特点及应用场景，选用主动双目类型的相机。

2. 确定视场

因为检测的包裹的最大尺寸为300mm×200mm×150mm，因此近视场的值应该大于300mm×200mm。

3. 确定分辨率

计算分辨率时，远视场需要比近视场大，这里以600mm×500mm进行计算：

长边分辨率=视场（长边）/精度=600/0.1=6000（像素）

短边分辨率=视场（短边）/精度=500/0.1=5000（像素）

因此相机的分辨率应该大于600像素×500像素。

4. 确定工作范围

本项目的工作范围为 500～800mm。

5. 选择 3D 相机品牌并确定相机型号

根据相机的类型、视场需求、分辨率、工作范围等参数从产品列表中选定 3D 相机，相机具有近距离测量精度高、体积小、成像快等特点，采用的是主动双目散斑结构光的技术原理。配套的视觉软件自带百余种图像处理算子，具备强大的视觉分析工具库，可快速构建机器视觉应用系统，满足不同的应用需求。本项目使用的 3D 相机如图 9-11 所示。

图 9-11 本项目使用的 3D 相机

9.4 项目实施

9.4.1 环境搭建

1. 设置相机的 IP 地址

物流包裹测量-相机设定

（1）打开计算机的控制面板，选择"网络和 Internet"→"网络和共享中心"选项，依次单击"以太网"和"属性"按钮，进入"以太网 属性"对话框，双击"Internet 协议版本 4（TCP/IPv4）"选项，进入"Internet 协议版本 4（TCP/IPv4）属性"对话框，重设计算机端 IP 地址，如图 9-12 所示，这里以 192.168.1.18 为例。

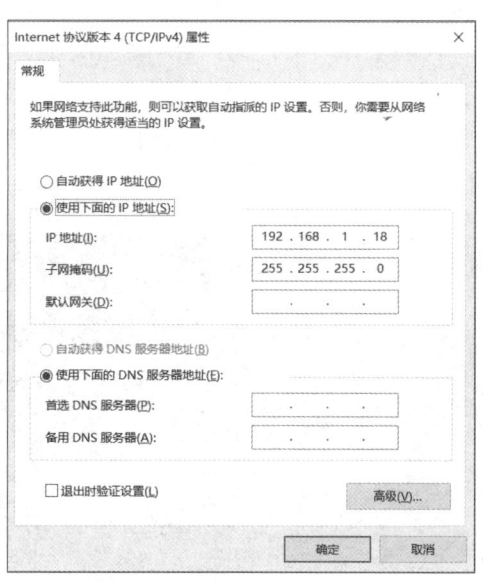

图 9-12 计算机端 IP 地址设置

（2）双击 percipio-viewer 软件图标，打开 percipio-viewer 软件。单击"Preferences"左侧的按钮，选择"Device IP Settings"选项，如图 9-13 所示。

（3）在弹出的"Device IP Settings"对话框中，在"Net interface list"下拉列表中选择目标网段的网络接口或"All network interfaces"选项，在"Found device"下拉列表中选择目标相机序列号，将"Device target ip"设置为"192.168.1.10"，"Device target gate"设置为"192.168.1.1"，如图 9-14 所示。

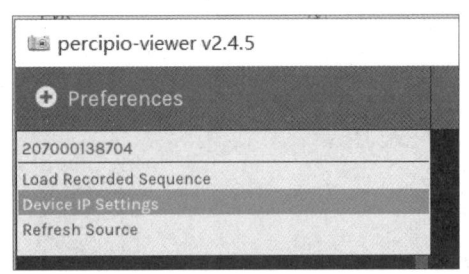

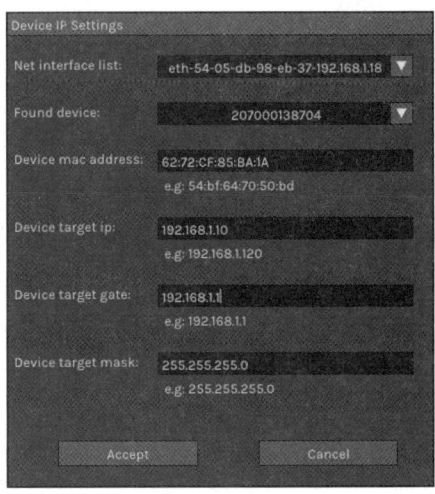

图 9-13　选择"Device IP Settings"选项　　　图 9-14　相机设置

备注：本书使用的相机序列号为 207000138704；"Device target ip"的网址为 1 网段的地址，不能和机器人、计算机的 IP 地址重复，其中机器人的 IP 地址为 192.168.1.6。

2. 采集图像

将 3 种颜色的方块放到视觉检测区。在 percipio-viewer 软件中，展开"Color Stream"的下拉菜单，取消勾选"auto exposure"复选框；将"Color Stream"旁边的开关设置成 ，通过拖动 物流包裹测量-采集图像 "exposure time"的滑块来调节曝光时间，当图像显示区域的图像中方块的颜色与肉眼看见的一致时，停止拖动，如图 9-15 所示。

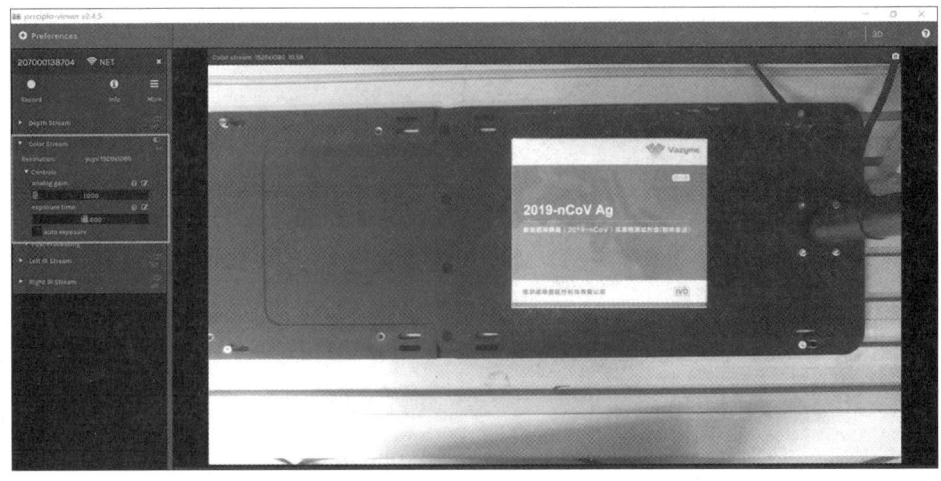

图 9-15　相机采集的实时图像

9.4.2 背景建立

1. 新建和保存工程

（1）双击 RVS 软件图标，打开 RVS 软件，新建工程，如图 9-16 所示。

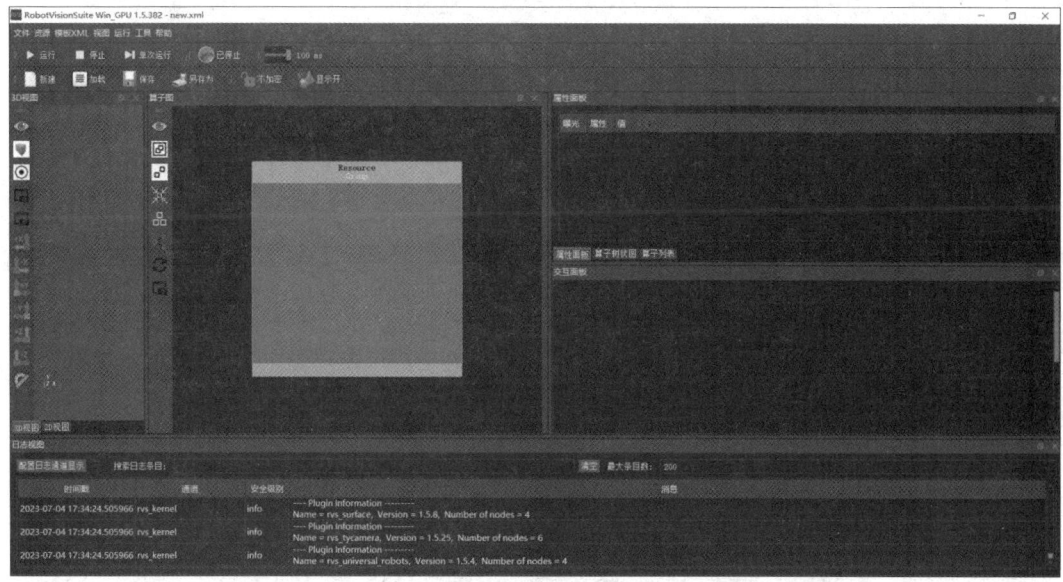

图 9-16　新建工程

（2）保存工程。

选择"文件"→"保存"选项，选择工程的存储路径，并进行重命名，单击"保存"按钮。

2. 窗口布局设置

选择"视图"菜单，首先将算子图、属性面板、交互面板、日志视图均设置为"显示"，然后选择"窗口布局一"选项，如图 9-17 所示。

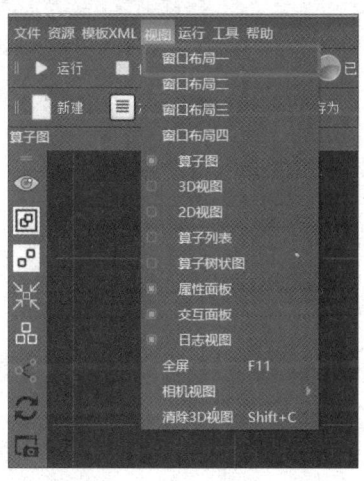

图 9-17　窗口布局设置

备注：窗口布局设置可以根据个人喜好进行设置。

3. 新增算子，获取点云图

（1）在算子图中，新增图漾相机资源（TyCameraResource）算子。

在算子图中选中"Resource Group"，选择"资源"→"图漾相机资源（TyCameraResource）"选项，这样，图漾相机资源（TyCameraResource）算子就被加载到"Resource Group"中了，如图 9-18 所示。

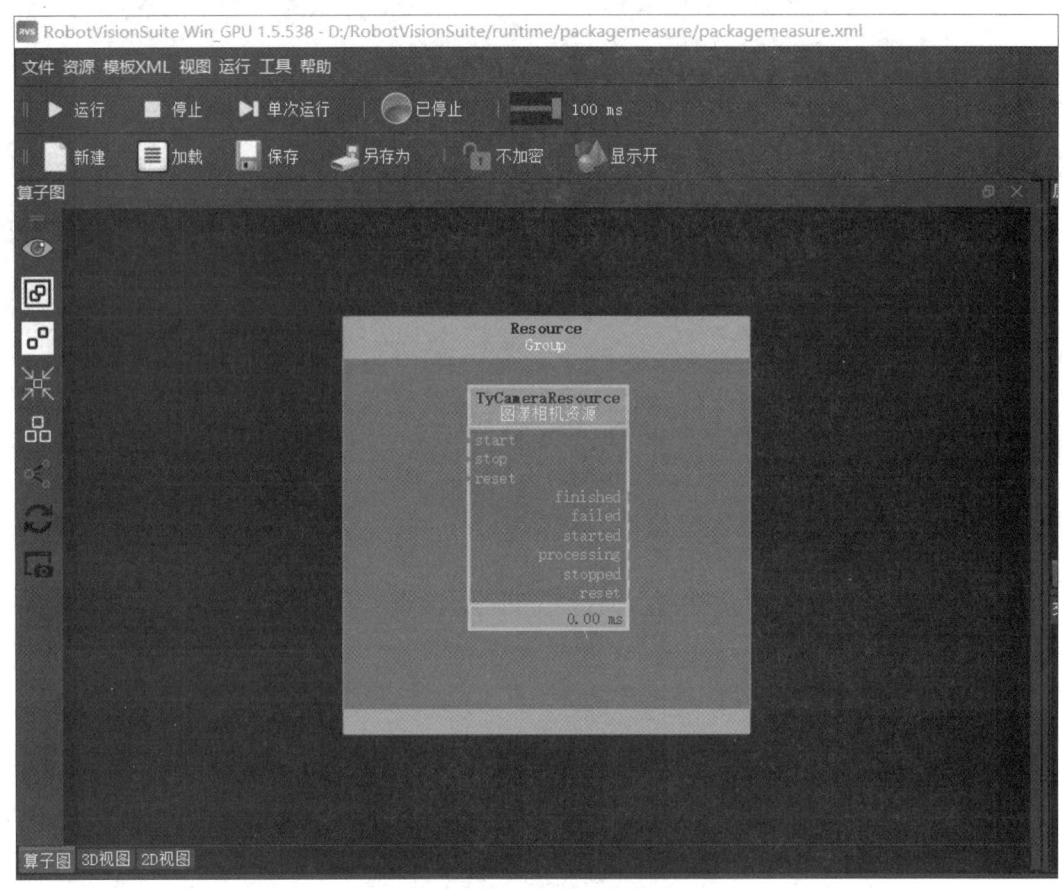

图 9-18　新增图漾相机资源（TyCameraResource）算子

备注：建议每做完一步，单击一次"保存"按钮。

程序说明：图漾相机资源（TyCameraResource）算子属于资源类线程算子，用于在 RVS 软件的分线程中启动一个图漾相机资源。通过添加图漾相机资源（TyCameraResource）算子，实现图漾相机图像和点云的采集。

（2）在算子图中新增图漾相机采集器（TyCameraAccess）算子。

① 在算子列表中搜索 camera 或相机，或者通过滚动鼠标中键找到图漾相机算子（TyCamera），如图 9-19 所示。双击"图漾相机采集器（TyCameraAccess）"按钮，图漾相机采集器（TyCameraAccess）算子就被加载到算子图中了，如图 9-20 所示。选中图漾相机采集器（TyCameraAccess）算子，调整其放置位置。

项目 9 物流包裹测量

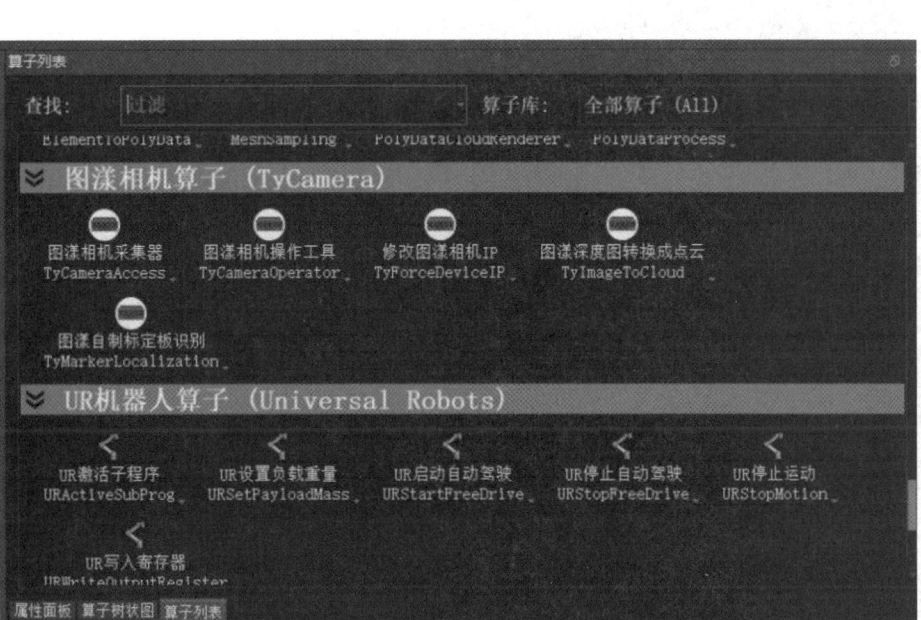

图 9-19 算子列表

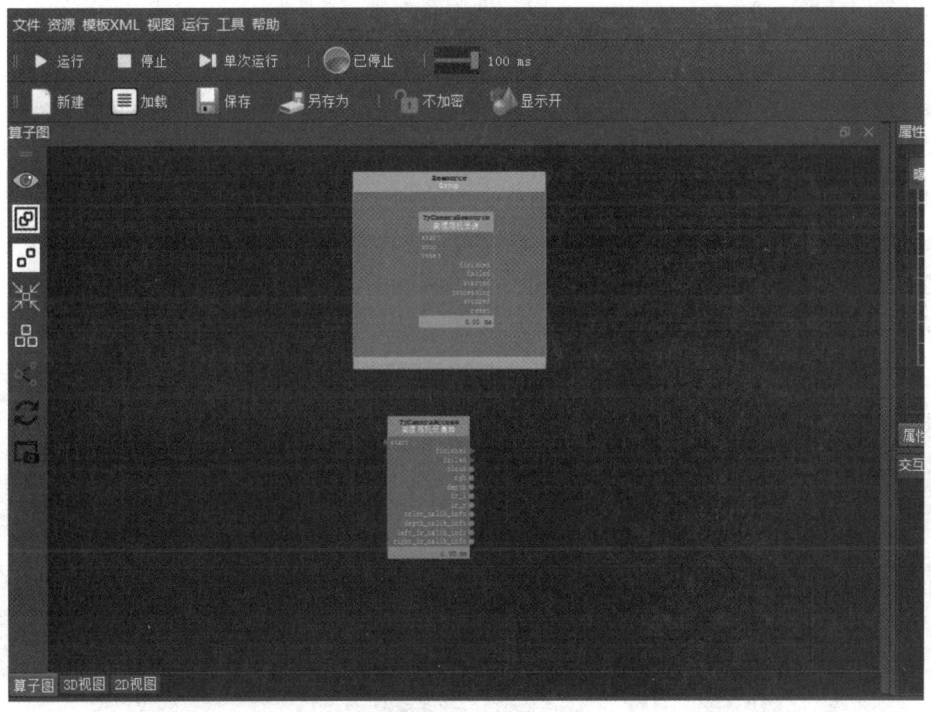

图 9-20 新增图漾相机采集器（TyCameraAccess）算子

说明：连接相机资源后，可以通过图漾相机采集器（TyCameraAccess）算子采集相机信息。

② 在算子图中，选中图漾相机采集器（TyCameraAccess）算子，在属性面板中将"点云""彩色""深度"均设置为"显示"，"点云"栏的 设置为"-2"，如图9-21所示。

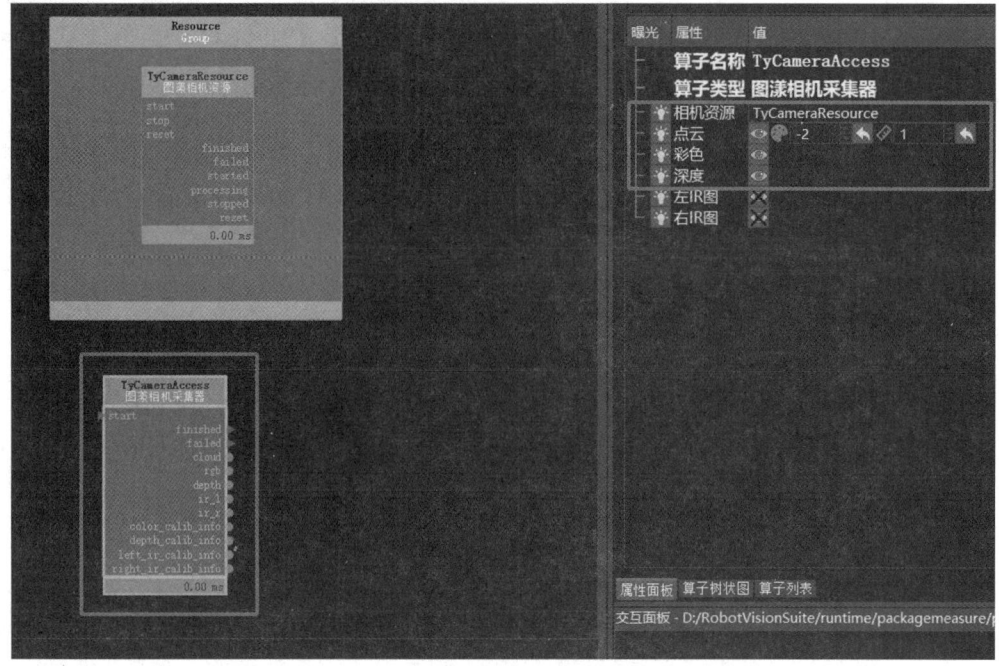

图 9-21 图漾相机采集器(TyCameraAccess)算子属性设置

备注: 设置为"-2"代表在点云图中检测对象显示真实颜色,设置为"-1"代表在点云图中检测对象显示随机颜色。

(3) 在算子图中新增触发器(Trigger)算子。

① 在算子列表中搜索触发器或 Trigger,或者通过滚动鼠标中键找到"触发器(Trigger)"算子,选中"触发器(Trigger)"算子,双击鼠标左键或直接将其拖曳到算子图中,这样,触发器(Trigger)算子就被加载到算子图中了。选中触发器(Trigger)算子,调整其放置位置,如图 9-22 所示。

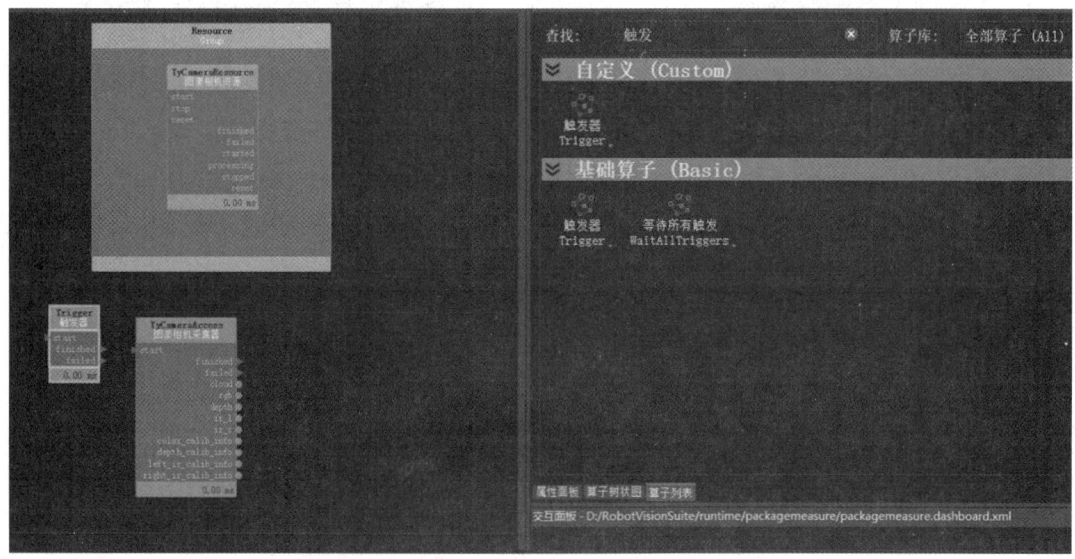

图 9-22 新增触发器(Trigger)算子

说明：触发器（Trigger）算子用于启动其他算子，包含 Trigger（触发器）、InitTrigger（初始化触发器）、DemultiplexerTrigger（多路分解触发器）3 种类型。

② 将触发器（Trigger）算子的 finished 端口与图漾相机采集器（TyCameraAccess）算子的 start 端口相连，如图 9-23 所示。

③ 在算子图中选中触发器（Trigger）算子，在属性面板中点亮触发器的曝光图标，如图 9-24 所示。

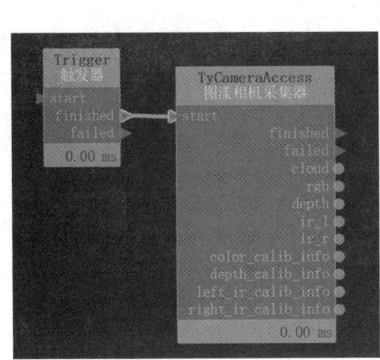

图 9-23　端口相连　　　　　　　　图 9-24　点亮触发器的曝光图标

④ 在交互面板空白处单击鼠标右键，在弹出的快捷菜单中选择"解锁"选项，在出现的"输入工具"列表框中选择"复选框"选项，将其拖曳到交互面板中，如图 9-25 所示。在交互面板中选中复选框，将其重命名为"触发拍照"，并调整其大小，如图 9-26 所示。在交互面板空白处单击鼠标右键，在弹出的快捷菜单中选择"锁定"选项。选中"触发拍照"复选框，单击鼠标中键，在弹出的"参数面板"对话框中，双击"曝光参数"列表框中的"MainGroup/Trigger"选项，"控件参数"列表框中就会出现控件参数的值，如图 9-27 所示。单击"确定"按钮，就创建好触发器的快捷方式了。

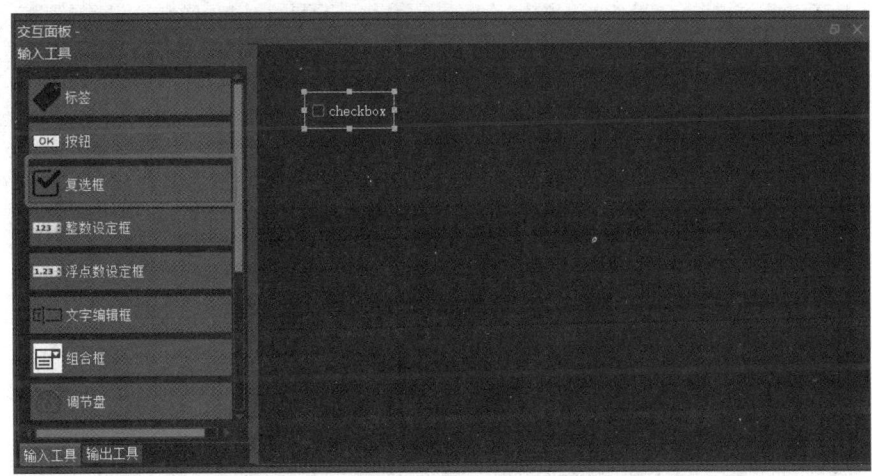

图 9-25　在交互面板中新增复选框

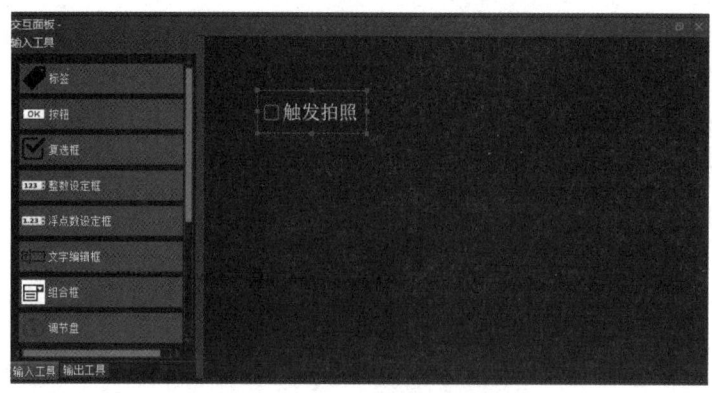

图 9-26　重命名复选框并调整其大小

图 9-27　复选框绑定触发器（Trigger）算子

（4）图漾相机资源（TyCameraResource）算子参数设置。

① 单击 RVS 软件的"运行"按钮，并勾选交互面板中的"触发拍照"复选框，算子图中的图漾相机资源（TyCameraResource）算子变成蓝色，图漾相机采集器（TyCameraAccess）算子和触发器（Trigge）算子变成绿色，说明程序运行成功，如图 9-28 所示。

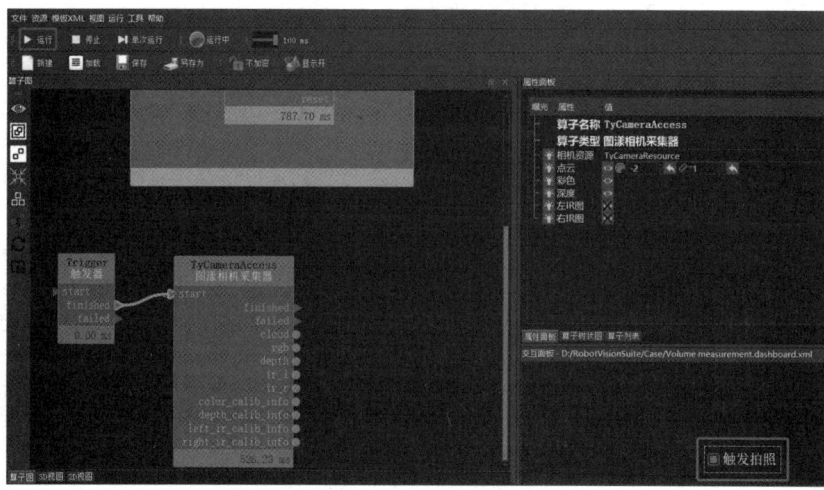

图 9-28　程序运行成功

② 在算子图中选中图漾相机资源（TyCameraResource）算子，在属性面板中，将"自动启动"设置为"True"，将"深度图渲染"设置为"False"，如图 9-29 所示。

③ 将"相机参数展开"设置为"True"，在算子图中再次选中图漾相机资源（TyCameraResource）算子，在属性面板中将"彩色图曝光时间"设置为"115"，如图 9-30 所示。

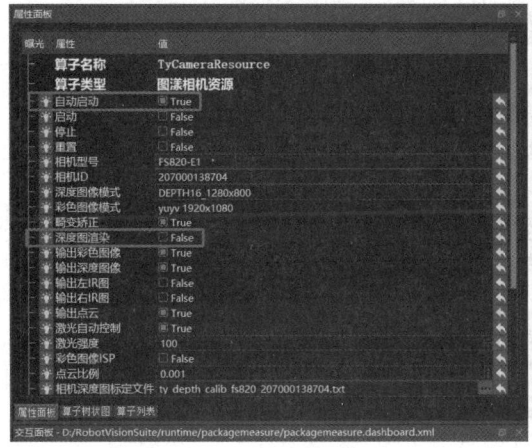
图 9-29　图漾相机资源（TyCameraResource）算子属性设置 1

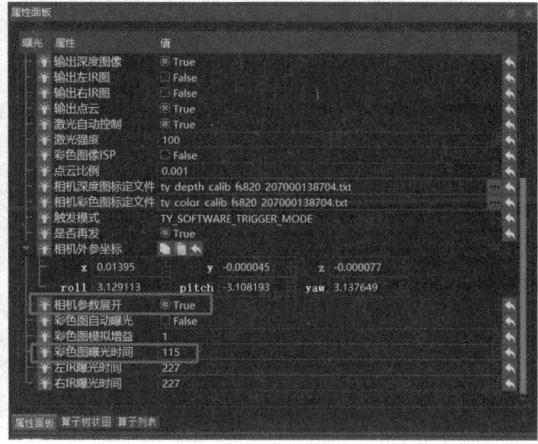
图 9-30　图漾相机资源（TyCameraResource）算子属性设置 2

说明：彩色图曝光时间的值由 9.4.1 节的步骤 2 通过 percipio-viewer 软件获取。

④ 单击"2D 视图"标签，就可以看到相机采集的彩色图像和深度图像了，如图 9-31 所示。单击"3D 视图"标签，就可以看到相机采集的点云图了，如图 9-32 所示。

图 9-31　2D 视图（彩色图像和深度图像）

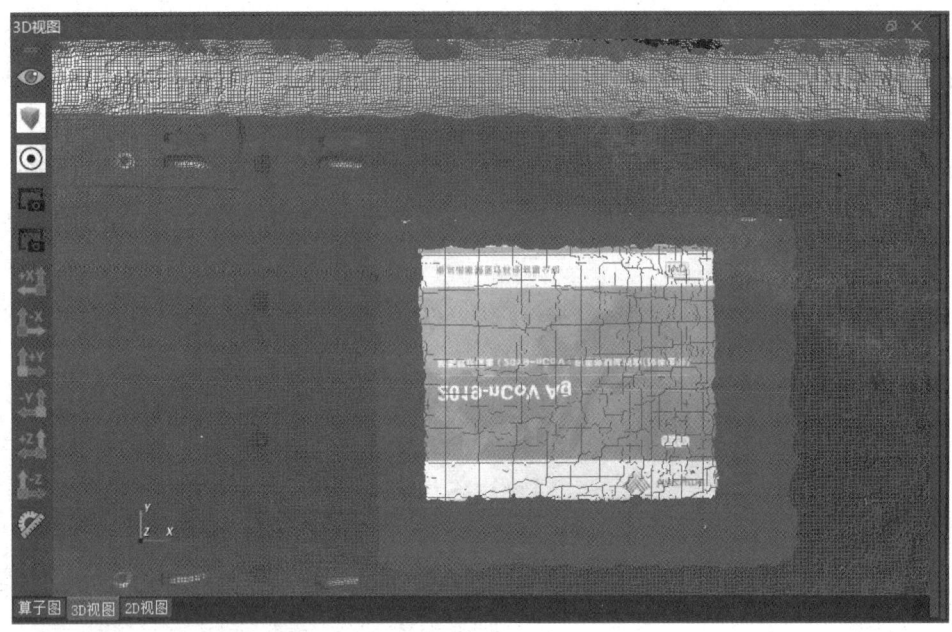

图 9-32　3D 视图（点云图）

4. 建立背景

（1）在算子图中，新增建立背景（BackgroundBuilder）算子。

在算子列表中搜索建立背景或 BackgroundBuilder，选中"建立背景（BackgroundBuilder）"算子，双击鼠标左键或直接将其拖曳到算子图中，并调整其放置位置，如图 9-33 所示。

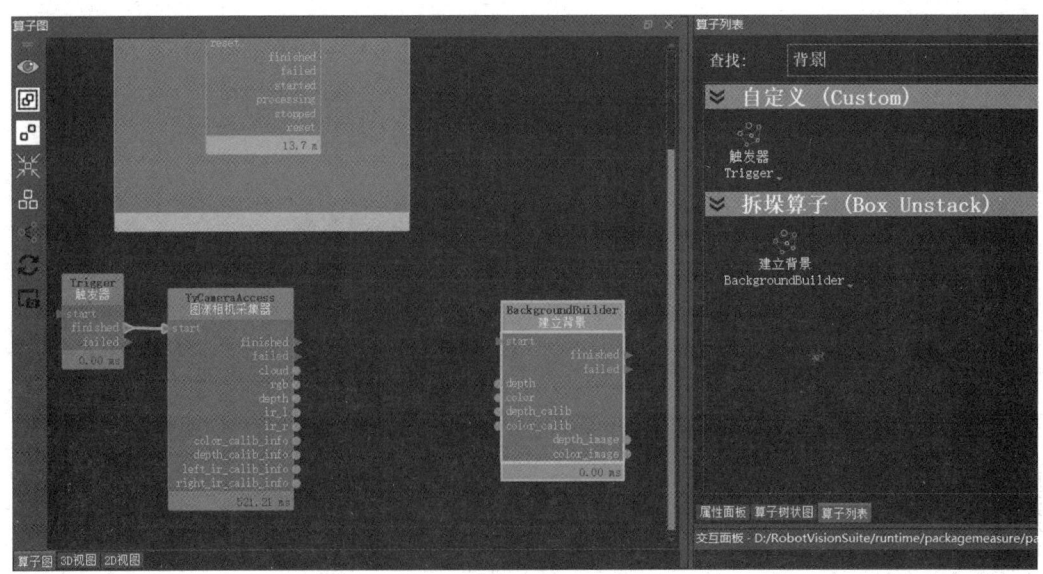

图 9-33　新增建立背景（BackgroundBuilder）算子

说明：建立背景（BackgroundBuilder）算子用于包裹测量算法，其功能是建立背景，保存背景数据到指定路径和文件。

（2）在算子图中，新增触发器（Trigger）算子。

① 将算子列表的中的触发器（Trigger）算子拖曳到建立背景（BackgroundBuilder）算子的左侧，如图 9-34 所示。

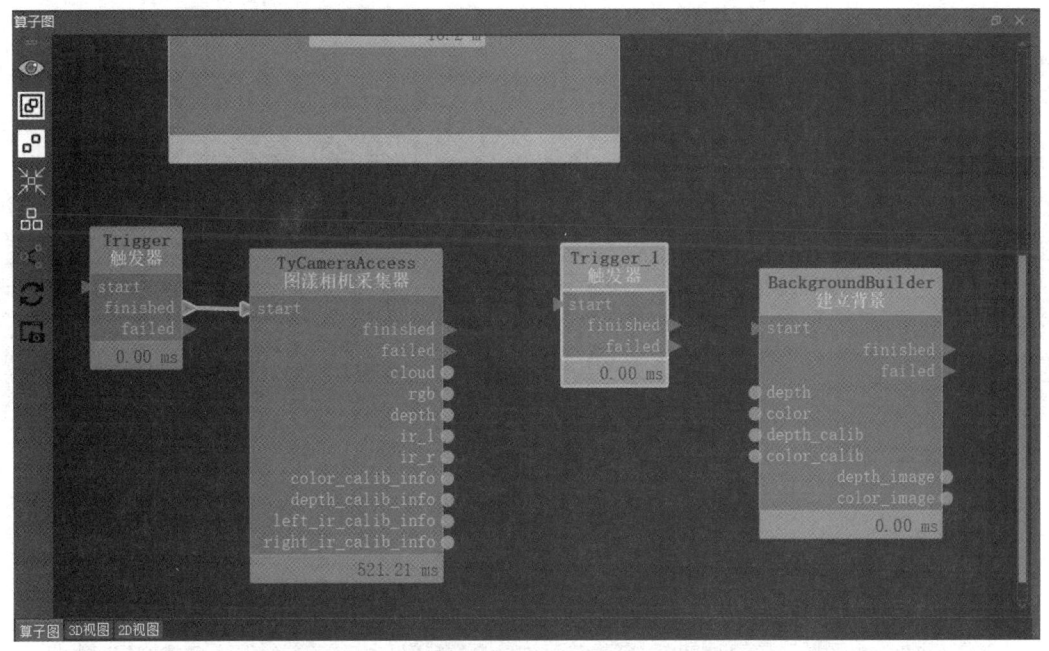

图 9-34　新增触发器（Trigger）算子

② 将触发器（Trigger_1）算子的 finished 端口与建立背景（BackgroundBuilder）算子的 start 端口相连，如图 9-35 所示。

③ 将图漾相机采集器（TyCameraAccess）算子的 depth 端口与建立背景（BackgroundBuilder）算子的 depth 端口相连，图漾相机采集器（TyCameraAccess）算子的 rgb 端口与建立背景（BackgroundBuilder）算子的 color 端口相连，图漾相机采集器（TyCameraAccess）算子的 color_calib_info 端口与建立背景（BackgroundBuilder）算子的 color_calib 端口相连，图漾相机采集器（TyCameraAccess）算子的 depth_calib_info 端口与建立背景（BackgroundBuilder）算子的 depth_calib 端口相连，如图 9-36 所示。

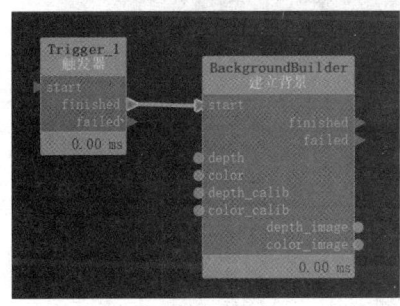

图 9-35　端口相连 1

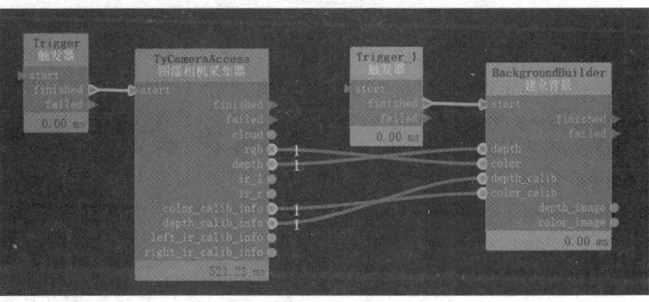

图 9-36　端口相连 2

④ 在算子图中选中触发器（Trigger_1）算子，在属性面板中，点亮触发器的曝光图标，

如图 9-37 所示。

⑤ 在交互面板空白处单击鼠标右键，在弹出的快捷菜单中选择"解锁"选项，在出现的交互面板的"输入工具"列表框中选择"复选框"选项，将其拖曳到交互面板中，在交互面板中选中该复选框，调整其大小，并将其重命名为"重建背景"，如图 9-38 所示。

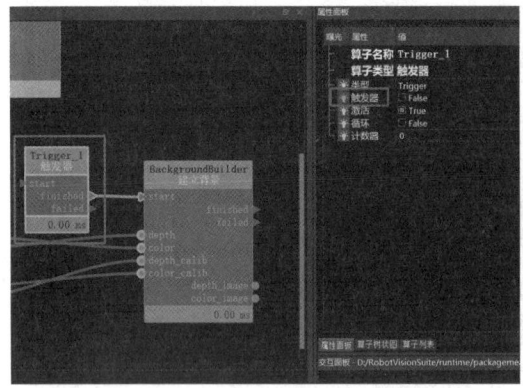
图 9-37　点亮触发器的曝光图标

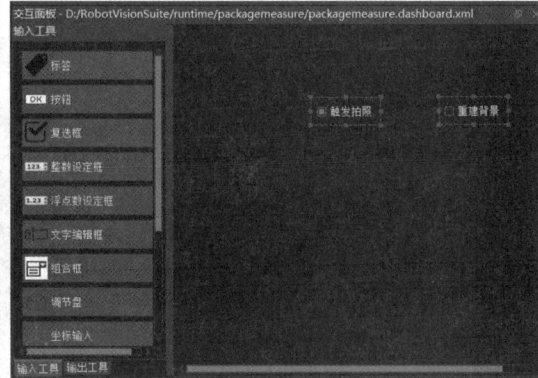
图 9-38　重命名复选框

⑥ 单击 RVS 软件中的"运行"按钮，在交互面板中勾选"重建背景"复选框，算子图中的建立背景（BackgroundBuilder）算子和触发器（Trigger_1）算子就变成了绿色，说明背景重建成功，如图 9-39 所示。

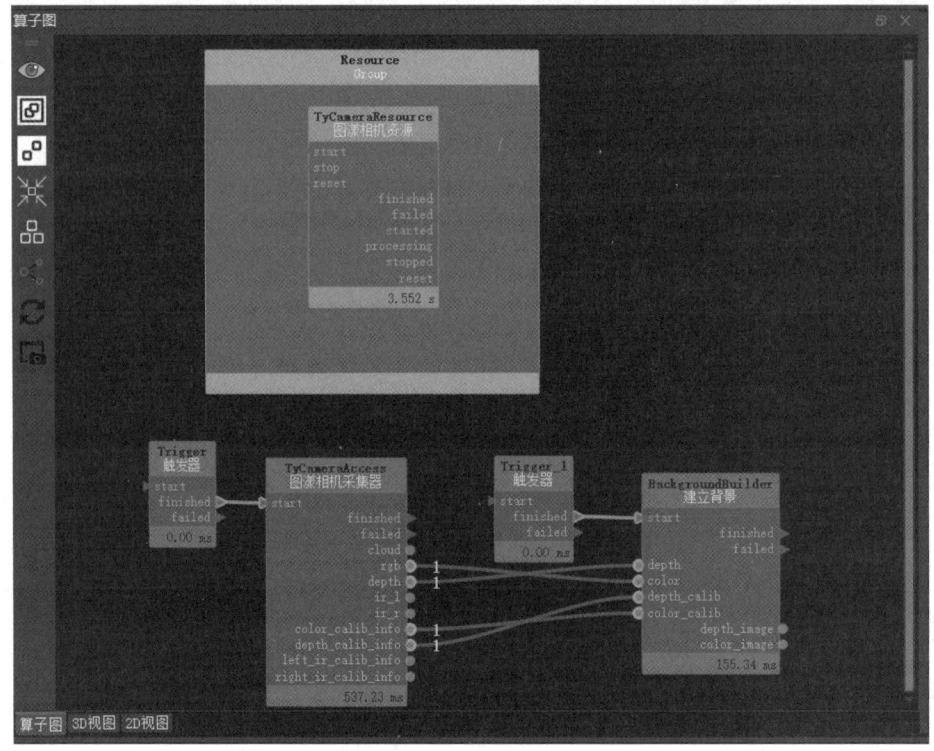
图 9-39　背景重建成功

说明：在一个系统里面，背景只需建立一次。

9.4.3 包裹测量

（1）在算子列表中搜索测量包裹或 PackageMeasure，或者通过滚动鼠标中键找到拆垛算子（Box Unstack），选中"测量包裹（PackageMeasure）"算子，双击鼠标左键或直接将其拖曳到算子图中，并调整其放置位置，如图 9-40 所示。

物流包裹测量-测量包裹

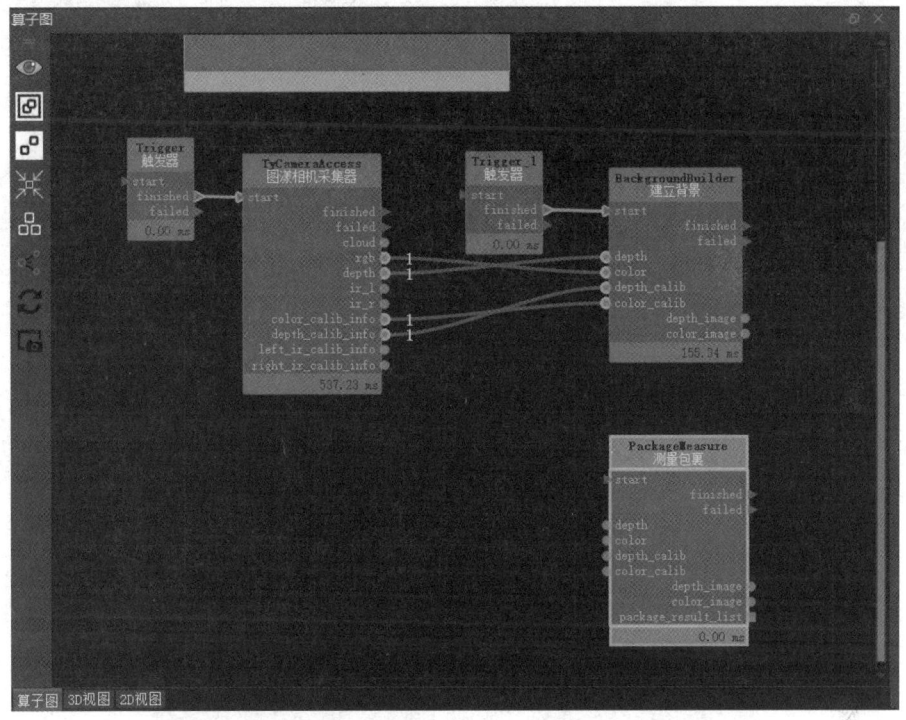

图 9-40 新增测量包裹（PackageMeasure）算子

说明：测量包裹（PackageMeasure）算子用于包裹测量算法，其功能是根据保存的背景文件测量当前图像中的包裹。

（2）将图漾相机采集器（TyCameraAccess）算子的 finished 端口与测量包裹（PackageMeasure）算子的 start 端口相连，图漾相机采集器（TyCameraAccess）算子的 depth 端口与测量包裹（PackageMeasure）算子的 depth 端口相连，图漾相机采集器（TyCameraAccess）算子的 rgb 端口与"测量包裹 PackageMeasure"算子的 color 端口相连，图漾相机采集器（TyCameraAccess）算子的 color_calib_info 端口与测量包裹（PackageMeasure）算子的 color_calib 端口相连，图漾相机采集器（TyCameraAccess）算子的 depth_calib_info 端口与测量包裹（PackageMeasure）算子的 depth_calib 端口相连，如图 9-41 所示。

（3）在算子图中选中测量包裹（PackageMeasure）算子，在属性面板中，将"useRectBounding""multiobj""measureTotal"的值均设置为"True"，"文件路径"设置为"./bg"；根据实际需要设置 ROI 的大小，即设置"roi_x""roi_y""roi_w""roi_h"的值，打开"深度图像""彩色图像""package_result_list"的可视化，点亮"package_result_list"的曝光图标，如图 9-42 所示。

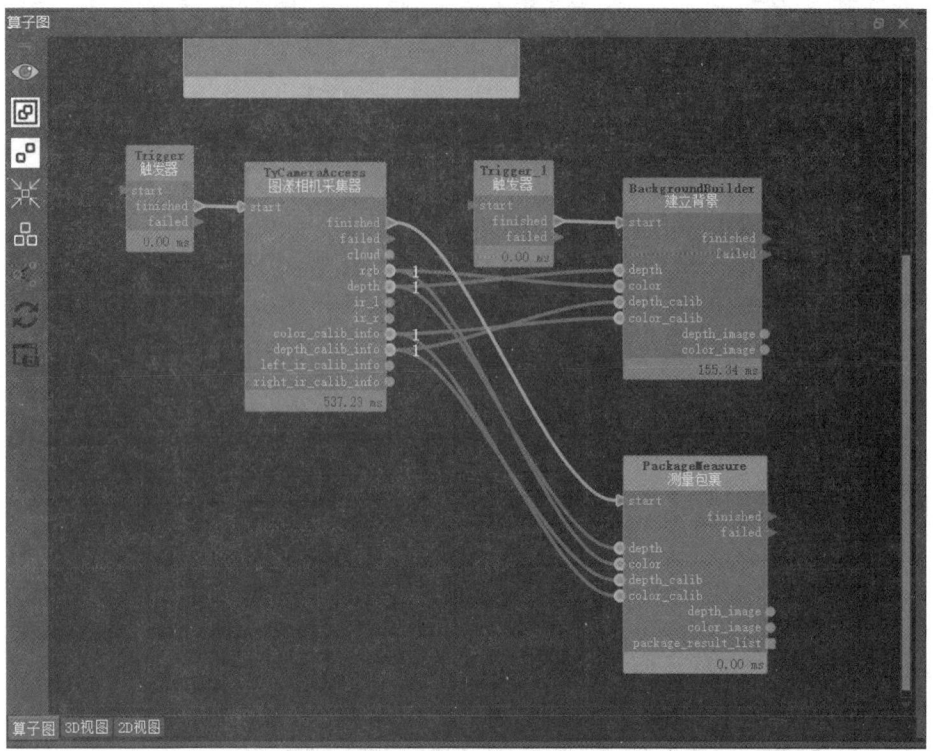

图 9-41 端口相连

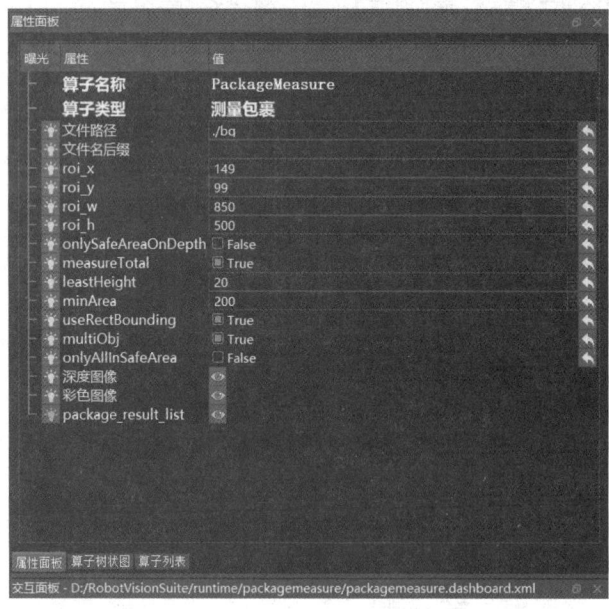

图 9-42 测量包裹（PackageMeasure）算子属性设置

ROI 参数的确定方法：首先单击 RVS 软件的"运行"按钮，并勾选交互面板中的"触发拍照"复选框；然后打开 2D 视图，最大化"PackageMeasure:depth"，将鼠标指针放置在 ROI 的左上角，读取此点的坐标值，x 坐标值即测量包裹（PackageMeasure）算子属性设置里面"roi_x"的值，y 坐标值即测量包裹（PackageMeasure）算子属性设置里面"roi_y"的值,如图 9-43 所示;接着将鼠标指针放置到 ROI 的右上角,读取此点的 x 坐标值,将其与第一个点的 x 坐标值相减,即得到"roi_w"的值;最后将鼠标指针放置到 ROI 的左下角,读取此点的 y 坐标值,将其与第一个点的 y 坐标值相减,即得到"roi_h"的值。

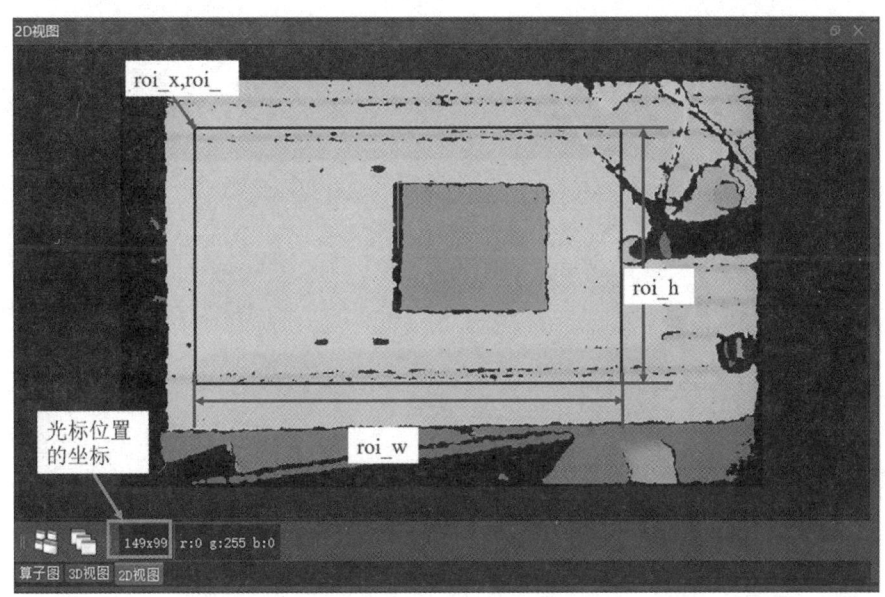

图 9-43 ROI 示意图

(4)在交互面板空白处单击鼠标右键,在弹出的快捷菜单中选择"解锁"选型,在出现的交互面板的"输出工具"列表框中选择"表格"选项,将其拖曳到交互面板中,并调整其大小,如图 9-44 所示。在交互面板空白处单击鼠标右键,在弹出的快捷菜单中选择"锁定"选项。选中表格,单击鼠标中键,在弹出的"特征对象面板"对话框中双击"输出特征对象"列表框中的"MainGroup/PackageMeasure"的数据。这样,在"控件显示特征对象"列表框就会出现"package_result_list"的值,如图 9-45 所示。单击"确定"按钮,体积测量的结果就可以在交互面板中直观地显示出来。

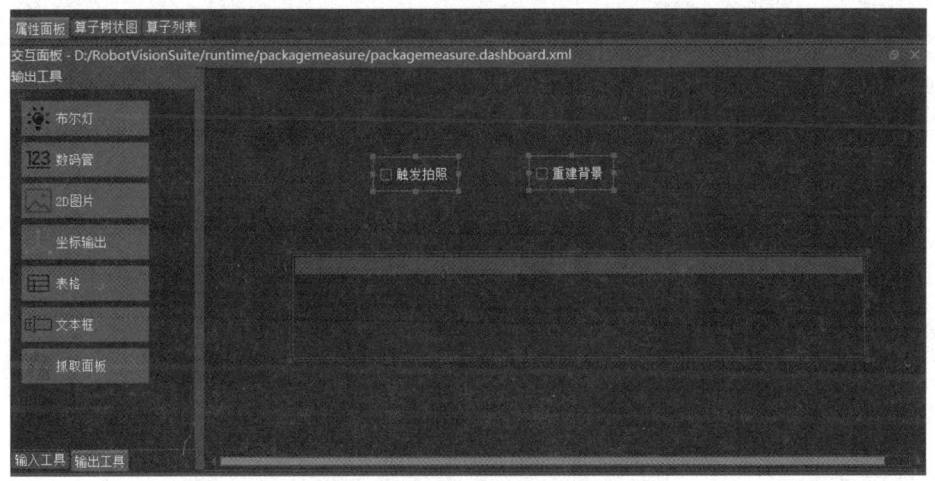

图 9-44 在交互面板中增加表格

图 9-45　表格绑定测量包裹（PackageMeasure）算子

（5）将检测对象放置到视觉检测区。取消勾选交互面板中的"重建背景"复选框，单击 RVS 软件的"运行"按钮，勾选交互面板中的"触发拍照"复选框。这样就可以在日志视图和交互面板中看到检测出来的物体的长、宽、高、中心点坐标及体积了，如图 9-46、图 9-47 所示。单击"2D 视图"标签，查看识别结果，如图 9-48 所示。

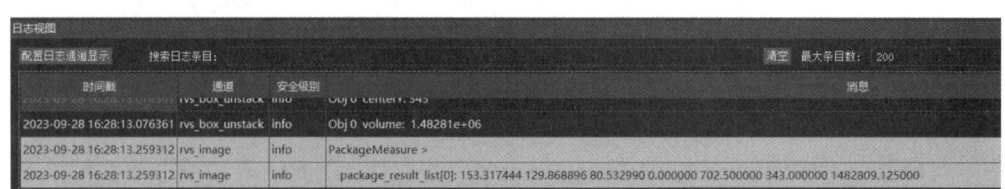

图 9-46　日志视觉的体积检测结果

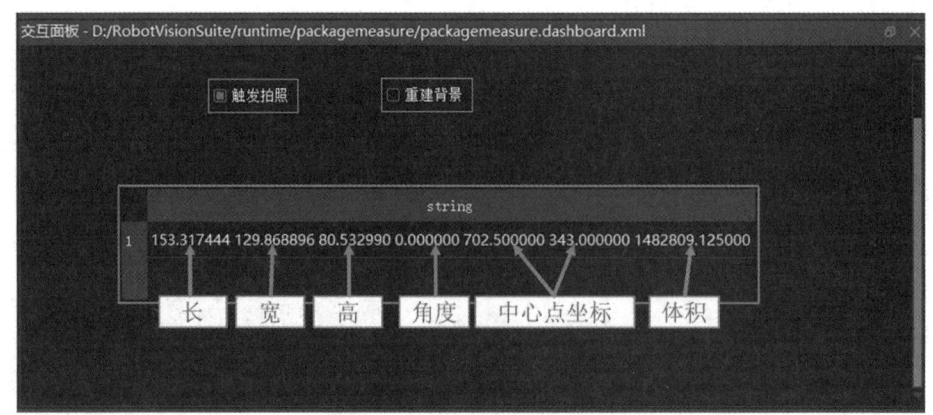

图 9-47　交互面板中的显示结果

备注： 测量包裹输出的长度单位是 mm；体积是方块外接矩形的体积而不是方块的真实体积；若要测量方块的真实体积，则方块的摆放方向需要与相机方向一致。

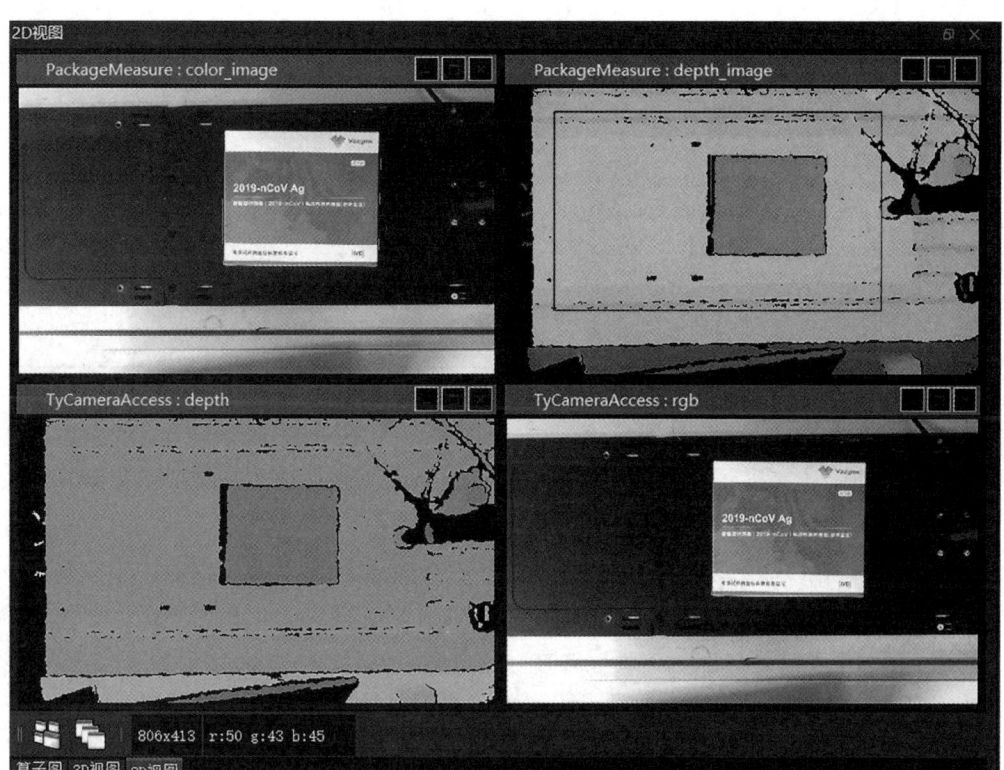

图 9-48 2D 视图的识别结果

9.5 项目总结

9.5.1 项目核验

项目实施完成后,可以依据如表 9-2 所示的评分表,为本项目的实施情况打分。

表 9-2 评分表

项目评分细则及分数	自评分
1. 了解 3D 视觉技术的行业应用,10 分	
2. 掌握 3D 相机的基本原理,10 分	
3. 能根据 3D 相机的性能参数进行合理的选型,10 分	
4. 能根据项目要求进行选型,10 分	
5. 硬件安装符合规范,10 分	
6. 能进行背景的建立,10 分	
7. 能进行包裹的长、宽测量,10 分	
8. 能进行包裹的体积测量,10 分	
9. 完成项目解决方案文档,10 分	
10. 遵守 4S 规范,将实验台工具归位,10 分	

续表

存在的问题

改进思路

评分标准：10分—完全符合；8分—比较符合；6分—基本符合；4分—比较不符合；2分—完全不符合。

9.5.2 工程师在线

问题1：物流包裹种类繁多，如何提高识别准确率？

解决方案：利用深度学习软件，结合海量数据预训练的AI模型，提高识别准确率，降低分拣错误率和成本。

问题2：对于非规则、软包、高反光件、薄件等特殊形态包裹，如何提高测量精度？

解决方案：采用能够适应全类型、多尺寸包裹测量场景的设备，使其能够满足小件、大件、超大件货物场景的体积测量需求。

项目 10　视觉上件机器人

📖 知识目标

- 理解相机手眼标定的基本原理。
- 掌握机器人通信的原理和过程。
- 掌握机器人编程的基本方法。

📝 能力目标

- 能实现机器人和视觉系统的环境搭建与通信。
- 能根据项目要求进行机器人、视觉系统、图像处理等多种技术的融合应用。

⚙️ 素质目标

- 具备跨学科、多技术融合应用的知识整合能力。
- 具备团队沟通、协同、合作完成复杂项目的能力。

10.1　项目领取

10.1.1　项目背景

在工业自动化和智能制造的浪潮中，视觉分拣机器人作为一种高度自动化的设备，正逐渐成为物流和制造领域的重要变革力量。在众多生产环节中，分拣作业作为连接生产线与后续加工或包装的重要步骤，其效率与准确性直接影响整个生产线的产能和最终产品的客户满意度。

传统的人工分拣方式不仅劳动强度大、易出错，还难以适应快速变化的产品种类与日益增长的订单量，限制了企业的生产能力和市场竞争力。随着新工业革命的到来，机器视觉技术与分拣机器人的结合不仅提高了分拣效率，还使整个物流系统更加智能化和柔性化。

视觉上件机器人如图 10-1 所示。

图 10-1　视觉上件机器人

10.1.2　项目要求

系统任务是通过机器视觉系统识别出彩色物块的颜色和定位信息,并将坐标发送给机器人,机器人根据彩色物块的颜色将其放置在对应位置。系统检测精度为 0.1mm,检测范围为 200mm×100mm。分拣效果如图 10-2 所示。

图 10-2　分拣效果

10.2　项目调研

10.2.1　手眼标定

一个物体与相机的相对位置关系和这个物体与机械臂之间的关系是不一样的,因此,在相机确定了物体的位置后,还要把物体此时的位置转换成其相对于机械臂的位置,只有这样,机械臂才能进行抓取,故需要进行手眼标定。

在机器视觉中,手眼标定是一个关键过程,用于确定相机(眼)与机器臂(手)之间的空间关系。手眼标定有助于解决机器人视觉系统中的精度问题,确保机器人能够根据相机提供的视觉信息准确地定位和操作。手眼标定示意图如图 10-3 所示。

手眼标定的基本原理是找出相机坐标系和机器人坐标系之间的转换关系,这通常涉及几何变换,包括旋转和平移。这种变换可以通过标定过程来确定,该过程涉及对一个已知的标定对象(如标定板),在相机视场中和机器人坐标系中进行多次测量。通过测量,可以计算出从相机坐标系到机器人坐标系的变换矩阵。常用的标定板实物如图 10-4 所示。

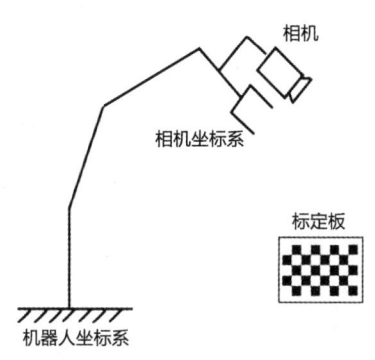

图 10-3 手眼标定示意图

图 10-4 常用的标定板实物

手眼标定的基本过程如下。

（1）标定准备：选择合适的标定对象（如标定板），并确保它可以在不同的位置和角度被相机捕捉到。

（2）数据采集：将标定对象放置在不同的位置，并记录机械臂末端执行器的相应位置；同时，使用相机捕捉标定对象的图像，并提取图像中的标定点。

（3）标定算法：使用标定算法处理采集的数据，计算出相机坐标系相对于机器人坐标系的变换矩阵。

（4）验证和优化：将计算出的变换矩阵应用于机器人控制，观察机器人是否能够准确地到达预期位置，并对标定过程进行优化。

10.2.2 机器人通信

机器人通信的基本原理涉及多个组件之间的信息交换，以确保机器人系统能够协调一致地工作。机器人通信需要满足以下要求。

（1）通信协议：机器人系统中的通信通常遵循特定的协议，这些协议定义了数据格式、传输速率、错误检测和纠正方法。常见的工业机器人通信协议包括 Modbus、PROFIBUS、EtherCAT 等。

（2）数据传输：机器人通信涉及数据的发送和接收。数据可以是机器人状态信息、传感器数据、控制命令等。

（3）实时性：机器人通信需要满足实时性要求，尤其在需要快速响应的应用中。实时以太网和现场总线系统就是为了满足这种要求而设计的。

（4）可靠性：机器人通信系统必须可靠，以防止数据丢失或错误传输，这通常通过错误检测和纠正机制来实现。

（5）接口和连接器：物理层的接口和连接器是机器人通信的重要组成部分，它们需要适应工业环境中的恶劣条件。

（6）多节点通信：在复杂的机器人系统中，可能需要多个节点（如控制器、传感器、执行器）之间的通信。这些节点必须能够在网络上正确地识别和通信。

（7）安全性：机器人系统必须确保数据的安全性，防止未授权访问和数据泄露。

（8）标准化：为了确保不同厂商的设备能够相互通信，机器人通信遵循一系列国际标准和规范。

机器人通信的基本原理是确保系统中的所有组件能够高效、准确地交换信息,以实现精确的控制和协调。随着技术的发展,机器人通信也在不断地向更高速度、更高可靠性和更智能化的方向发展。

10.2.3 机器人编程

机器人编程是指为机器人设计和编写指令,使其能够执行特定的任务和动作。以下是机器人编程的基本过程。

(1)需求分析:确定机器人需要完成的任务,分析任务的环境和条件。

(2)系统设计:设计机器人的机械结构和控制系统,选择合适的传感器和执行器。

(3)选择编程语言和编程工具:根据机器人的类型和应用场景选择合适的编程语言(如Python、C++、ROS等),并选择编程工具和集成开发环境(IDE)。

(4)硬件配置:配置机器人的硬件,包括控制器、传感器、电机等,并进行硬件接口的设置和测试。

(5)软件环境搭建:安装操作系统和必要的软件库,配置网络和通信协议。

(6)编写代码:编写代码来控制机器人的动作和行为,实现任务逻辑、运动规划、传感器数据处理等。

(7)调试:在模拟环境或实际机器人上测试代码,调整和优化代码。

(8)功能实现:确保机器人能够按照预期执行任务,进行功能测试和验证。

(9)系统集成:将机器人编程集成到更大的系统中,如自动化生产线,确保机器人与其他系统组件协同工作。

10.3 项目分析

10.3.1 任务划分

经过对项目任务的分析,设计机器人工作流程,如图10-5所示。

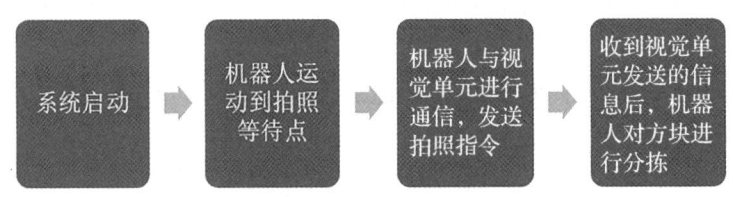

图10-5 机器人工作流程

10.3.2 方案设计

彩色物块定位引导系统的工作流程如图10-6所示。

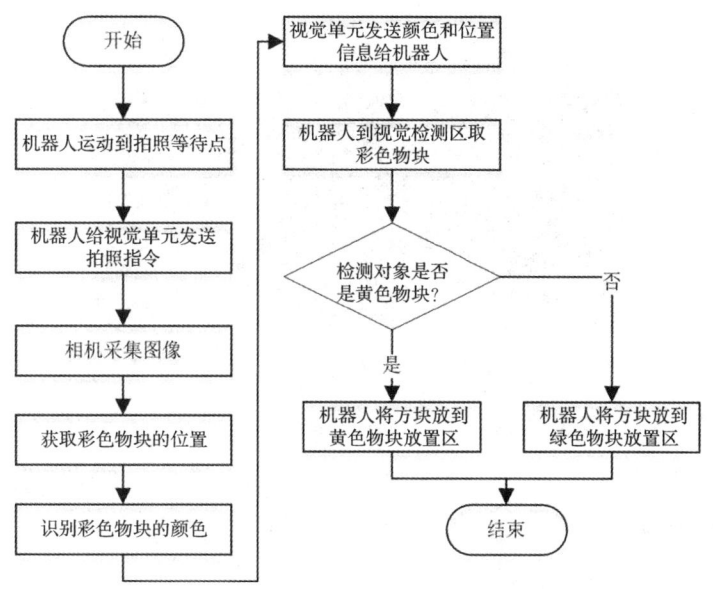

图 10-6 彩色物块定位引导系统的工作流程

搭建完成的系统整体布局如图 10-7 所示。

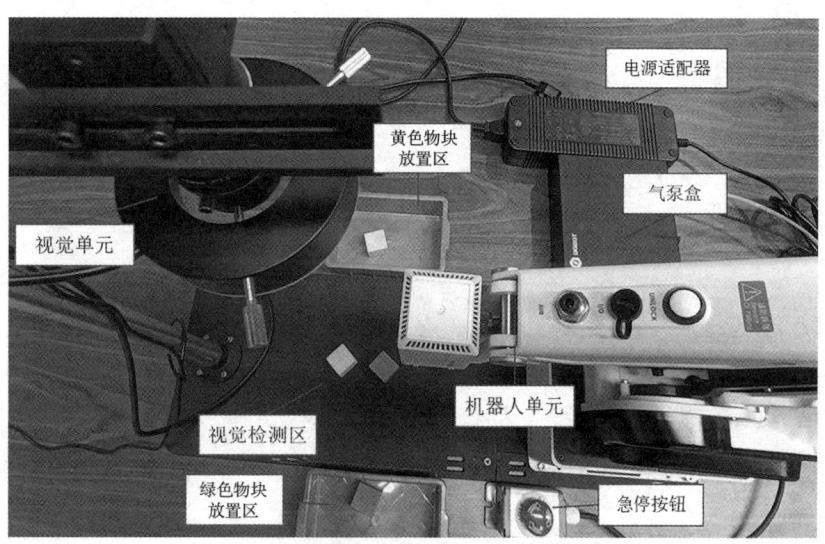

图 10-7 搭建完成的系统整体布局

10.4 项目实施

10.4.1 环境搭建

1. 给机器人上电,打开光源和气泵盒开关

打开气泵盒开关,并将控制旋钮旋转至"Auto"挡,如图 10-8 所示。

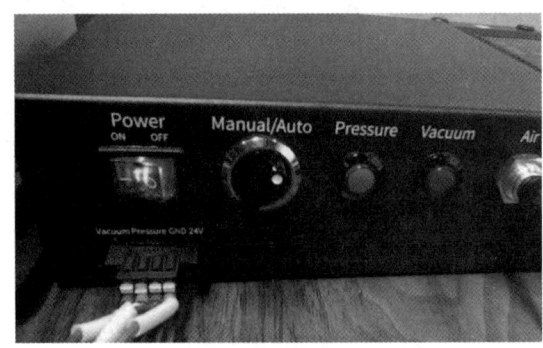

图 10-8 打开气泵盒开关，并将控制旋钮旋转至"Auto"挡

2. 安装吸盘工具，连接相机

先把末端标定针取下，再安装吸盘。先将 Dobot VisionStudio 的加密狗插入计算机，再将视觉单元的 USB 插头（用于连接相机）插到计算机的 USB 接口上。

3. 打开视觉程序，使能机器人

启动 VisionMaster 软件，打开彩色物块定位引导的视觉程序，并检查通信管理的 TCP 服务端是否打开。打开机器人软件，连接并使能机器人。

4. 分析并确定机器人程序所需点位

根据机器人的工作流程，确定彩色物块定位引导项目的机器人程序需要示教与调试的点位共有 3 个目标点，如表 10-1 所示。

表 10-1 机器人点位说明

序号	点位	说明
1	P1	拍照等待点
2	P2	黄色物块放料点
3	P3	绿色物块放料点

5. 存储 P1 点位数据

通过手持示教或点动控制将机器人移动到视觉检测区外，只要不遮挡视觉单元拍照即可，如图 10-9 所示。

图 10-9 定位 P1 点位

在 DobotStudio Pro 软件中单击"存点"按钮，在"存点"对话框中单击"新增"按钮，如图 10-10 所示。

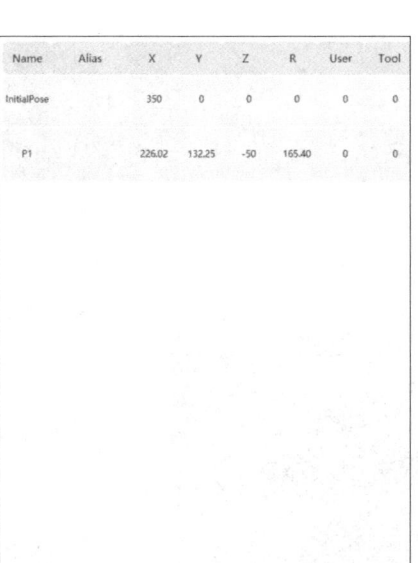

图 10-10　存储 P1 点位数据

6. 存储 P2 点位数据

通过手动或点动控制将机器人移动到黄色物块放置区，如图 10-11 所示。在"存点"对话框中单击"新增"按钮，如图 10-12 所示。

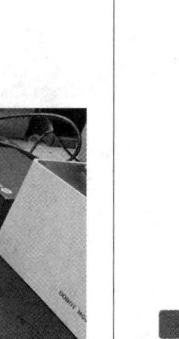
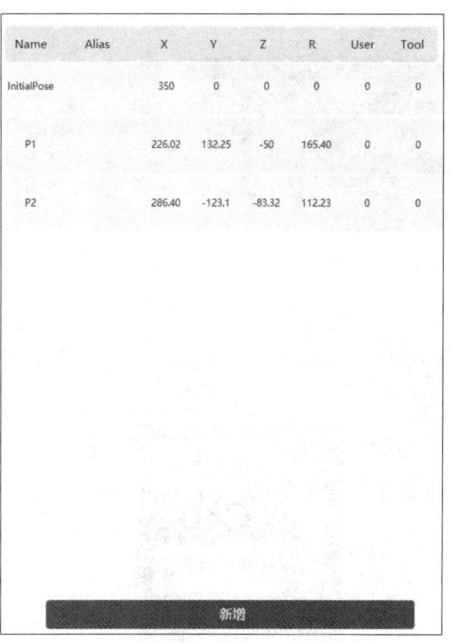

图 10-11　定位 P2 点位　　　　图 10-12　存储 P2 点位数据

7. 存储 P3 点位数据

通过手动或点动控制将机器人移动到绿色物块放置区，如图 10-13 所示。在"存点"对话框中单击"新增"按钮，如图 10-14 所示。

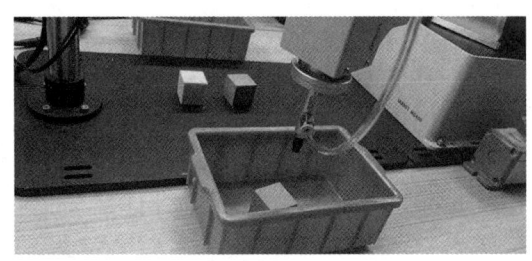
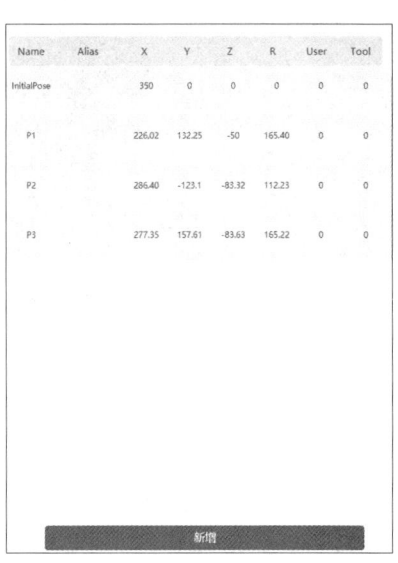

图 10-13　定位 P3 点位　　　　图 10-14　存储 P3 点位数据

10.4.2　3D 手眼标定

1. 增加"N 点标定"工具

将"标定"子工具箱中的"N 点标定"工具拖曳到流程编辑区域，并与"2 标定板标定 1"工具相连，如图 10-15 所示。

彩色物块定位引导-手眼标定

2. 显示初始标定顺序

单击"执行"按钮，在图像显示区域会自动显示 9 点标定的标定点及其标定顺序，如图 10-16 所示。

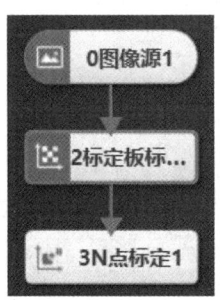

图 10-15　增加"N 点标定"工具　　　图 10-16　9 点标定的标定点及其标定顺序

3. 设置"3N 点标定 1"工具的基本参数

双击"3N 点标定 1"工具,进入参数设置对话框。在"基本参数"选项卡中,"平移次数"保持默认值"9",将"旋转次数"设置为"0",如图 10-17 所示。单击"旋转次数"数值框右侧的 按钮,就可以编辑标定点,如图 10-18 所示。

图 10-17 基本参数设置

图 10-18 "编辑标定点"对话框

4. 交换数据

在"编辑标定点"对话框中,将"ID"为"3"和"5"的两行数据中"图像坐标 X"和"图像坐标 Y"的值交换,如图 10-19 所示。

5. 显示转换后的标定顺序

单击"确定"按钮,返回参数设置对话框,单击"执行"按钮,可以看到图像显示区域的标定顺序就变成了己字形,如图 10-20 所示。

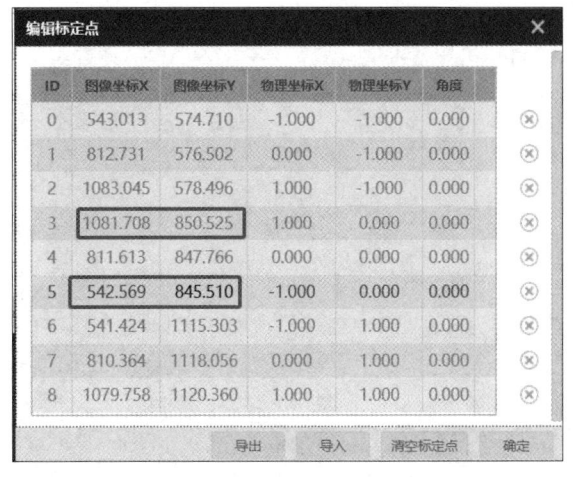

图 10-19 交换数据后的"编辑标定点"对话框

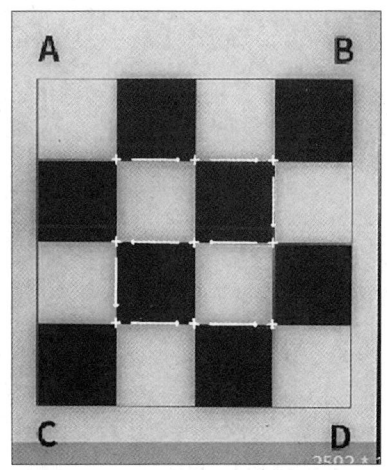

图 10-20 交换数据后的标定顺序

6. 获取物理坐标点

切换到 DobotStudio Pro 软件,控制机器人按照标定点的顺序动作。

首先控制机器人到达第一个标定点，如图 10-21 所示；然后在 DobotStudio Pro 软件中读取第一个点位的物理坐标，如图 10-22 所示，这两个值分别是 DobotVisionStudio 软件的"编辑标定点"对话框中对应的第一行的物理坐标位置，如图 10-23 所示。按照相同的操作，获取剩下 8 个点的物理坐标并填入，如图 10-24 所示。

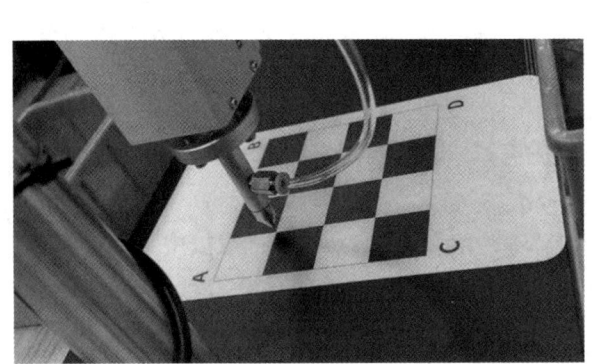

图 10-21　定位第一个标定点　　　　图 10-22　第一个标定点的坐标

图 10-23　填入第一个标定点的物理坐标　　图 10-24　9 个标定点的物理坐标

7. 生成标定文件

编辑标定点的操作完成后，单击"执行"按钮，在"基本参数"选项卡中，单击"生成标定文件"按钮，将标定文件导出并存储到计算机中，并命名为"九点标定"，以备后续调用，如图 10-25 所示。

项目10 视觉上件机器人

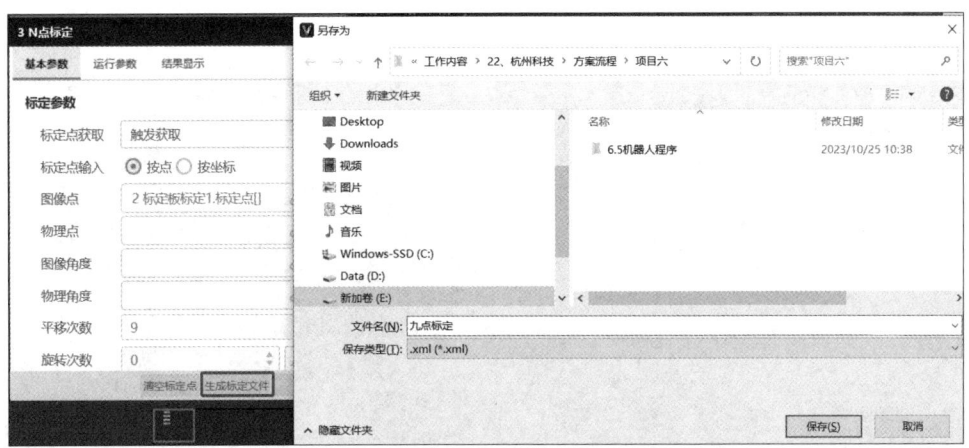

图 10-25　生成标定文件

10.4.3　机器人程序

机器人程序分为变量程序和 src0 程序两部分，视觉分拣的机器人程序设计如下。

彩色物块定位引导-
机器人程序设计

1. 变量程序

```
-- 全局变量模块仅用于定义全局变量和模块函数，不能调用运动指令
function split( str,reps )   --字符分隔
    local resultStrList = {}
    string.gsub(str,'[^'..reps..']+',function ( w )
        table.insert(resultStrList,w)
    end)
    return resultStrList
end
```

2. src0 程序

（1）定义变量：

```
local ip="192.168.1.18"              --服务端 IP 地址
local port=4001                      --服务端端口
local err=1                          --TCP 返回值
local socket                         --定义 TCPsocket
local number = 0                     --彩色物块数量
local data_send = ""                 --发送指针
local thing_number = 0               --来料编号
local move_x = 0                     --标定转换点 X
local move_y = 0                     --标定转换点 Y
local move_r = 0                     --标定转换点 R
local msg = ""                       --接收指针
local coordination                   --定义分隔字符串变量
local Recbuf                         --定义数据缓存变量
```

(2) TCP 数据传输：

```
function data()                              --TCP 数据传输函数，获取视觉单元发送过来的数据信息
    Sleep(100)                               --延时 0.1s
    ::not_data::                             --标志位
    data_send = "ok"                         --发送数据内容为"ok"
    Sync()
    TCPWrite(socket, data_send)              --发送数据
    Sync()
    err, Recbuf = TCPRead(socket, 0,"string")   --接收数据
    if not err then                          --TCP 连接不成功
        goto not_data                        --返回到标志位
    end
    err=1
    msg = Recbuf.buf                         --将接收的数据赋值给 msg 变量
    datasize = string.len(msg)               --测量字符串的长度
    coordination = split(msg,",")            --分隔字符串
    print(msg)                               --打印出 msg 的值
end
```

(3) 视觉取料子程序：

```
function point()                             --视觉取料子程序
    coordination = split(msg,",")            --分隔字符串
    move_x=tonumber(coordination[2])         --X 坐标
    move_y=tonumber(coordination[3])         --Y 坐标
    move_r=tonumber(coordination[4])         --R 坐标
    thing_number = coordination[1]           --序列
    --定义取料点
    local GetProductPos = {coordinate = {move_x,move_y,-150,move_r}, tool = 0, user = 0}
    --定义取料点上方
    local GetProductPosUp = {coordinate = {move_x,move_y,-36,move_r}, tool = 0, user = 0}
    Go(GetProductPosUp,"SYNC = 1")           --机器人运动到取料点上方
    Move(GetProductPos,"SYNC = 1")           --机器人运动到取料点
    DO(9, 1)                                 --吸盘吸料
    Move(GetProductPosUp,"SYNC = 1")         --机器人运动到取料点上方
end
```

(4) 复位输出口程序：

```
for i=1,16,1 do
    DO(i,OFF)
    Sleep(10)
end
```

(5) 创建 TCP 通信：

```
err, socket = TCPCreate(false, ip, port) --创建 TCP 客户端
```

```
if err == 0 then                        --创建 TCP 客户端成功
 err = TCPStart(socket, 0)              --建立 TCP 连接
end
(6) 放料程序:
Go(P1,"SYNC = 1")                       --机器人运动到拍照等待点
Sync()                                  --同步
while true do
  for i=1,4 do
    data()                              --获取视觉单元发送过来的数据信息
    point()                             --根据视觉结果,机器人取料
    if thing_number == "red" then       --判断是否为黄色物块
      --机器人运动到黄色物块放置点位上方 50mm
        Go(RP(P2,{0,0,50,0}), "SYNC=1")
        Move(P2, "SYNC=1")              --机器人运动到黄色物块放置点位
        DO(9, 0)                        --吸盘放料
        DO(10, 1)                       --开启破真空
        Wait(1000)                      --等待 1s
        DO(10, 0)                       --关闭破真空
        --机器人运动到黄色物块放置点位上方 50mm
        Move(RP(P2,{0,0,50,0}), "SYNC=1")
    elseif thing_number == "green" then --判断是否为绿色物块
      --机器人运动到绿色物块放置点位上方 50mm

        Go(RP(P3,{0,0,50,0}), "SYNC=1")
        Move(P3, "SYNC=1")              --机器人运动到绿色物块放置点
        DO(9, 0)                        --吸盘放料
        DO(10, 1)                       --开启破真空
        Wait(1000)                      --等待 1s
        DO(10, 0)                       --关闭破真空
        --机器人运动到绿色物块放置点位上方 50mm
        Move(RP(P3,{0,0,50,0}), "SYNC=1")
    end
    Go(P1,"SYNC = 1")                   --机器人运动到拍照等待点
     break                              --跳出循环
  end
end
```

注释:

① 机器人取料点 Z 坐标的确定方法。

指令 "local GetProductPos={pose={move_x,move_y,-150,P1.pose[4], P1.pose[5],move_r}}" 中的 Z 坐标-150 是吸盘吸取任一方块时的高度值。获取此高度值的方法是通过手动控制或点动控制,让吸盘末端接触方块表面,如图 10-26 所示。此时,点动面板中机器人的 Z 坐标即吸料时的高度值,如图 10-27 所示。

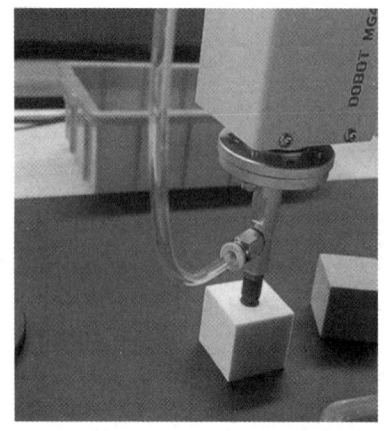
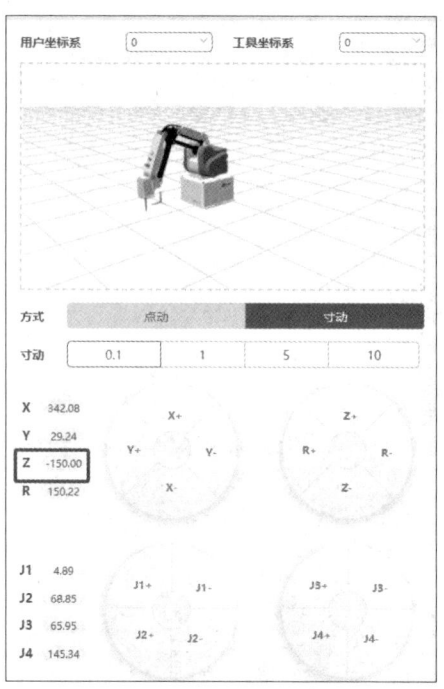

图 10-26　定位取料点　　　　　图 10-27　取料点点位信息

② 机器人取料点上方点位 Z 坐标的确定方法。

指令"local GetProductPosUp = {pose = {move_x, move_y, -36, P1.pose[4], P1.pose[5], move_r}}"中的 Z 坐标 -36 是取料点上方高度值。获取此高度值的方法是通过点动控制让机器人上移一段距离，如图 10-28 所示。此时，点动面板中的机器人的 Z 坐标即取料点上方高度值，如图 10-29 所示。

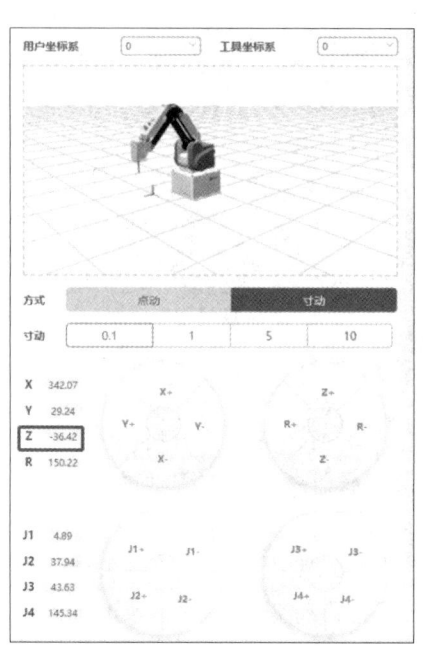

图 10-28　定位取料点上方　　　　图 10-29　取料点上方点位信息

3. 运行程序

单击 [开始] 按钮，运行程序，观察机器人是否按工作流程运行。

机器人先运动到拍照等待点；然后与视觉单元建立通信，发送触发拍照指令；机器人根据视觉单元发送过来的信息对彩色物块进行分拣。

备注：

（1）如果通信不成功，则核对视觉程序的通信管理 IP 地址和端口号、机器人程序中的服务端 IP 地址和端口号、计算机的 IP 地址是否一致，如图 10-30 所示。

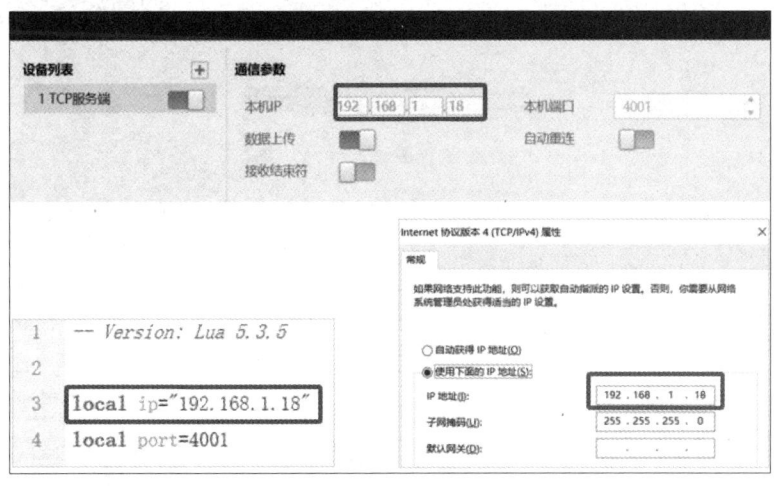

图 10-30　IP 地址对比

（2）如果发现有点位或指令错误，则重新示教以矫正。

4. 导出工程

选择"文件"→"导出工程"选项，确定文件名和导出路径，把运行正确的程序导出到本地计算机，如图 10-31 所示。

图 10-31　导出工程

10.4.4 数据通信

1. 添加通信设备

在快捷工具条中单击 按钮,打开"通信管理"对话框。单击"设备列表"栏右侧的 按钮,添加通信设备。在"设备管理"对话框中,"协议类型"选择"TCP 服务端",并根据实际情况修改设备名称(默认名称为 TCP 服务端)、IP 地址、端口号,如图 10-32 所示。单击"创建"按钮,即完成通信设备的创建。

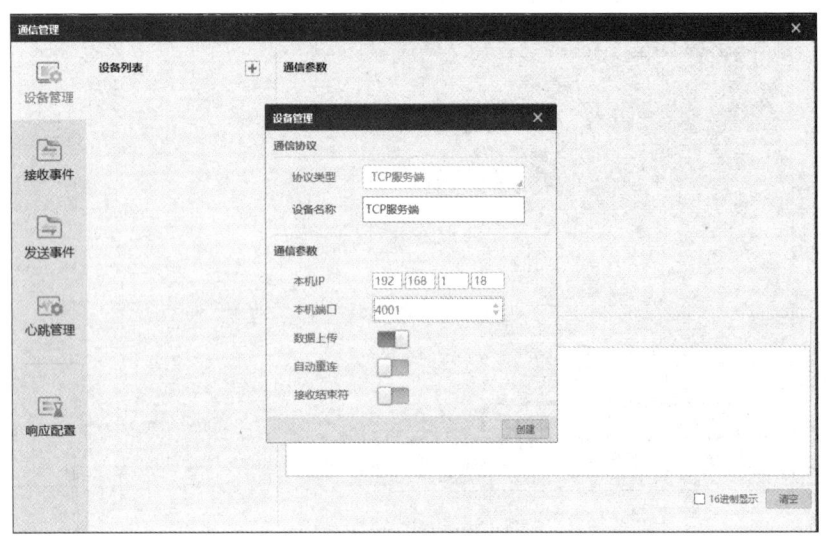

图 10-32　添加通信设备

2. 打开服务端开关

通信参数设置好后,打开服务端开关,如图 10-33 所示。

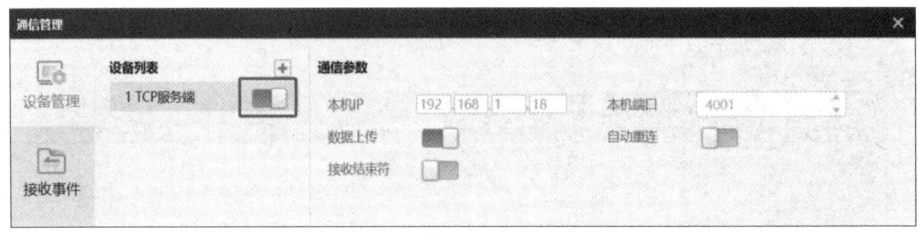

图 10-33　打开服务端开关

3. 增加"发送数据"工具

将"通信"子工具箱中的"发送数据"工具拖曳到流程编辑区域,并与"7 格式化 1"工具相连,如图 10-34 所示。

4. 设置"8 发送数据 1"工具的参数

双击"8 发送数据 1"工具,打开参数设置对话框。在"基本参数"选项卡中,在"输出至"选区中选中"通信设备"单选按钮,"通信设备"选择"1 TCP 服务端",发送数据 1

选择"7 格式化 1.格式化结果[]",如图 10-35 所示。结果显示保持默认设置便可。

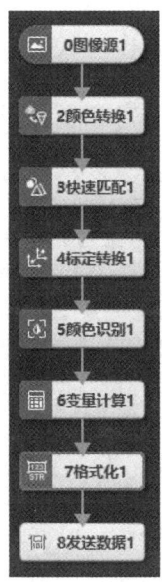

图 10-34　增加"发送数据"工具

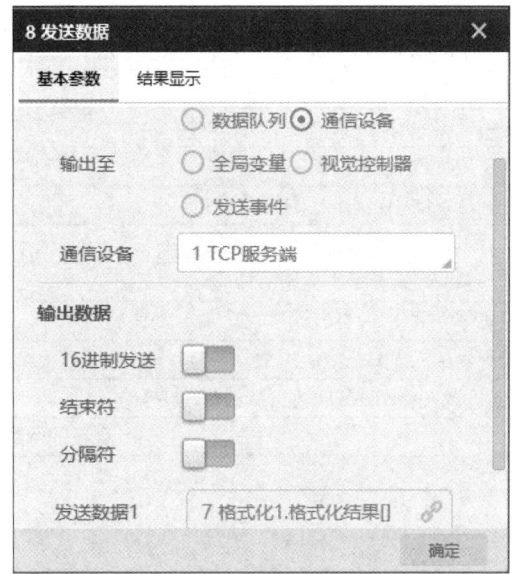

图 10-35　基本参数设置

5. 全局触发设置

在快捷工具条中单击 按钮,打开"全局触发"对话框,在"字符串触发"选项卡中,单击 按钮,添加字符串触发,并将"匹配模式"设置为"不匹配","触发配置"设置为"流程 1",如图 10-36 所示。

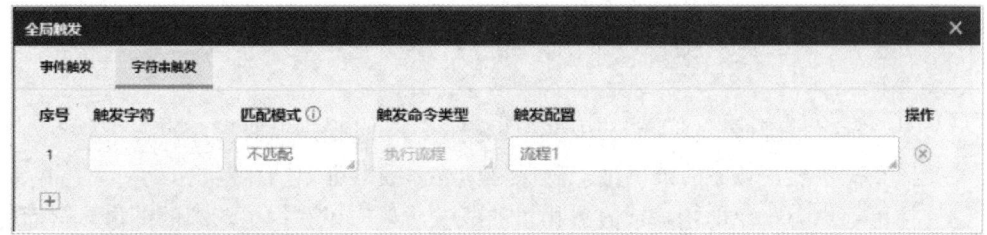

图 10-36　全局触发设置

6. 保存程序

单击 按钮,选择程序存储位置,并对文件进行命名。单击"保存"按钮,把彩色物块定位引导的视觉程序保存在计算机中。

10.5　项目总结

10.5.1　项目核验

项目实施完成后,可以依据如表 10-2 所示的评分表,为本项目的实施情况打分。

表 10-2 评分表

项目评分细则及分数	自评分
1. 能讲解手眼标定的基本原理，10 分	
2. 能讲解机器人通信的原理，10 分	
3. 能应用机器人编程的基本方法，10 分	
4. 能搭建项目软/硬件环境，10 分	
5. 能进行准确的 3D 手眼标定，10 分	
6. 能完成机器人分拣程序设计，10 分	
7. 能进行系统联调并解决问题，10 分	
8. 小组协作完成任务，10 分	
9. 能进行项目汇报和总结，10 分	
10. 遵守机器人操作过程中的安全规范，10 分	
存在的问题	
改进思路	

评分标准：10 分—完全符合；8 分—比较符合；6 分—基本符合；4 分—比较不符合；2 分—完全不符合。

10.5.2 工程师在线

问题 1：哪些因素会影响机器人的抓取精度？

解决方案：

（1）手眼标定是确保机器人能够根据相机提供的信息正确抓取物体的关键步骤。

（2）提高图像处理算法的准确性，确保目标物体被准确识别和定位。

（3）使用更高分辨率的相机或改善相机的成像质量，以获得更清晰的图像，从而提高识别准确率。

（4）改善光照条件：光照变化可能会影响相机对物体的识别，通过调整光照条件或使用可以适应不同光照条件的相机来改善识别效果。

（5）优化机器人路径规划：确保机器人的移动路径和抓取点的规划考虑到了所有可能影响机器人的抓取精度的因素，如机器人的臂展限制、关节灵活性等。